U0225815

定本　トランジスタ回路の設計

鈴木雅臣　CQ出版株式会社　2003

著　者　简　介

铃木雅臣

1956 年　生于东京都丰岛区

1979 年　毕业于职业训练大学电气系电气专业

现　　在　就职于 Accuphase 公司,主要从事数字视听设备设计工作

著　作　《新・低频/高频电路设计入门》(CQ 出版)

《晶体管电路设计(下)》(CQ 出版)

爱　好　网球,Rock Live

实用电子电路设计丛书

晶体管电路设计
（上）

放大电路技术的实验解析

〔日〕 **铃木雅臣** 著

周南生 译

张文敏 校

科学出版社

北京

图字：01-2003-7938 号

<h1 style="text-align:center">内 容 简 介</h1>

　　本书是"实用电子电路设计丛书"之一，共分上下二册。本书作为上册主要内容有晶体管工作原理，放大电路的性能、设计与应用，射极跟随器的性能与应用电路，小型功率放大电路的设计与应用，功率放大器的设计与制作，共基极电路的性能、设计与应用，视频选择器的设计与制作，共射-共基电路的设计，负反馈放大电路的设计，直流稳定电源的设计与制作，差动放大电路的设计，运算放大电路的设计与制作。下册则共分 15 章，主要介绍FET、功率 MOS、开关电源电路等。

　　本书面向实际需要，理论联系实际，通过大量具体的实验，通俗易懂地介绍晶体管电路设计的基础知识。

　　本书适用对象是相关领域与部门工程技术人员以及相关专业大学生、研究生，还有广大的电子爱好者。

图书在版编目(CIP)数据

　　晶体管电路设计(上)/(日)铃木雅臣著；周南生译.—北京：科学出版社，2004
（2025.5重印）

　　（实用电子电路设计丛书）

　　ISBN 978-7-03-013308-3

　　Ⅰ.①晶… Ⅱ.①铃… ②周… Ⅲ.①晶体管电路-电路设计 Ⅳ. TN710.2

　　中国版本图书馆 CIP 数据核字(2004)第 042072 号

责任编辑：杨　凯　崔炳哲／责任制作：魏　谨
责任印制：赵　博／封面设计：李　力

科学出版社 出版
北京东黄城根北街 16 号
邮政编码：100717
http://www.sciencep.com

三河市骏杰印刷有限公司印刷
科学出版社发行　各地新华书店经销

＊

2004 年 9 月第　一　版　　开本：B5(720×1000)
2025 年 5 月第三十二次印刷　印张：18
字数：321 000

定　价：38.00 元
（如有印装质量问题，我社负责调换）

前　　言

现在,电子电路的元器件正逐渐地被由 IC(集成电路)和 LSI(大规模集成电路)代替。因此,在数字电路的基板上很难找到电阻。

随着电路元件黑盒子化的逐步进展,电路设计更趋于便利。因此,当使用晶体管或 FET 也能制作简单电路的场合,使用 IC 的设计者也越来越多。

由于将 IC 视为黑盒子的缘故,不能适当处理小故障的工程师不断增多。

本书的目的是通过模拟体验放大电路的实验,充分掌握最基本的放大元件,即晶体管的工作原理,从而达到从容设计利用晶体管的分立电路。

另一个目的是不要将 IC 和 LSI 看成简单的黑盒子,而是看成"晶体管和 FET,电阻和电容等分立元件的集合体"。也就是说,能够看懂 IC 内部的电路为目的。

这样一来,在不能满足 IC 性能时(不是换成别的 IC),将采取晶体管电路来弥补其性能上的不足,并且,即使有了故障也能够采用考虑到 IC 内部工作状态的适当处置方法。

掌握晶体管电路的好处是,对电路的整体——从一个角落到另一个角落都能按自己所喜欢的方式来组合。

使用 IC 的优点是能够简单地、小型地制作各种电路。在性能方面,也许使用 IC 时要好一些;在使用方面,IC 也是方便的。然而,IC 的不足之处使技术人员不能在电路技术方面得到真正的锻炼,其结果导致不能以自身的力量来考虑新的电路——即原始电路。

当体验经过自己百分之百的努力设计的电路时,即使采用了 IC 也会感受到风格不同的乐趣。这样对于今后认为是重要的模拟 ASIC(Application Specific IC,特殊用途定制的 IC,即专用集成电路),也不会感到手足无措。

本书中,在说明或设计晶体管电路时,并没有采用等效电路、负载线等过去常考虑的方法。因此,对于在学校和参考书中学过使用等效电路和负载线进行设计方法的读者,或许有些不协调的感觉。

等效电路和负载线的考虑方法是从事设计电子电路的前辈们为了有助于理解电路工作、进行简单的设计而提出的。但是以笔者的经验,即使不采用这些方法,也能掌握电路的工作原理,而且在电路设计时也没有感到不便。

最后,在本书出版之际,衷心感谢 CQ 出版株式会社晶体管技术总编蒲生良治先生、担任编写本书第 5 章的 Accuphase 株式会社技术部的山本诚先生、通过工作给予技术指导的前辈们以及提供编写场所的日本国立市中央图书馆与 JR 南武线。

　　第 18 次印刷时，经由中山市技师学院葛中海老师进行了修订，以适应国内读者的阅读习惯，在此表示感谢。

著　者

目　　录

第 1 章　概　述 ·········· 1

　1.1　学习晶体管电路或 FET 电路的必要性 ·········· 1

　　1.1.1　仅使用 IC 的场合 ·········· 1

　　1.1.2　晶体管电路或 FET 电路的设计空间 ·········· 2

　1.2　晶体管和 FET 的工作原理 ·········· 3

　　1.2.1　何谓放大工作 ·········· 3

　　1.2.2　晶体管的工作原理 ·········· 4

　　1.2.3　FET 的工作原理 ·········· 6

　1.3　晶体管和 FET 的近况 ·········· 7

　　1.3.1　外形(封装)的改进 ·········· 7

　　1.3.2　内部结构的改进 ·········· 9

　　1.3.3　晶体管和 FET 的优势 ·········· 9

第 2 章　放大电路的工作 ·········· 11

　2.1　观察放大电路的波形 ·········· 11

　　2.1.1　5 倍的放大 ·········· 11

　　2.1.2　基极偏置电压 ·········· 12

　　2.1.3　基极-发射极间电压为 0.6 V ·········· 13

　　2.1.4　两种类型的晶体管 ·········· 13

　　2.1.5　输出为集电极电压的变化部分 ·········· 14

　2.2　放大电路的设计 ·········· 16

　　2.2.1　求各部分的直流电位 ·········· 16

　　2.2.2　求交流电压放大倍数 ·········· 17

　　2.2.3　电路的设计 ·········· 18

　　2.2.4　确定电源电压 ·········· 19

　　2.2.5　选择晶体管 ·········· 19

　　2.2.6　确定发射极电流的工作点 ·········· 21

　　2.2.7　确定 R_C 与 R_E 的方法 ·········· 21

　　2.2.8　基极偏置电路的设计 ·········· 22

2.2.9 确定耦合电容 C_1 与 C_2 的方法 ⋯⋯⋯⋯⋯⋯ 23

2.2.10 确定电源去耦电容 C_3 与 C_4 的方法 ⋯⋯⋯⋯ 24

2.3 放大电路的性能 ⋯⋯⋯⋯⋯⋯⋯⋯⋯⋯⋯⋯⋯⋯⋯⋯ 25

2.3.1 输入阻抗 ⋯⋯⋯⋯⋯⋯⋯⋯⋯⋯⋯⋯⋯⋯⋯⋯⋯ 25

2.3.2 输出阻抗 ⋯⋯⋯⋯⋯⋯⋯⋯⋯⋯⋯⋯⋯⋯⋯⋯⋯ 26

2.3.3 放大倍数与频率特性 ⋯⋯⋯⋯⋯⋯⋯⋯⋯⋯⋯ 27

2.3.4 高频截止频率 ⋯⋯⋯⋯⋯⋯⋯⋯⋯⋯⋯⋯⋯⋯⋯ 29

2.3.5 高频晶体管 ⋯⋯⋯⋯⋯⋯⋯⋯⋯⋯⋯⋯⋯⋯⋯⋯ 29

2.3.6 频率特性不扩展的理由 ⋯⋯⋯⋯⋯⋯⋯⋯⋯⋯ 30

2.3.7 提高放大倍数的手段 ⋯⋯⋯⋯⋯⋯⋯⋯⋯⋯⋯ 31

2.3.8 噪声电压特性 ⋯⋯⋯⋯⋯⋯⋯⋯⋯⋯⋯⋯⋯⋯⋯ 33

2.3.9 总谐波失真率 ⋯⋯⋯⋯⋯⋯⋯⋯⋯⋯⋯⋯⋯⋯⋯ 34

2.4 共发射极应用电路 ⋯⋯⋯⋯⋯⋯⋯⋯⋯⋯⋯⋯⋯⋯⋯ 35

2.4.1 使用 NPN 晶体管与负电源的电路 ⋯⋯⋯⋯⋯ 35

2.4.2 使用 PNP 晶体管与负电源的电路 ⋯⋯⋯⋯⋯ 35

2.4.3 使用正负电源的电路 ⋯⋯⋯⋯⋯⋯⋯⋯⋯⋯⋯ 36

2.4.4 低电源电压、低损耗电流放大电路 ⋯⋯⋯⋯ 37

2.4.5 两相信号发生电路 ⋯⋯⋯⋯⋯⋯⋯⋯⋯⋯⋯⋯ 38

2.4.6 低通滤波器电路 ⋯⋯⋯⋯⋯⋯⋯⋯⋯⋯⋯⋯⋯ 39

2.4.7 高频增强电路 ⋯⋯⋯⋯⋯⋯⋯⋯⋯⋯⋯⋯⋯⋯⋯ 40

2.4.8 高频宽带放大电路 ⋯⋯⋯⋯⋯⋯⋯⋯⋯⋯⋯⋯ 41

2.4.9 140MHz 频带调谐放大电路 ⋯⋯⋯⋯⋯⋯⋯⋯ 42

第 3 章 增强输出的电路 ⋯⋯⋯⋯⋯⋯⋯⋯⋯⋯⋯⋯⋯⋯⋯⋯ 45

3.1 观察射极跟随器的波形 ⋯⋯⋯⋯⋯⋯⋯⋯⋯⋯⋯⋯⋯ 45

3.1.1 与输入相同的输出信号 ⋯⋯⋯⋯⋯⋯⋯⋯⋯⋯ 45

3.1.2 不受负载电阻的影响 ⋯⋯⋯⋯⋯⋯⋯⋯⋯⋯⋯ 47

3.2 电路设计 ⋯⋯⋯⋯⋯⋯⋯⋯⋯⋯⋯⋯⋯⋯⋯⋯⋯⋯⋯⋯ 47

3.2.1 确定电源电压 ⋯⋯⋯⋯⋯⋯⋯⋯⋯⋯⋯⋯⋯⋯⋯ 48

3.2.2 选择晶体管 ⋯⋯⋯⋯⋯⋯⋯⋯⋯⋯⋯⋯⋯⋯⋯⋯ 48

3.2.3 晶体管集电极损耗的计算 ⋯⋯⋯⋯⋯⋯⋯⋯⋯ 49

3.2.4 决定发射极电阻 R_E 的方法 ⋯⋯⋯⋯⋯⋯⋯⋯ 50

3.2.5 偏置电路的设计 ⋯⋯⋯⋯⋯⋯⋯⋯⋯⋯⋯⋯⋯⋯ 50

3.2.6 电容 C_1～C_4 的确定 ⋯⋯⋯⋯⋯⋯⋯⋯⋯⋯⋯ 50

3.3　射极跟随器的性能　……………………………………… 51
　3.3.1　输入输出阻抗　…………………………………… 51
　3.3.2　输出负载加重的情况　…………………………… 52
　3.3.3　推挽型射极跟随器　……………………………… 54
　3.3.4　改进后的推挽型射极跟随器　…………………… 55
　3.3.5　振幅频率特性　…………………………………… 56
　3.3.6　噪声及总谐波失真率　…………………………… 57
3.4　射极跟随器的应用电路　………………………………… 58
　3.4.1　使用 NPN 晶体管与负电源的射极跟随器　…… 58
　3.4.2　使用 PNP 晶体管与负电源的射极跟随器　…… 59
　3.4.3　使用正负电源的射极跟随器　…………………… 59
　3.4.4　使用恒流负载的射极跟随器　…………………… 61
　3.4.5　使用正负电源的推挽型射极跟随器　…………… 62
　3.4.6　二级直接连接型推挽射极跟随器　……………… 63
　3.4.7　OP 放大器与射极跟随器的组合　……………… 64
　3.4.8　OP 放大器与推挽射极跟随器的组合(之一)　…… 65
　3.4.9　OP 放大器与推挽射极跟随器的组合(之二)　…… 66

第 4 章　小型功率放大器的设计与制作　……… 68
4.1　功率放大电路的关键问题　……………………………… 68
　4.1.1　电压放大与电流放大　…………………………… 68
　4.1.2　简单的推挽电路　………………………………… 69
　4.1.3　对交越失真进行修正　…………………………… 69
　4.1.4　防止热击穿　……………………………………… 70
　4.1.5　抑制静态电流随温度的变动　…………………… 70
　4.1.6　实际的电路设计　………………………………… 71
4.2　小型功率放大器的设计方法　…………………………… 72
　4.2.1　电路规格　………………………………………… 72
　4.2.2　确定电源电压　…………………………………… 73
　4.2.3　共发射极放大电路的工作点　…………………… 74
　4.2.4　决定放大倍数的部分　…………………………… 74
　4.2.5　射极跟随器的偏置电路　………………………… 75
　4.2.6　射极跟随器的功率损耗　………………………… 77
　4.2.7　输出电路周边的元件　…………………………… 80

4.3　小型功率放大器的性能 ………………………………… 81

　　4.3.1　电路的调整 …………………………………… 81

　　4.3.2　电路工作波形 …………………………………… 81

　　4.3.3　音频放大器的性能 ……………………………… 82

4.4　小型功率放大器的应用电路 ………………………… 84

　　4.4.1　用 PNP 晶体管制作的偏置电路 ………………… 84

　　4.4.2　由 PNP 晶体管进行电压放大的电路 ………… 84

　　4.4.3　微小型功率放大器 ……………………………… 85

第5章　功率放大器的设计与制作 ……………………… 87

5.1　获得大功率的方法 …………………………………… 87

　　5.1.1　关键点是如何解决发热问题 …………………… 87

　　5.1.2　控制大电流的方法 ……………………………… 87

　　5.1.3　达林顿连接的用途 ……………………………… 88

　　5.1.4　使用并联连接增大电流 ………………………… 89

　　5.1.5　并联连接时电流的平衡是至关重要的 ………… 90

　　5.1.6　并联连接的关键是热耦合 ……………………… 91

　　5.1.7　静态电流与失真率的关系 ……………………… 91

　　5.1.8　静态电流与发热的关系 ………………………… 92

　　5.1.9　考虑散热的设计 ………………………………… 93

　　5.1.10　决定热沉的大小 ……………………………… 93

　　5.1.11　晶体管的安全工作区 ………………………… 94

5.2　功率放大器的设计 …………………………………… 95

　　5.2.1　放大器的规格 …………………………………… 95

　　5.2.2　电源电压 ………………………………………… 96

　　5.2.3　由 OP 放大器组成的电压放大级的设计 ……… 97

　　5.2.4　射极跟随器的输入电流 ………………………… 97

　　5.2.5　偏置电路的参数确定 …………………………… 98

　　5.2.6　功放级射极跟随器的设计 ……………………… 99

　　5.2.7　功放级的消耗功率与热沉 …………………… 103

　　5.2.8　不可缺少的元件 ……………………………… 104

5.3　功率放大器的性能 ………………………………… 104

　　5.3.1　电路的调整 …………………………………… 104

　　5.3.2　电路工作波形 ………………………………… 104

5.3.3　声频放大器的性能　…………………………………… 105

5.3.4　附加的保护电路　……………………………………… 107

5.4　功率放大器的应用电路　……………………………………… 108

5.4.1　桥式驱动电路　………………………………………… 108

5.4.2　声频用 100W 功率放大器　…………………………… 109

第 6 章　拓宽频率特性　……………………………………… 113

6.1　观察共基极放大电路的波形　………………………………… 114

6.1.1　同相 5 倍的放大器　…………………………………… 114

6.1.2　基极交流接地　………………………………………… 115

6.2　设计共基极放大电路　………………………………………… 116

6.2.1　电源周围的设计与晶体管的选择　…………………… 116

6.2.2　交流放大倍数的计算　………………………………… 116

6.2.3　电阻 R_C、R_E 与 R_3 的决定方法　………………… 117

6.2.4　偏置电路的设计　……………………………………… 117

6.2.5　决定电容 $C_1 \sim C_5$ 的方法　………………………… 118

6.3　共基极放大电路的性能　……………………………………… 118

6.3.1　输入输出阻抗　………………………………………… 118

6.3.2　放大倍数与频率特性　………………………………… 119

6.3.3　频率特性好的理由　…………………………………… 121

6.3.4　输入电容 C_i 的影响　………………………………… 122

6.3.5　噪声及谐波失真率　…………………………………… 123

6.4　共基极电路的应用电路　……………………………………… 123

6.4.1　使用 PNP 晶体管的共基极放大电路　………………… 123

6.4.2　使用 NPN 晶体管与负电源的共基极放大电路

………………………………………………………… 124

6.4.3　使用正负电源的共基极放大电路　…………………… 124

6.4.4　直至数百兆赫［兹］的高频宽带放大电路　………… 125

6.4.5　150MHz 频带调谐放大电路　………………………… 127

第 7 章　视频选择器的设计和制作　………………………… 129

7.1　视频信号的转换　……………………………………………… 129

7.1.1　视频信号的性质　……………………………………… 129

7.1.2　何谓阻抗匹配　………………………………………… 130

　　　7.1.3　对视频信号进行开关时 ················· 131

　7.2　视频放大器的设计 ················· 132

　　　7.2.1　共基极电路＋射极跟随器 ················· 132

　　　7.2.2　各部分直流电位的设定 ················· 133

　　　7.2.3　增大耦合电容的容量 ················· 135

　　　7.2.4　观察对矩形波的响应 ················· 135

　　　7.2.5　频率特性与群延迟特性 ················· 136

　　　7.2.6　晶体管改用高频晶体管 ················· 137

　　　7.2.7　视频选择器的应用 ················· 138

　7.3　视频选择器的应用电路 ················· 139

　　　7.3.1　使用 PNP 晶体管的射极跟随器 ················· 139

　　　7.3.2　以 5V 电源进行工作的视频选择器 ················· 140

第 8 章　渥尔曼电路的设计 ················· 141

　8.1　观察渥尔曼电路的波形 ················· 141

　　　8.1.1　何谓渥尔曼电路 ················· 141

　　　8.1.2　与共发射极电路一样 ················· 143

　　　8.1.3　增益为 0 的共发射极电路 ················· 144

　　　8.1.4　不发生密勒效应 ················· 145

　　　8.1.5　可变电流源＋共基极电路＝渥尔曼电路 ········· 146

　8.2　设计渥尔曼电路 ················· 147

　　　8.2.1　渥尔曼电路的放大倍数 ················· 147

　　　8.2.2　决定电源电压 ················· 148

　　　8.2.3　晶体管的选择 ················· 149

　　　8.2.4　工作点要考虑到输出电容 C_{ob} ················· 149

　　　8.2.5　决定增益的 R_E、R_3 与 R_2 ················· 150

　　　8.2.6　设计偏置电路之前 ················· 151

　　　8.2.7　决定 R_1 与 R_2 ················· 151

　　　8.2.8　决定 R_4 与 R_5 ················· 152

　　　8.2.9　决定电容 $C_1 \sim C_8$ ················· 153

　8.3　渥尔曼电路的性能 ················· 153

　　　8.3.1　测量输入阻抗 ················· 153

　　　8.3.2　测量输出阻抗 ················· 154

　　　8.3.3　放大度与频率特性 ················· 155

　　8.3.4　注意高频端特性　…………………………………………… 156

　　8.3.5　频率特性由哪个晶体管决定　……………………………… 157

　　8.3.6　观察噪声特性　………………………………………………… 159

8.4　渥尔曼电路的应用电路　……………………………………………… 160

　　8.4.1　使用 PNP 晶体管的渥尔曼电路　…………………………… 160

　　8.4.2　图像信号放大电路　…………………………………………… 161

　　8.4.3　渥尔曼自举电路　……………………………………………… 162

第 9 章　负反馈放大电路的设计　………………………………… 165

9.1　观察负反馈放大电路的波形　………………………………………… 165

　　9.1.1　如何获得大的电压放大倍数　………………………………… 165

　　9.1.2　100 倍的放大器　……………………………………………… 166

　　9.1.3　Tr_1 的工作有些奇怪　………………………………………… 168

　　9.1.4　Tr_2 的工作　…………………………………………………… 168

9.2　负反馈放大电路的原理　……………………………………………… 169

　　9.2.1　放大级的电流分配　…………………………………………… 169

　　9.2.2　加上负反馈　…………………………………………………… 170

　　9.2.3　确实是负反馈吗　……………………………………………… 171

　　9.2.4　求电路的增益　………………………………………………… 171

　　9.2.5　反馈电路的重要式子　………………………………………… 173

9.3　设计负反馈放大电路　………………………………………………… 173

　　9.3.1　电源周围的设计与晶体管的选择　…………………………… 174

　　9.3.2　NPN 与 PNP 进行组合的理由　……………………………… 175

　　9.3.3　决定 $R_s + R_3$ 与 R_2　……………………………………… 176

　　9.3.4　决定 R_4 与 R_5　…………………………………………… 176

　　9.3.5　决定 R_f、R_s 与 R_3　…………………………………… 177

　　9.3.6　决定偏置电路 R_1 与 R_6　……………………………… 177

　　9.3.7　决定电容 $C_1 \sim C_4$　…………………………………… 178

　　9.3.8　决定电容 $C_5 \sim C_7$　…………………………………… 179

9.4　负反馈放大电路的性能　……………………………………………… 179

　　9.4.1　测量输入阻抗　………………………………………………… 179

　　9.4.2　测量输出阻抗　………………………………………………… 180

　　9.4.3　放大度与频率特性　…………………………………………… 181

　　9.4.4　正确的裸增益　………………………………………………… 181

　　　　9.4.5　高频范围的特性　…………………………………… 182

　　　　9.4.6　观察噪声特性　………………………………………… 184

　　　　9.4.7　总谐波失真率　………………………………………… 186

　　　　9.4.8　将 Tr_1 换成 FET　…………………………………… 187

　　9.5　负反馈放大电路的应用电路　………………………………… 188

　　　　9.5.1　低噪声放大电路　……………………………………… 188

　　　　9.5.2　低频端增强电路　……………………………………… 190

　　　　9.5.3　高频端增强电路　……………………………………… 192

第 10 章　直流稳定电源的设计与制作　………………………… 195

　　10.1　稳定电源的结构　……………………………………………… 195

　　　　10.1.1　射极跟随器　………………………………………… 195

　　　　10.1.2　用负反馈对输出电压进行稳定化　………………… 196

　　10.2　可变电压电源的设计　………………………………………… 197

　　　　10.2.1　电路的结构　………………………………………… 197

　　　　10.2.2　选择输出晶体管　…………………………………… 199

　　　　10.2.3　其他控制用的晶体管　……………………………… 199

　　　　10.2.4　误差放大器的设计　………………………………… 199

　　　　10.2.5　稳定工作用的电容器　……………………………… 201

　　　　10.2.6　整流电路的设计　…………………………………… 201

　　10.3　可变电压电源的性能　………………………………………… 202

　　　　10.3.1　输出电压/输出电流特性　………………………… 202

　　　　10.3.2　波纹与输出噪声　…………………………………… 202

　　　　10.3.3　在正负电源上的应用　……………………………… 205

　　10.4　直流稳定电源的应用电路　…………………………………… 206

　　　　10.4.1　低残留波纹电源电路　……………………………… 206

　　　　10.4.2　低噪声输出可变电源电路　………………………… 208

　　　　10.4.3　提高三端稳定器输出电压的方法　………………… 209

第 11 章　差动放大电路的设计　………………………………… 212

　　11.1　观察差动放大电路的波形　…………………………………… 212

　　　　11.1.1　观察模拟 IC 的本质　……………………………… 212

　　　　11.1.2　输入输出端各两条　………………………………… 213

　　　　11.1.3　两个共发射极放大电路　…………………………… 214

11.1.4　在两个输入端上加相同信号 ………… 215
11.2　差动放大电路的工作原理 …………… 216
11.2.1　两个发射极电流的和为一定 216
11.2.2　对两个输入信号的差进行放大 217
11.2.3　对电压增益的讨论 ………… 218
11.2.4　增益为共发射极电路的 1/2 218
11.2.5　差动放大电路的优点 ……… 220
11.2.6　双晶体管的出现 ………… 221
11.3　设计差动放大电路 …………… 222
11.3.1　电源电压的决定 ………… 222
11.3.2　Tr_1 与 Tr_2 的选择 ……… 223
11.3.3　Tr_1 与 Tr_2 工作点的确定 224
11.3.4　恒流电路的设计 ………… 225
11.3.5　决定 R_3 与 R_4 ………… 225
11.3.6　决定 R_1 与 R_2 ………… 227
11.3.7　决定 $C_1 \sim C_6$ ………… 228
11.4　差动放大电路的性能 …………… 228
11.4.1　输入输出阻抗 …………… 228
11.4.2　电压放大度与低频时的频率特性 … 229
11.4.3　高频特性 ………… 231
11.4.4　噪声特性 ………… 232
11.5　差动放大电路的应用电路 …………… 232
11.5.1　渥尔曼化 ………… 232
11.5.2　渥尔曼-自举化 ………… 235
11.5.3　差动放大电路＋电流镜像电路 …… 236
11.5.4　渥尔曼-自举电路＋电流镜像电路 …… 239

第 12 章　OP 放大器电路的设计与制作 …… 241
12.1　何谓 OP 放大器 ………… 241
12.1.1　设计 OP 放大器的原因 241
12.1.2　表记方法与基本的工作 241
12.1.3　作为放大电路工作时 ………… 243
12.1.4　作为同相放大电路工作时 244
12.2　基于晶体管的 OP 放大器的电路结构 …… 244

12.2.1 通用的 μPC 4570 ························· 245

12.2.2 OP 放大器 μPC 4570 的电路结构 ··········· 246

12.2.3 要设计的 OP 放大器的电路结构 ··········· 247

12.2.4 要设计的 OP 放大器的名称—4549 ········· 248

12.3 求解晶体管 OP 放大器 4549 的电路常数 ········· 249

12.3.1 晶体管的选择 ····················· 250

12.3.2 差动放大部分的设计 ··············· 250

12.3.3 用 LED 产生恒压 ················· 251

12.3.4 求 Tr_1 的负载电阻 R_1 ············· 252

12.3.5 共发射极放大部分的设计 ··········· 252

12.3.6 射极跟随器部分的设计 ············· 253

12.3.7 决定相位补偿电路 C_1 与 R_4 ········· 253

12.3.8 决定 $C_2 \sim C_5$ ···················· 254

12.4 晶体管 OP 放大器 4549 的工作波形 ··········· 254

12.4.1 作为反相放大电路工作时 ··········· 254

12.4.2 作为同相放大电路工作时 ··········· 256

12.5 晶体管 OP 放大器 4549 的性能 ············· 257

12.5.1 输入补偿电压 ··················· 257

12.5.2 观察速度即通过速率 ··············· 259

12.5.3 频率特性 ····················· 260

12.5.4 噪声特性 ····················· 262

12.5.5 总谐波失真率 ··················· 264

12.5.6 4549 与 μPC 4570 的"胜败"结果 ········· 264

12.6 晶体管 OP 放大器电路的应用电路 ··········· 265

12.6.1 JFET 输入的 OP 放大器电路 ········· 265

12.6.2 将初级进行渥尔曼-自举化的 OP 放大器 ··· 266

12.6.3 在初级采用电流镜像电路的 OP 放大器电路 ··· 267

12.6.4 将第二级进行渥尔曼-自举化后的 OP

放大器电路 ····················· 268

结 束 语 ··· 270

参考文献 ··· 271

第 1 章 概 述

现在的 IC 技术是日新月异的技术。无论是模拟电路,还是数字电路都能进行 IC 化或 LSI 化。观察电视机和计算机内部,除了电源电路以外,几乎所有的电路都被 IC 化或 LSI 化,找到晶体管和 FET(场效应晶体管)等单个放大器件是很困难的。

即使在这样的 IC 或 LSI 全盛时代,笔者仍想在本章研究一下掌握晶体管和 FET 的重要意义。

在进入器件和电路的说明之前,先给出晶体管和 FET 的预备知识。

另外,本书主要介绍晶体管电路的设计方法,而对于 FET 的使用方法,则在其他书中进行阐述。

1.1 学习晶体管电路或 FET 电路的必要性

1.1.1 仅使用 IC 的场合

现在,如果想制作电路,将几个 IC 组合起来就能简单地完成。例如,以放大电路为例,如果使用 OP 放大器 IC 就能简单地完成。

然而,掌握晶体管电路和 FET 电路有关知识的场合和仅使用 OP 放大器的情况如图 1.1 所示,电路的认识上会产生相当大的不同。

将 OP 放大器作为"黑盒子"考虑时,是将 IC 作为进行理想工作的器件来进行设计的。但从实际电路中发生的故障来看,其原因往往是由于 IC 不是理想的器件。

以最简单的单个晶体管放大电路为例,电压增益是有限的(理想的 OP 放大器的电压增益为无限大),输入电流也以基极电流的形式存在(理想 OP 放大器的输入电流为 0)。电压增益的频率特性也存在许多问题。

当电路发生问题时,不能直接调整 OP 放大器的特性。但是,如果是单个晶体管的放大电路,就能采取多种对策。

因此,如果在单个晶体管放大器中积累一些经验,就会得到如下的预测:"OP

放大器内部是这样的,所以在外接电路上要做这样的工作······"。

　　如果具备了晶体管电路和 FET 电路的知识,在使用 OP 放大器时即使发生麻烦或者产生不符合要求的特性,也能采取各种对策。这不仅局限于使用 OP 放大器电路,而且可以说,对于全部的模拟电路和数字电路都是一样的。

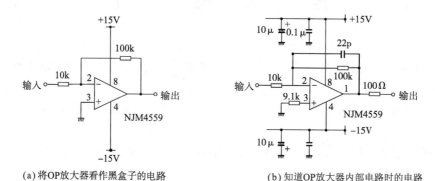

(a)将OP放大器看作黑盒子的电路　　　　　　(b)知道OP放大器内部电路时的电路

图 1.1　使用 OP 放大器的放大电路

(将 OP 放大器看作是进行理想工作的"黑盒子"的情况和看作是用晶体管组成的放大电路的场合有很大的差别。图(a)的电路即便能工作,也可能会出现输出补偿电压大,根据布线和负载的状况会发生振荡等现象。图(b)电路则是比较完美的)

　　也就是说,如果掌握了晶体管电路和 FET 电路,则不会将 IC 和 LSI 看作理想的器件或"黑盒子",而会看作"与自己设计的电路一样,是由晶体管和 FET 集合起来的电路"。其结果是,对电路的工作本质有所了解,能够顺畅地处理一些麻烦问题。

1.1.2　晶体管电路或 FET 电路的设计空间

　　最近,几乎在所有的场合,电路设计都使用 IC 和 LSI,但是由于 IC 和 LSI 的电源引脚与输入引脚已被确定,所以限制了用 IC 和 LSI 能够实现的电路设计。一般人们会看数据表上写着的数字或使用说明,不会去想自己动手做什么的。

　　所以,仅仅使用 IC 和 LSI 的电路设计,只是选择符合电路设计说明书的性能与功能的 IC 和 LSI,因此不能说是创造性的工作。

　　然而,所谓的晶体管或 FET 是电子电路的基本器件,所以在组装电路时必须接上电阻和电容,以及电源。总之,谁也不会给我们铺好道路,从哪里到哪里都必须由自己来完成。

　　虽然这样做有些麻烦,但这是一件非常有创造性的工作。这是由于不受 IC 和 LSI 的束缚,如果再加上设计者的本事,就能制作出超过 IC 和 LSI 功能与性能的电路。

总之,晶体管电路或 FET 电路的设计空间是无限的。

另外,IC 的内部是由晶体管或 FET、二极管、电阻和电容等电路元器件所构成的,所以用晶体管或 FET 对电路进行设计就像对 IC 和 LSI 的内部进行设计一样,就比较容易掌握该电路。本书的第 12 章介绍 OP 放大器的实际设计。如果掌握了晶体管和 FET 电路,就能设计出 OP 放大器 IC 电路。

只有牢固地掌握电子电路,从晶体管电路或 FET 电路开始学习,才被认为是最好的方法。

1.2 晶体管和 FET 的工作原理

掌握晶体管和 FET 的工作原理,在理解电路上是非常重要的。在设计晶体管和 FET 电路时,只要能够形象地掌握放大器的工作,其后就只是单纯地计算了。

在不能设计晶体管电路或 FET 电路的技术人员当中,大部分都对放大器的工作没有形象的概念。

如果抓住建立晶体管或 FET 工作的形象概念这一关键问题,就容易理解电子电路的工作原理。

因此,在进入实际的设计之前,有必要形象地掌握晶体管和 FET 是如何工作的。

1.2.1 何谓放大工作

晶体管和 FET 是只具有"放大"的单功能器件,且这个"放大"功能是非常有用的。晶体管不仅能构成放大电路,它还可以构成振荡电路和开关电路(包括数字电路)等。

然而,初学者往往认为晶体管或 FET 放大作用的形象概念是如图 1.2 所示的那样,即认为在晶体管或 FET 中,输入信号直接地被放大。实际上不是这样的。如图 1.3 所示,大小与输入信号成正比的输出信号可以认为是从电源来的。由电源来的输出信号形状与输入信号相同,而且比输入信号的电平高。所以由外部看上去,可以看成输入信号被"放大"。这就是晶体管或 FET 的放大原理。

那么,在晶体管或 FET 内部,如何进行放大的呢?

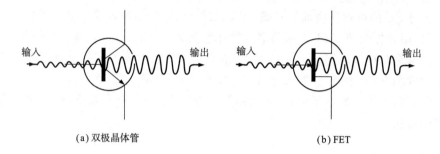

(a) 双极晶体管　　　　　　　　　　　(b) FET

图 1.2　放大示意图

(掌握晶体管或 FET 对信号进行放大的原理是非常重要的。但是,输入信号在晶体管或 FET 中不像图 1.2 所示那样直接放大)

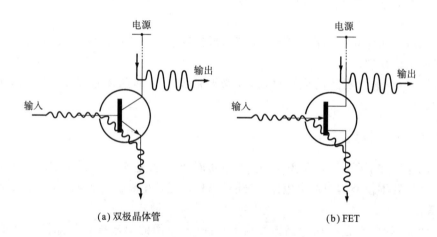

(a) 双极晶体管　　　　　　　　　　　(b) FET

图 1.3　放大原理

(晶体管或 FET 的输入信号通过器件而出来,晶体管或 FET 吸收此时输入信号的振幅信息,由电源重新产生输出信号。由于该输出信号比输入信号大,可以看成将输入信号放大而成为输出信号。这就是放大的原理)

1.2.2　晶体管的工作原理

晶体管内部的工作原理很简单,如图 1.4 所示,对基极与发射极之间流过的电流进行不断地监视,并控制集电极-发射极间电流源,使基极-发射极间电流达数十至数百倍(依晶体管的种类而异)。就是说,晶体管是用基极电流来控制集电极-发射极电流的器件。

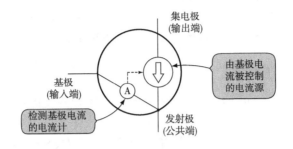

图 1.4 晶体管的内部工作

(用电流计可检测出晶体管基极电流,通过控制集电极-发射极间的电流源,使基极-
发射极电流达数十到数百倍。这是非常简单的工作)

　　从外部来看,在基极输入的电流变大而出现在集电极、发射极,所以可看成将输入信号进行了放大。

　　虽然实际的晶体管有数千个品种,然而只是在最大规格、电特性和外形等方面有所不同。无论哪种晶体管都只进行图 1.4 那样的单纯工作。

　　那么,在电路内接入晶体管使它进行放大工作(即使晶体管工作),如何做才好呢?

　　由图 1.4 可知,因为晶体管是将基极与发射极间流动的电流检测出来,进而控制集电极-发射极间电流的器件,所以只要使电流在基极与发射极之间流动,它就工作。也就是说,设计一种外部电路使基极-发射极间电流流动就可以了。

　　晶体管可以这样理解,如图 1.5 所示,晶体管基极-发射极等效为一只二极管。当晶体管进行工作(基极-发射极间电流流动)时,基极-发射极间的压降与二极管的正向压降相同,为 $0.6 \sim 0.7\text{V}$。

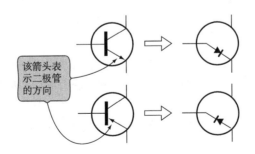

图 1.5 基极-发射极间的二极管

(晶体管的基极-发射极等效为一只二极管,检测出该二极管上流动的电流,控制集
电极-发射极间的电流源,这就是晶体管的工作方式)

也就是说,可以在设计电路时,将晶体管的基极-发射极间电压设为 $V_{BE} \approx$ 0.6V,然后再对电路的其他部分进行计算。

关于这方面的实际工作情况和具体的设计方法在下一章将详细叙述。晶体管电路的电路常数仅由该 $V_{BE} \approx 0.6$V 和欧姆定律就能够全部求得。

1.2.3　FET 的工作原理

FET 是取英文"Field Effect Transistor"的首字母构成的,显然是晶体管的一种。然而,其工作原理与双极晶体管(所谓一般的晶体管是指双极晶体管)有很大不同,但不同点只有一个,这就是双极晶体管是由输入端(基极)流动的电流来控制输出端(集电极)的电流。与此相反,FET 是由加在输入端(栅极)的电压来控制输出端(漏极)的电流。

图 1.6 是表示 FET 内部工作的原理图。如图所示,FET 对加在栅极与源极之间的电压不断地监视,控制漏极与源极之间的电流源,使流动的电流与其电压成正比。

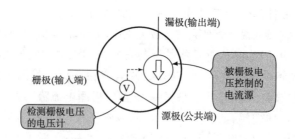

图 1.6　FET 的内部工作

(FET 是用电压计检测出加在栅极上的电压,并控制与该电压成正比的漏极-源极间
的电流源电流。晶体管检测出电流,而 FET 检测出电压,这是其特点)

这就是说,FET 是由加在栅极上的电压来控制漏极-源极之间电流的器件。

为了使 FET 工作,设计外部电路使栅极-源极间加上电压即可。

FET 有各种类型。有将图 1.6 中 FET 内部的电压表的极性相反,增大输入电压时,则输出电流就变大的 FET;或者反之,当输入电压增大时,输出电流就变小的 FET 等。

在实际电路中,根据 FET 的种类,有必要改变加输入电压的方法。但是无论哪种类型的 FET,用输入电压来控制输出电流的基本工作原理都是相同的。

关于各种类型 FET 的具体工作情况和使用方法请参考其他相关书籍。

1.3 晶体管和 FET 的近况

虽然说电路的主角已经让给 IC 和 LSI,但仍然留下许多必须使用晶体管和 FET 分立器件的领域。为了在这些特定的领域担负最适当的工作,最新的器件在外形和性能上进行了改进,并且这种改进还在继续进行着。

作为预备知识,让我们从器件外部和内部的结构来观察最新的晶体管和 FET。

1.3.1 外形(封装)的改进

照片 1.1~1.3 表示各种晶体管和 FET 的外形。

照片 1.1 功率器件

(为增大器件本身的散热面以及与散热器的接触面积,需要外形大的封装)

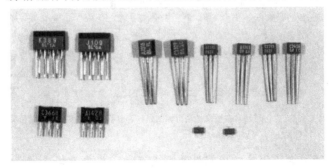

照片 1.2 小信号器件

(由于小信号器件不太发热,所以外形小。最近,由于微型化表面贴装技术的要求,外形逐渐变小)

最近的器件被制成适合不同用途的各种外形。

功率放大器件需要大外形的封装,这是为了增大散热面积和与热沉(散热器)的接触面积。

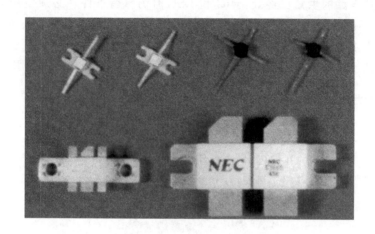

照片1.3　高频器件

(为了改善高频特性,高频器件需要改变封装结构。这是追求性能而进化的结果)

在10年之前(约1981年左右),常常见到照片1.4所示的金属壳封装的器件。但最近的器件变成照片1.1所示的塑料模压封装。

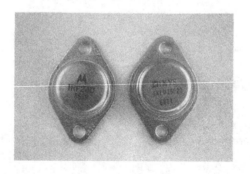

照片1.4　金属壳封装

(最近不常见到的金属壳封装,在过去是高可靠的象征,而现在,塑模模压封装的可靠性更高)

这是由于塑料模压封装的可靠性更好的缘故。过去觉得金属壳封装的器件可靠性高,但现在,塑料模压封装的可靠性反而更高。

小信号器件的外形是比较小的。但最近,有外形更小的趋势,这是为了进一步减小封装面积。

高频器件,因为有必要尽量将引线(脚)做短,使得感抗和容抗成分接近于零,所以采用照片 1.3 所示的特殊形状的封装(在照片中,可将引线长的腿切短之后使用)。另外,为了进一步降低短引线的阻抗,引线本身的形状几乎都成为板状。

为了能在各自的用途上发挥最高的性能,最近的晶体管和 FET 在外形上都作了改进。

1.3.2 内部结构的改进

IC 和 LSI 的结构是将晶体管或 FET 封装在其内部而成为现在样子的。这就可以认为 IC 和 LSI 是含有电路技术的,是利用晶体管或 FET 技术改进而来的。

然而,在最近的晶体管和 FET 中,能够制作应用了 LSI 精密加工技术的器件。

照片 1.5 是功率开关 MOSFET 的芯片。该器件是在其内部将大量的小 FET 并联连接起来的,每一个单元中流过的电流很小,防止局部的电流集中(若电流局部集中,则器件就损坏),同时改善高频特性。目前的功率开关 MOSFET 几乎都是这种结构。

照片 1.5 功率开关 MOSFET 芯片
(在该芯片内部,将许多小器件并联连接,以提高芯片的性能。完全像存储器 IC 的芯片一样。这种微细加工技术是从 IC 和 LSI 转移过来的)

另外,在大部分的高速开关晶体管内部,将大量的晶体管并联连接起来。高频功率放大晶体管的一部分也采用同样的结构。

在 UHF 频带和微波频带等高频范围使用的称为 MES FET(MEtal Semicondnctor FET)和 HEMT(High Electron Mobility Transistor,高迁移率晶体管)的器件中,必须使用精确控制杂质和 μm 级正确尺寸精度的技术。这些技术也是由 LSI 反馈而来的。

1.3.3 晶体管和 FET 的优势

最近的晶体管和 FET,因为吸收了 IC 和 LSI 的技术而不断取得进步,所以若 IC 和 LSI 的性能变得越来越好,晶体管和 FET 的性能也就变得越来越好。

并且,这些超高性能的晶体管和 FET 可以用在模拟电路(如:大功率电路、高压电路、低噪声电路、高精度电路和高频电路等)方面。这些电路仅用 IC 和 LSI 还不能制作。

　　可见,晶体管和 FET 不是被 IC 和 LSI 所排斥,相反,它吸取了 LSI 的技术,在 IC 和 LSI 中不能制作的、最先进的模拟电路中找到了生存的空间。

　　虽然本书介绍的是晶体管电路的最基本的内容,但先进的电路也好,基本的电路也好,它们的工作原理是相同的。如果扎实地掌握了基础知识,就能掌握设计最先进电路的技术。

第 **2** 章　放大电路的工作

本章对共发射极电路进行实验。晶体管如何放大信号？这是个要追根究底的话题。总之,不管怎样的连接,先让我们来观察它的工作情况,再开始我们的讨论吧!

2.1　观察放大电路的波形

2.1.1　5倍的放大

放大电路的作用是将小信号放大为大信号。例如,将 0.1V 的信号提高为 1V 信号——即是放大。

首先,用晶体管组成一般的放大电路,并用示波器对各部分的工作波形进行观察。

图 2.1 是进行实验的电路。在图 2.1 的电路中,基极为输入,集电极为输出,发射极为公用(地)端。因此,称图 2.1 的电路为共发射极放大电路(Common Emitter Amplifier)。作为信号放大用 IC 的有名的 OP 放大器,在其内部起放大作用的部分电路当中,使用的就是共发射极放大电路。

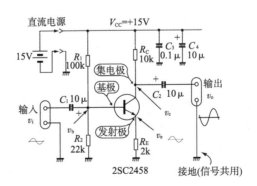

图 2.1　实验用的放大电路

(用一只晶体管进行工作的典型的共发射极放大电路)

照片 2.1 是将图 2.1 的电路封装在通用印制板上的放大电路。如果操作熟练的话,这种电路 10 分钟就能封装(焊接)完毕。

照片 2.1　实验用单晶体管放大电路

(该电路几乎是原尺寸大小。如果晶体管采用小功率 NPN 晶体管,该电路就大体上能够使用)

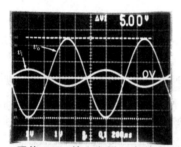

照片 2.2　输入电压 v_i 与输出

电压 v_o 的波形($200\mu s/\mathrm{div}$,$1V/\mathrm{div}$)

(v_i 为 $1V_{p\text{-}p}$,v_o 为 $5V_{p\text{-}p}$,即是 5 倍的放大。因为周期为 1ms,信号的频率为 1kHz,v_i 与 v_o 的相位相反)

在该电路中,当输入信号是由实验用的正弦波发生器产生的 1kHz、$1V_{p\text{-}p}$ 的正弦波信号时,其输入输出波形如照片 2.2 所示。

输入信号 v_i 为 $1V_{p\text{-}p}$,输出信号 v_o 的振幅(波形上下之间的值)为 $5V_{p\text{-}p}$,这个电路的电压放大倍数 A_v 为 5。如果用对数来表示,则为 $20\lg 5 \approx 14\mathrm{dB}$。

仔细对波形进行观察可知,输出波形的相位相对于输入波形有 180° 的改变(相位相反)。

2.1.2　基极偏置电压

照片 2.3 是输入信号 v_i 与晶体管基极电位 v_b 的波形。

v_b 的振幅和相位完全与 v_i 相同,v_b 的波形是在交流成分上叠加约 2.6V(在照片中为 2.62V)的直流电压的波形。

该直流电压称为基极偏置电压,产生偏置电压的电路(在该电路中,为 R_1 与 R_2)称为偏置电路。

所谓偏置(bias)是"偏离"的意思,在图 2.1 的电路中,将基极电位偏离了直流 2.6V,故有这样的称呼。

位于输入端的电容 C_1 是隔离基极偏置电压（直流），仅让加在输入端的交流成分通过的电容（隔直通交）。由于它使输入信号与电路或者电路与电路相耦合，所以称为耦合电容。

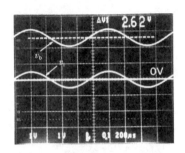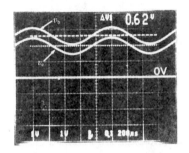

照片 2.3   输入电压 v_i 与基极电位 v_b 的波形（200μs/div，1V/div）

（v_i 以 0V 为中心作正负振动，即是交流。v_b 在直流偏置上叠加 v_i，即交流＋直流）

照片 2.4   基极电位 v_1 与发射极电位 v_e 的波形（200μs/div，1V/div）

（v_b 与 v_e 的交流振幅几乎相同，而直流电位相差约 0.6V 即 $v_e = v_b + 0.6V$，这是晶体管电路的特点）

2.1.3 基极-发射极间电压为 0.6V

照片 2.4 为基极电位 v_b 与发射极电位 v_e 的波形。在交流上，v_b 与 v_e 的振幅与相位是完全相同的波形。如照片 2.3 所示，v_i 与 v_b 在交流上是相同的波形，所以发射极电位 v_e 成为与输入信号完全相同的波形。

因此，当在晶体管的基极上加上信号时，即使从发射极将信号取出，也完全没有电压放大作用（电压放大倍数为 1）。

再来注意照片 2.4 中的直流电位。v_b 是在＋2.6V 的直流上叠加 1kHz 的交流信号，但是，v_e 是在约比它低 0.6V（在照片中为 0.62V）即＋2V 上叠加同样的交流信号。

2.1.4 两种类型的晶体管

实际上晶体管有两种类型，分别称 NPN 晶体管和 PNP 晶体管。它们都有如图 2.2 所示的两个 PN 结。

该 PN 结为图 2.3 所示的二极管。可以这样认为，晶体管基极-发射极和基极-集电极等效为二极管（显然，晶体管不是如图 2.2 所示的那样将两个二极管简单连接起来的，因为那样没有放大作用）。

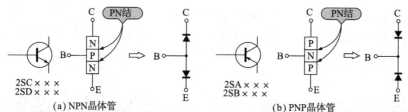

在一般的放大电路中,使基极-发射极间的二极管 ON(导通),使基极-集电极间

图 2.2　晶体管的 PN 结

(在双极晶体管中有两种类型,可根据电源情况灵活使用。通常使用正电源的 NPN 型晶体管)

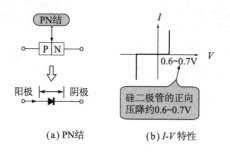

(a) PN结　　　(b) I-V 特性

图 2.3　二极管特性

(二极管就是 PN 结,在正向约 0.6V 的压降之后,电流开始流动,反向,则阻止电流流动)

的二极管 OFF(截止)来设置晶体管各端子的电位(偏置电压)。

在图 2.1 的电路中,也使基极-发射极间的二极管 ON,基极-发射极间电压 V_{BE} (在照片 2.4 中为 v_b 与 v_e 之电压差)与普通硅二极管的正向压降是相同的值,即 0.6~0.7V(参见图 2.3(b))。

双极晶体管(普通的晶体管)与在数据表上写着的小信号、功率、低频和高频等用途没有关系,在进行放大工作时,肯定为 $V_{BE} \approx 0.6 \sim 0.7$V。

在晶体管电路中,这是极其重要的事情。不是夸张地说,只要知道 $V_{BE} \approx 0.6$V,无论怎样复杂的晶体管电路都能进行解析和设计。

2.1.5　输出为集电极电压的变化部分

照片 2.5 是发射极电位 v_e 与集电极电位 v_c 的波形。至今所见到的波形 v_b 与 v_e 是与输入信号 v_i 相同的波形,不进行电压的放大。但是,如照片 2.5 所示,在集电极呈现出 v_i 被放大了的波形(相位与 v_i 相反)。

相对于发射极电阻 R_E,如照片 2.4 所示,v_e 振幅为 2V±0.5V,所以晶体管的

发射极电流 i_e（＝在 R_E 上流动的电流）是以 1mA 为中心，作 ±0.25mA 的变化 $[(2V\pm0.5V)/2k\Omega=1mA\pm0.25mA]$。

在晶体管的各端子流动的电流有如图 2.4 所示的关系。但是与集电极电流 i_c 相比，i_b 是非常小的值，可以忽略不计，即 $i_e＝i_c$。

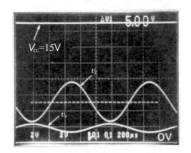

照片 2.5 发射极电位 v_e 与集电极电位 v_c 的波形（200μs/div，2V/div）

（v_c 与 v_e 是反相，且 v_c 比 v_e 幅度大得多）

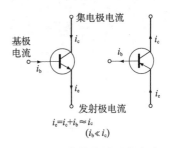

图 2.4 晶体管各端子的电流

（表示交流成分时，用小写的符号，NPN 型 与 PNP 型晶体管的电流方向完全相反）

因此，在图 2.1 的电路中，集电极电流 i_c 也与 i_e 相同为 1mA±0.25mA。换一个看法，如图 2.5 所示，将输入信号 v_i 的电压变化 Δv_i（此时为 ±0.5V）变换成电流变化 Δi_c（此时为 ±0.25mA），则可以将图 2.1 的电路看成是由集电极进行输出的电流源。

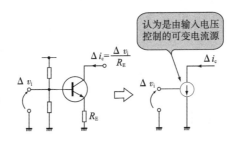

图 2.5 将电压变化变成电流的变化

（如果对共发射极放大电路改变一下看法，可以说是由输入电压控制的可变电流源）

进而，利用集电极与电源间接入的电阻 R_C（称为集电极负载电阻），Δi_c 以电阻 R_C 上的压降形式再次变回到电压的变化 Δv_c，并由集电极取出。

因为 R_C 接在电源与集电极之间，所以 R_C 的压降是相对于电源产生的。因此，R_C 的压降增加（v_i 增加，i_c 就增加），则相对 GND 的集电极电位 v_c 就减少。R_C

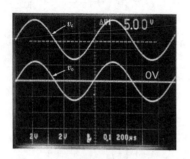

照片 2.6　集电极电位 v_c 与输出电压
v_o 的波形（200μs/div，2V/div）
（用电容将 v_c 的直流截去，则输出 v_o，v_o
是以 0V 为中心振动的交流信号）

的压降减少（v_i 减少，则 i_c 就减少），则 v_c 就增加。因此，相对于 v_i，v_c 的相位是反相位（相位差为 180°）。

由照片 2.4 和照片 2.5 可知，发射极接地时，在晶体管的各端子出现的信号相位是：基极与发射极为同相位，基极与集电极和发射极与集电极为反相位。

照片 2.6 是集电极电位 v_c 与输出信号 v_o 的波形。

由此可知，电容 C_2 将 v_c 的直流成分（此时为 5V）截去，仅将交流成分作为输出信号取出（C_2 是起着与 C_1 一样作用的耦合电容）。

2.2　放大电路的设计

通过对各部分工作波形的观察，我们对共发射极放大电路的大致工作情况已经有所了解。下面，从简单求出电路各部分的直流电位和交流放大率开始，来看一下具体的电路设计。

2.2.1　求各部分的直流电位

首先，在图 2.1 所示的电路中，基极的直流电位 V_B（为 v_b 的直流部分，或者没有输入信号时的基极电位）是用 R_1 和 R_2 对电源电压 V_{CC} 进行分压后的电位（参见照片 2.3），所以，流进晶体管的基极电流的直流成分 I_B 是很小的，可以忽略，即

$$V_B = \frac{R_2}{R_1 + R_2} \cdot V_{CC} \quad (V) \tag{2.1}$$

发射极的直流电位 V_E（v_e 的直流成分）如照片 2.4 所示，仅比 V_B 低晶体管的基极-发射极间电压 V_{BE}，如设 $V_{BE} = 0.6V$，则 V_E 为：

$$V_E = V_B - 0.6 \quad (V) \tag{2.2}$$

发射极上流动的直流电流 I_E（i_e 的直流成分）为：

$$I_E = \frac{V_E}{R_E} = \frac{V_B - 0.6}{R_E} \quad (A) \tag{2.3}$$

集电极的直流电压 V_C（v_c 的直流成分）为电源电压减去 R_C 的压降而算得的值，所以 V_C 为：

$$V_C = V_{CC} - I_C \cdot R_C \quad (V) \tag{2.4}$$

在式中，基极电流为很小的值，所以可忽略，即 $I_C = I_E$。所以式（2.4）成为

$$V_C = V_{CC} - I_E \cdot R_C \tag{2.5}$$

以上求得的各部分的直流电位表示在图 2.6 中。

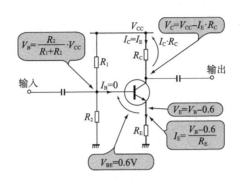

图 2.6 共发射极放大电路中各部分的直流电位
(基极的输入阻抗非常高,如果认为集电极电流与发射极电流相等就简单了)

2.2.2 求交流电压放大倍数

接着求一下图 2.1 所示电路的交流放大倍数(交流增益)。

由于晶体管的基极-发射极间存在的二极管是在导通情况下使用的(交流电阻为 0),所以基极端子的交流电位($= v_i$)直接地出现在发射极,因此,由交流输入电压 v_i 引起的 i_e 的交流变化部分 Δi_e 为:

$$\Delta i_e = v_i / R_E \tag{2.6}$$

另外,令集电极电流的交流变化部分为 Δi_c,则 v_c 的交流变化部分 Δv_c 为:

$$\Delta v_c = \Delta i_c \cdot R_C \tag{2.7}$$

进而认为,集电极电流等于发射极电流,即 $\Delta i_c = \Delta i_e$,所以,

$$\Delta v_c = \Delta i_e \cdot R_c = \frac{v_i}{R_E} \cdot R_C \tag{2.7'}$$

另一方面,因 C_2 将 v_c 的直流成分截去,故交流输出信号 v_o 即为 Δv_c 的本身:

$$v_o = \Delta v_c = \frac{v_i}{R_E} \cdot R_C \tag{2.8}$$

因此,该电路的交流电压放大倍数 A_v 由式(2.8)可得

$$A_v = \frac{v_o}{v_i} = \frac{R_C}{R_E} \tag{2.9}$$

如式(2.9)所示,放大倍数 A_v 与晶体管的直流电流放大系数 h_{FE} 无关,而是由 R_C 与 R_E 之比来决定的(因为认为基极电流为 0,所以与 h_{FE} 无关,然而,严格来说是有关系的)。

另外,R_E 的值增大,则放大倍数 A_v 减小,所以可以认为该电路由 R_E 引入了负反馈。为此,称 R_E 为发射极反馈电阻,R_E 有抑制因 h_{FE} 的分散性和 V_{BE} 的温度变化而产生的发射极电流变化的作用。

这样一来,晶体管放大电路也不是那样的难理解,这是因为几乎只由两个电阻 R_E 与 R_C 之比就能决定放大倍数的缘故。将图 2.1 电路的交流放大倍数的求法总结在图 2.7 中。

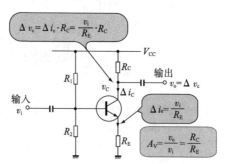

· Δ表示信号的变化量
· 小写字母表示交流成分
· A_v 是所求的交流电压增益(放大倍数)

图 2.7　求电压增益

(假设集电集电流与发射极电流相等,令发射极上出现的交流成分等于输入信号,则
R_E 与 R_C 之比就为放大倍数)

2.2.3　电路的设计

由于已经求得各部分电位和交流放大倍数,下面就具体进行设计,求出图 2.1 电路的参数。

在进行设计时,要明确"制作什么样性能的电路",或有这样的要求,即"请制作这样性能的电路"。

下表中表示设计规格。这里除了电压放大倍数与最大输出电压,其他没有特别的规定。

共发射极放大电路的设计规格

电压增益	5(14dB)倍
最大输出电压	5$V_{p\text{-}p}$
频率特性	任意
输入输出阻抗	任意

2.2.4 确定电源电压

首先确定电源电压。最大输出电压是重点。为了输出 $5V_{p-p}$ 的输出电压,显然必须要 5V 以上的电源电压。

其次,由于发射极电阻 R_E 上最低加 1~2V 的电压(理由后述),所以为了使集电极电流流动,电源电压最低必须为 6~7V$((5+1)~(5+2)V)$。

在这里,决定采用与 OP 放大器的电源电压(±15V)一样的 15V(该电源容易得到)。

2.2.5 选择晶体管

如图 2.2 所示,晶体管有 NPN 和 PNP 两种类型。图 2.1 是用 NPN 晶体管组装的电路。用 PNP 组装的电路表示在图 2.8 中。

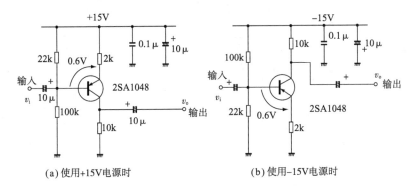

(a) 使用+15V电源时   (b) 使用−15V电源时

图 2.8 用 PNP 型晶体管的共发射极放大电路
(将图 2.1 换成 PNP 型晶体管,显然也进行工作)

使用 PNP 晶体管的电路与使用 NPN 晶体管的电路,其电流方向相反。为了使偏置电压的极性相反,可以将电源与 GND 进行互换。

在这里采用的是 NPN 型晶体管。但是根据自己的爱好,用 NPN 型或 PNP 型都没有关系。

现在,具体来选择晶体管。晶体管依照其用途大致分为高频(2SA××××,2SC××××)与低频(2SB××××,2SD××××),进一步还可分为小信号与大功率(在型号上不能区别)。至于它们的品种有几千种之多,所以从其中选择所需要的品种是非常困难的。

确切地讲,在追求最终性能(噪声大小和高频特性等)的情况下,晶体管的特性左右着电路的性能,所以必须慎重选择器件。但是,该电路是为实验用的,仅规定

　　了放大倍数与最大输出电压,所以如不超过晶体管的最大额定值(不损坏的话),无论使用哪个品种都一定能工作。反过来说,如果是这种电路,就不必太拘泥于晶体管的规格(即型号)。只要是 NPN 型晶体管的任何一种都可以。

　　考虑一下晶体管的最大额定值,因电源电压为 15V,所以在集电极-基极间和集电极-发射极间有可能最大加上 15V 电压(加上大振幅输入信号时)。因此,选择集电极-基极间电压 V_{CBO} 与集电极-发射极间电压 V_{CEO} 的最大额定值为 15V 以上的器件。

　　在这里,从满足前述最大额定值条件的器件中,选取了通用小信号晶体管 2SC2458(东芝)。在表 2.1 中,表示出 2SC2458 的特性。

表 2.1　2SC2458 的特性

(典型的小信号晶体管的例子。直流电流放大系数 h_{FE} 按照颜色记号分为 O～BL 四档。在品名后带有ⓛ,则可得到 $NF=3dB(max)$ 的低噪声规格)

(a)**最大额定值**($T_a=25℃$)

项　目	符　号	规　格	单　位
集电极-基极间电压	V_{CBO}	50	V
集电极-发射极间电压	V_{CEO}	50	V
发射极-基极间电压	V_{EBO}	5	V
集电极电流	I_C	150	mA
基极电流	I_B	50	mA
集电极损耗	P_C	200	mW
结温	T_j	125	℃
保存温度	T_{stg}	$-55～125$	℃

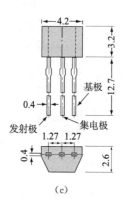

(c)

(b)**电特性**($T_a=25℃$)

项　目	记号	测　试　条　件	最小	标准	最大	单位
集电极截止电流	I_{CBO}	$V_{CB}=50V, I_E=0$	—	—	0.1	μA
发射极截止电流	I_{EBO}	$V_{EB}=5V, I_c=0$	—	—	0.1	μA
直流电流放大系数	h_{FE}(注)	$V_{CE}=6V, I_C=2mA$	70	—	700	
集电极-发射极间饱和电压	$V_{CE(sat)}$	$I_C=100mA, I_B=10mA$	—	0.1	0.25	V
过渡频率	f_T	$V_{CE}=10V, I_C=1mA$	80	—	—	MHz
集电极输出电容	C_{ob}	$V_{CB}=10V, I_E=0, f=1MHz$	—	2.0	3.5	pF
噪声指数	NF	$V_{CE}=6V, I_C=0.1mA$ $f=1kHz, R_g=10k\Omega$	—	1.0	10	dB

注:h_{FE}分类 O:70～140,Y:120～240,GR:200～400,BL:350～700。

2SC2458 依直流电流放大系数 h_{FE} 的大小分为 O～BL 四档。但从式(2.9)可知，A_v 与 h_{FE} 的大小无关。所以任一档 h_{FE} 都没有关系。

还有，该 2SC2458 作为通用晶体管，在其他章节中还会再次出现，所以最好预先对它有所了解。

2.2.6　确定发射极电流的工作点

晶体管的性能，特别是频率随着发射极电流(或者集电极电流)变化而产生很大变化。

图 2.9 表示 2SC2458 的特征频率与发射极电流的曲线图。f_T 称为晶体管的特征频率，它表示交流电流放大系数为 1 时的频率。它的值随发射极电流从 30～500MHz 有很大的变化。关于 f_T 先了解这些就可以了。

由该曲线图可知，如果希望特征频率最好(f_T 最高)，必须将 I_E 设定在 $I_E=40$mA。

对于噪声特性也一样，存在着噪声最小的集电极电流($\approx$ 发射极电流)。就同一晶体管而言，特征频率最好时发射极电流与噪声特性最好时发射极电流是不同的。

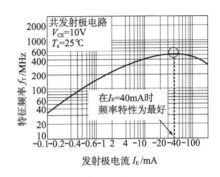

图 2.9　2SC2458 的特征频率与发射极
电流的关系

(通常晶体管具有一增加发射极电流＝工作电流，则频率特性就有变好的倾向)

即使这样，因为该电路没有其他更详细的规定，所以如果 I_E 为最大额定值(由表 2.1(a)可知为 150mA)以下，不管多少毫安都没有关系。在这里取为 1mA。显然，即便是 1.5mA，2mA 也都可以。但是使用完整的数值计算起来比较方便。

顺便提一下，像该电路那样的小信号共发射极放大电路的 I_E 大小可以从 0.1mA 至数毫安。

2.2.7　确定 R_C 与 R_E 的方法

如式(2.9)所示，电路的放大倍数是由 R_C 与 R_E 之比来决定的，所以令 $A_v=5$，取 $R_C:R_E=5:1$。

为了吸收基极-发射极间电压 V_{BE} 随温度的变化，而使工作点(集电极电流)稳定，R_E 的直流压降必须在 1V 以上。这是因为 V_{BE} 约为 0.6V，然而它具有

$-2.5\mathrm{mV/℃}$ 的温度特性,这是由于 V_{BE} 变动,发射极电位也变动,集电极电流也发生变化的缘故。

在这里,取 R_{E} 的压降为 2V,因此 $I_{\mathrm{C}}=1\mathrm{mA}$(设 $I_{\mathrm{C}}\approx I_{\mathrm{E}}$),则由式(2.3)可得:

$$R_{\mathrm{E}}=\frac{V_{\mathrm{E}}}{I_{\mathrm{E}}}$$

$$=\frac{2\mathrm{V}}{1\mathrm{mA}}=2\ \mathrm{k\Omega} \tag{2.10}$$

由式(2.9)可得:

$$R_{\mathrm{C}}=R_{\mathrm{E}}\cdot A_{\mathrm{v}}$$

$$=2\mathrm{k\Omega}\times5=10\ \mathrm{k\Omega} \tag{2.11}$$

晶体管的集电极-发射极间电压 V_{CE} 为集电极电位 V_{C} 减去发射极电位 V_{E},所以由式(2.4)得出 V_{CE} 为:

$$V_{\mathrm{CE}}=V_{\mathrm{C}}-V_{\mathrm{E}}=V_{\mathrm{CC}}-I_{\mathrm{C}}\cdot R_{\mathrm{C}}-I_{\mathrm{E}}\cdot R_{\mathrm{E}}$$

$$=15\mathrm{V}-1\mathrm{mA}\times10\mathrm{k\Omega}-2\mathrm{V}=3\ \mathrm{V} \tag{2.12}$$

晶体管的集电极静态损耗 P_{C}(在集电极-发射极间发生的功率损耗,它变成热量)为:

$$P_{\mathrm{C}}=V_{\mathrm{CE}}\cdot I_{\mathrm{C}}$$

$$=3\mathrm{V}\times1\mathrm{mA}=3\ \mathrm{mW} \tag{2.13}$$

可知 P_{C} 在表 2.1 规定的最大额定值以下。

还有,若 R_{C} 的值太大,则 R_{C} 本身的压降变大,集电极电位下降,在输出振幅大时,集电极电位靠近发射极电位,削去输出波形的下侧。

相反,R_{C} 的值过小时,则集电极电位靠近电源电位,削去输出波形的上侧(参见照片 2.5,在该照片中,输出稍增大,就削去输出波形的下侧)。

因此,在最大输出振幅时,如果电位关系成为削去波形的关系,则有必要调整 V_{E} 或者 I_{C} 的设定来重新求出 R_{C} 与 R_{E}。

最好的办法是将集电极电位 V_{C} 设定在 V_{CC} 与 V_{E} 的中点,但是像本设计那样,只要满足最大输出振幅的规格,也没有必要特意去将集电极电位 V_{C} 设定在中点。

2.2.8　基极偏置电路的设计

设 $V_{\mathrm{E}}=2\mathrm{V}$,由于 $V_{\mathrm{BE}}=0.6\mathrm{V}$,所以基极电位 V_{B} 必须是 $2.6\mathrm{V}$($=2\mathrm{V}+0.6\mathrm{V}$)。

由于基极电位是由 R_1 与 R_2 对电源电压进行分压之后的电位,所以,如果设 R_2 的压降为 2.6V,则 R_1 的压降为 12.4V(=15V-2.6V)即可。

另外,晶体管的基极电流为集电极电流的 $1/h_{FE}$,因为 $I_C=1$mA,假设 $h_{FE}=200$,则基极电流为0.005mA。

因此,有必要在 R_1 与 R_2 流过比基极电流大得多的电流,使得基极电流能够忽略。在这里,在 R_1 与 R_2 上流动的电流取为 0.1mA(认为"大得多"=10 倍以上就可以)。

即 R_1 与 R_2 为

$$R_1 = \frac{12.4\text{V}}{0.1\text{mA}} = 124 \text{ k}\Omega$$

$$R_2 = \frac{2.6\text{V}}{0.1\text{mA}} = 26 \text{ k}\Omega$$

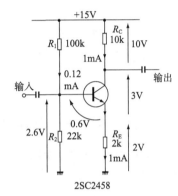

图 2.10 共发射极电路的 DC 电位
(实验值与计算值几乎一致。这可由 $V_{BE}=0.6$V 及欧姆定律来解释)

但是,这个 R_1 与 R_2 的值在 E24 系统数列的电阻中是没有的,所以不改变 R_1 与 R_2 的比值(比值一改变,V_B 的值就变了),在 E24 系统的电阻值中来挑选,取为 $R_1=100$kΩ,$R_2=22$kΩ($124:26\approx100:24$)。

在图 2.10 中,表示至此所求得的常数及其部分的直流电位。可以知道,在照片 2.3~照片 2.4 表示的各部分中,实际电位几乎与计算值相等。

2.2.9 确定耦合电容 C_1 与 C_2 的方法

C_1 与 C_2 是将基极或集电极的直流电压隔离仅让交流成分通过的耦合电容,但是如图 2.11 所示,C_1 与输入阻抗、C_2 与连接在输出端的负载电阻分别形成高通滤波器——仅让高频通过的滤波器。

当 C_1 与 C_2 取很小值时,在滤波效果上难于通过低频,频率特性下降,在此取 $C_1=C_2=10\mu$F。

关于图 2.1 电路的交流输入阻抗,如设晶体管的输入阻抗为无限大,而电源的阻抗为0Ω,则放大电路的输入阻抗为 R_1 与 R_2 的并联 $R_1/\!/R_2$(晶体管的基极电流极小,所以晶体管本身的输入阻抗可以看成非常大)。

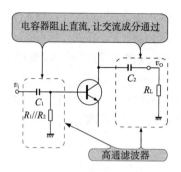

图 2.11   共发射极放大电路的
高通滤波器

(换言之,高通滤波器,即让高频通过,将低频
和直流截去)

因此,由 C_1 形成的高通滤波器的截止频率 f_C(振幅特性下降 3dB——即下降到 $1/\sqrt{2}$ 的频率)为:

$$f_C = \frac{1}{2\pi \cdot C \cdot R} = \frac{1}{2\pi \times 10\mu F \times 18k\Omega}$$

$$\approx 0.9 \text{ Hz} \qquad\qquad (2.14)$$

另外,由 C_2 与负载形成的高通滤波器的 f_e,会因输出端接有不同的负载电阻而发生变化(例如接在输出端电路的输入阻抗等)。所以,预先考虑一下接有什么样的负载是至关重要的。

2.2.10   确定电源去耦电容 C_3 与 C_4 的方法

C_3 与 C_4 是电源的去耦电容,当没有这个电容时,电路的交流特性变得很奇特,严重时电路产生振荡。

电容的容抗为 $1/(2\pi \cdot f \cdot C)$,频率越高,容抗应该越小。但是,实际上因内部感抗成分等因素的影响,从图 2.12 所示的某个频率开始,容抗反而变高。在结构上,小容量的电容器在高的频率处,而大容量的电容器则在较低的频率处,电容的容抗变得最低。

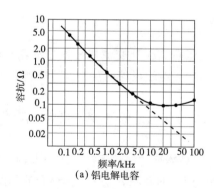

(a) 铝电解电容

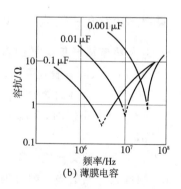

(b) 薄膜电容

图 2.12   电容器的容抗

(电容的理想容抗是 $1/2\pi fC$,应该与频率成反比,但在高频情况下,偏离了理想特性而具有一定的容抗)

因此,在电源上并联连接如图 2.13 所示的小容量的电容器 C_3 和大容量的电容器 C_4,在很宽的频率范围降低电源对 GND 的容抗。

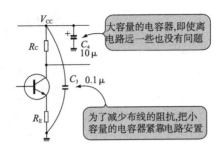

图 2.13 电源的去耦(旁路)电容

(在低频电路中,去耦电容的安装位置不是问题,但在高频电路中,安装位置比什么都重要。引线也要短)

小容量的电容器是在高频情况下降低阻抗用的,所以如果不紧靠电路安置,则电容器的引线增长,由引线本身的阻抗,电源的阻抗不能为零了。

在此,采用 $C_3 = 0.1\mu F$ 的叠层陶瓷电容器,$C_4 = 10\mu F$ 的铝电解电容器。

通常小容量电容器是 $0.01 \sim 0.1\mu F$ 的陶瓷电容器(薄膜电容器为 NG),大容量电容器是 $1 \sim 100\mu F$ 的铝电解电容器。

另外,在这样低频率的电路中,即使没有小电容 C_3,电路也能正常工作。但是在高频电路中,比起大电容 C_4 来,C_3 起着更为重要的作用。

从习惯上来说,旁路电容也由大电容与小电容两条通路构成。

电源是使电路进行工作的基础,因此,旁路电容可以认为是电路工作的"保险金"和"安心费"。在电路图中,即使没有画旁路电容,而在实际装配电路时,如能加入旁路电容,那么你就已经加入到高手行列中去了。

2.3 放大电路的性能

那么,设计出来的电路性能如何呢?让我们实际测量一下。

2.3.1 输入阻抗

图 2.14 表示测量输入阻抗 Z_i 的方法。它是在信号源上连接串联电阻 R_s、由串联电阻两端的振幅 v_s 与 v_i 之差来求输入阻抗的方法。该测量方法认为,加在放大电路输入端的电压 v_i,是信号电压 v_s 由 R_s 与 Z_i 进行分压后的值。

照片 2.7 表示 v_s ＝1V_{p-p}(1kHZ)，R_S＝18kΩ 时的波形。v_i 为 0.5V_{p-p}(v_s 的 1/2)，Z_i 值与 R_S 相等，即 Z_i＝18kΩ。

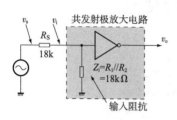

图 2.14　输入阻抗的测定

(R_S 是为测量输入阻抗而接入的电阻。在一般的电路中，R_S 为数十千欧以下。根据 R_S 的值及输出输入值(振幅)的变化，就可以推定出输入阻抗的值)

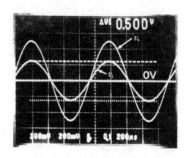

照片 2.7　测量输入阻抗的波形

(200μs/div,200mV/div)

(在信号源上串接上 R_S＝18kΩ，然后接到电路上，则电路的输入信号 v_i(如照片所示)振幅就下降，这是输入阻抗变低的缘故)

这个值是偏置电路的 R_1 与 R_2 的并联值，即 $R_1 /\!/ R_2$(100kΩ$/\!/$22kΩ)。

2.3.2　输出阻抗

图 2.15 表示测量输出阻抗的方法。它是在输出端接上负载电阻 R_L 来测量输出振幅 v_o，然后与无负载(R_L≈∞)时的输出振幅做比较来求输出阻抗的方法。这是因为，v_o 为无负载时的输出振幅经 Z_o 与 R_L 进行分压之后的值。

照片 2.8 表示 v_i＝1V_{p-p}(1kHz)、R_L＝10kΩ 时的输出波形。在无负载时，如照片 2.2 所示，A_v＝5，v_o＝5V_{p-p}，但是 R_L＝10kΩ 时，v_o＝2.5V_{p-p}(为无负载时的 1/2)。

因此，Z_o 值与 R_L 相等，即 Z_o＝10kΩ。这个值为集电极电阻 R_C 本身的值。

如图 2.16 所示，如改变对晶体管的看法，则可以认为是由输入信号控制的电流源。因此，由输出端看到的该电路的阻抗为 R_C 与电流源并联连接的值(电源的阻抗是 0Ω，与 GND 相同)。

所谓电流源，是指即使负载变化，其电流也是不改变的。可以认为内部阻抗无限大。所以，由输出端看到的阻抗(即输出阻抗)为 R_C 本身。

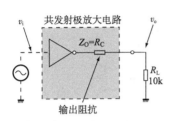

图 2.15 输出阻抗的测量

(R_L 是为测量输出阻抗而接入的电阻。在一般的电路中,R_L 为数十至数百千欧,根据 R_L 的值及输入输出的变化,就可以推定输出阻抗)

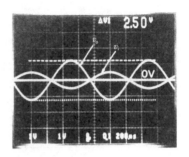

照片 2.8   测量输出阻抗的波形

($200\mu s/div$,$1V/div$)

(接上负载电阻 $R_L = 10k\Omega$,则输出电压 v_o 由 $5V_{p-p}$ 下降到 $2.5V_{p-p}$。这是由于输出阻抗变高的缘故)

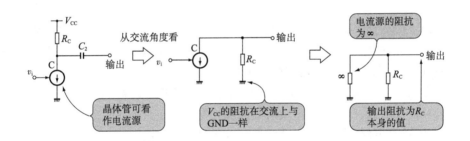

图 2.16   共发射极电路的输出阻抗

(关键是将晶体管看作电流源,电源 V_{CC} 的阻抗可看作几乎为 0。共发射极电路的输出阻抗不一定很低)

2.3.3 放大倍数与频率特性

图 2.17 表示电压放大倍数及相位的频率特性(1kHz～10MHz)曲线,如对电路的放大倍数进行正确的测量,放大倍数为 12.8dB(约 4.4 倍)(图2.17的放大倍数曲线)。这比由式(2.9)设定的 A_v(14dB＝5 倍)略低一些。

式(2.9)是设 $I_C = I_E$ 时进行计算的。但是实际晶体管的 h_{FE} 为有限的值,所以 $I_C = I_E + I_B$,I_C 比 I_E 要小一些。因此,实际的放大倍数(增益)也比由式(2.9)计算的值要低一些(如严格地进行计算,不仅与 h_{FE} 有关,而且与晶体管的输入阻抗 h_{IE} 也有关)。

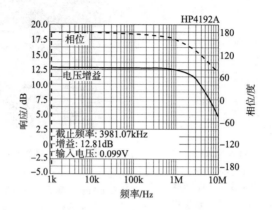

图 2.17　实验电路的频率特性
(这是由阻抗分析仪进行测量的,它是由矢量电压计与信号发生器组合在一起的。
截止频率和增益(放大倍数)都能够正确地得到)

但是,设定的增益与实际的增益误差为 10％左右,所以式(2.9)是实用的。

反过来说,产生 10％的误差,并不意味着要采用精度更高的电阻来替代确定增益的电阻 R_E 与 R_C,±5％精度(J 档)的电阻就足够了。

在图 2.18 中,表示的是低频的频率特性。低频截止频率 f_{cl} 为 0.8Hz,这与由式(2.14)计算出的、在输入侧形成的高通滤波器的截止频率几乎是一致的(因为没有接负载,在输出侧形成的高通滤波器可以忽略)。

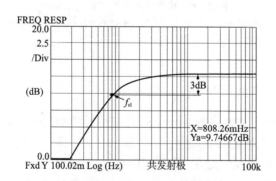

图 2.18　实验电路低频范围的频率特性
(在低频范围的测量与图 2.17 的测量不同,使用动态信号分析仪)

2.3.4 高频截止频率

由图 2.17 可知,该电路的高频截止频率 f_{ch}(放大倍数下降 3dB 的频率)是 3.98MHz(图 2.17 的截止频率),直至高频范围都有响应。

例如,无线电的 AM 广播频率的上限约为 2MHz 左右,可以知道,该电路所具有的频率特性是可以用到收音机的高频端(在天线接收到的信号,按原有频率进行处理的电路)。

但是,看一下前面的表 2.1,所用晶体管 2SC2458 的截止频率 f_T 为 80MHz(最小)。f_T 是 h_{FE}(交流电流放大系数)为 1 时的频率,它是器件频率特性的标志性参数。但是,即使使用 f_T=80MHz 的晶体管,电路的截止频率仍是比它低一个数量级的值。这有些奇怪!

2.3.5 高频晶体管

采用 f_T=550MHz(标准)的高频放大晶体管 2SC2668(东芝)来代替 2SC2458 时,其频率特性表示在图 2.19 中(除了晶体管之外,其他是完全相同的电路)。

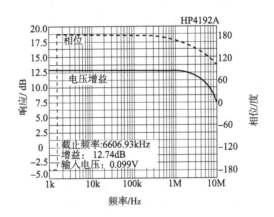

图 2.19 使用 2SC2668 时的频率性

(将图 2.1 电路的晶体管 2SC2458 换成 f_T 更高的 2SC2668,频率特性比图 2.17 拓宽了 2 倍)

由图可知,f_{ch}=6.6MHz,频率特性确实向高频扩展,但是与 f_T 相比,f_{ch} 仍然是相当低的值。

分析其原因,如照片 2.1 所示的实验电路,没有很好地进行封装而使得高频性能变好,是其最主要的原因(在照片 2.9 中,表示高频电路封装的例子)。除此之外,还可以认为是所谓晶体管的密勒效应而引起高频性能下降的缘故。

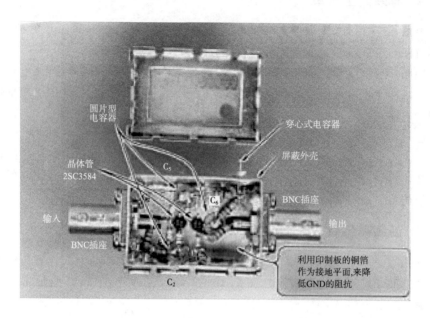

照片 2.9 高频放大电路的封装例子

(为了制作将频率特性扩展到高频的电路,封装技术特别重要。通过紧密地制作下降接地阻抗是关键)

2.3.6 频率特性不扩展的理由

图 2.20 表示在晶体管内部存在的电阻和电容。实际上,在晶体管的基极存在串联电阻 r_b,在各端子间存在电容 C_{bc}、C_{be} 和 C_{ce}。

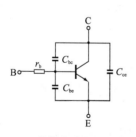

图 2.20 晶体管内部电阻与电容

(晶体管的等效模型有各种表示方法,关于高频特性的表示方法,该图的模型就已足够好)

图 2.21(a)是考虑到这些电阻、电容而改画之后的共发射极放大电路。在这里,成为问题的是基极-集电极间电容 C_{bc}。

基极端子的交流电压为 v_i,集电极端子的交流电压为 $-v_i \cdot A_v$,所以在 C_{bc} 两端加的电压为 $v_i(1+A_v)(=v_i-(-v_i \cdot A_v))$。为此,在 C_{bc} 上流动的电流是 C_{bc} 上加 v_i 时的 $(1+A_v)$ 倍(因为加了 $1+A_v$ 倍的电压)。

因此,由基极端来看 C_{bc} 时,可以将 C_{bc} 看成具有 $(1+A_v)$ 倍电容的电容器。这就是所谓的密勒效应。

就是说,晶体管的输入电容 C_i 是 $1+A_v$ 倍的 C_{bc} 和 C_{be} 之和,即 $C_i=C_{bc}(1+A_v)+C_{be}$,如图 2.21(b)所示,C_i 与基极串联电阻 r_b 形成低通滤波器。因此,在高频范围,电路的放大倍数下降。

所以,想制作频率特性更好的放大电路时,必须考虑其他的途径。

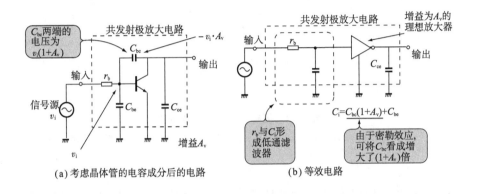

图 2.21 使共发射极电路高频特性下降的要素

(看一下晶体管的数据表,有 C_{ob}(输出电容)这一项目。C_{ob} 是基极接地的输出电容,可以粗略地表示成 C_{bc})

有关这方面内容将在第 6 章的共基极放大电路中介绍。

在晶体管的数据表中,往往以 C_{bc} 与 r_b 的乘积来表示(记作 $C_c \cdot r_{bb}'$,单位为 s)。显然 $C_{bc} \cdot r_b$ 越小,表示高频特性越好。通常,低频晶体管的 $C_{bc} \cdot r_b$ 值为数十至近百皮秒,高频晶体管为数皮秒至数十皮秒。

2.3.7 提高放大倍数的手段

然而,即使有这样很好工作的电路,也常有想再稍提高放大倍数的情况。但是,如果随意地改变 R_C 和 R_E 的值,则连偏置的状态也改变了,从而导致最大输出振幅下降(集电极电位显著地偏向电源或 GND 而引起的),或者偏置随温度而变得不稳定。

因此,为了不破坏直流电位关系而又提高交流增益,可以采取如下方法:如图 2.22(a)所示,R_E 并联 R 与 C 的串联电路,或者如图2.22(b)那样,将 R_E 分割成 R 与 R_E',且 R_E' 并联旁路电容 C。

这样一来,发射极-GND 间的交流电阻变小,增加了交流放大倍数。C 将发射极交流信号旁路到地,称为发射极旁路电容。

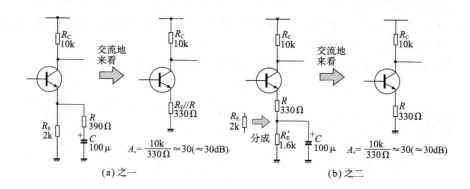

(a) 之一   (b) 之二

图 2.22　提高交流放大度的方法

（在发射极电阻 R_E 上并联连接电容器，就能够降低这部分的阻抗。这样，直流增益
保持不变，而又能够提高交流增益）

图 2.23 表示用图 2.22 的方法使交流放大倍数变化时增益与频率的特性。图
中的 A_v 是计算值 [用 $R_C/(R_E /\!/ R)$ 求得]。可以知道，当交流发射极电阻值下降
时，放大倍数随之变大。

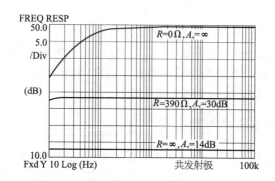

图 2.23　交流放大倍数改变时的频率特性

（根据图 2.22(a) 改变交流放大倍数时的特性。$R=0$ 时，几乎等于电路的最大放大
倍数，约 49dB 即 300 倍的放大倍数。它与晶体管的 h_{FE} 相等）

另外，设 $R=0\Omega$，则电容直接并联到 R_E 上，所以交流发射极电阻几乎为 0。因
此，在计算上交流放大倍数应该为 ∞。但是，实际上如图 2.23 所示，为有限值（在
图中约为 49dB）。

严格地进行考虑，则 $R_E=0\Omega$ 时的 A_v 为：

$$A_v = \frac{h_{FE} \cdot R_C}{h_{IE}} \qquad (2.15)$$

h_{IE}是表示晶体管输入阻抗的常数,它随晶体管的品种和工作点的不同而不同。但大体上为 $1\sim10k\Omega$ 左右。

在实际电路中,集电极负载电阻 R_C 的值大体上也是 $k\Omega$ 的数量级。所以,式(2.15)分母的 h_{IE} 与分子的 R_C 可以认为几乎相等,则 $A_v \approx h_{FE}$。

因此,在共发射极放大电路中能够实现的最大放大倍数为 h_{IE} 值(至多也是一个目标)。在 R_C 极小或极大时是不适用的,在这种条件下,认为是"A_v 与 R_C 的大小成正比"即可(这是重要的考虑方法)。

为此,用一个晶体管就能实现低频范围的最大放大倍数为 $40\sim60dB$ 左右(h_{FE} $=100\sim1000$)。

$R=0$ 时,因为发射极直接接地,完全是"共发射极"(Grounded-Emitter)。但是,如图 2.1 电路所示,发射极不是直接接地的电路,当 $R=0$ 时,显然也是共发射极放大电路。

所谓共发射极放大电路,是发射极交流电位作为参考基准而进行放大工作的电路。

2.3.8　噪声电压特性

将输入端与 GND 短路时,进行测量的输出端噪声电压的频谱表示在图 2.24 中。在数 kHz 附近为 $-135dB \cdot V$($dB \cdot V$ 是以 1V 为基准表示的单位,$0dB \cdot V$ 为 1V,$-135dB \cdot V$ 为 $0.18\mu V$)。

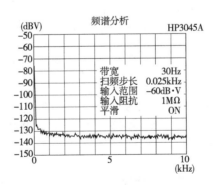

图 2.24　实验电路的噪声电压特性

(将输入端短路,用频谱分析仪进行测量,则成为噪声特性。在 1kHz 以上时,是 $-135dB \cdot V$,为低于 OP 放大器的值)

通常小型碟机(CD 播放器)的输出端噪声电平为 $-110dB \cdot V$ 左右。与其他电路的噪声比较是非常小的。

2.3.9　总谐波失真率

在图 2.25 中,表示总谐波失真率(THD:Total Harmonics Distortion)对输出电压的曲线图。

THD 表示输入信号的谐波有多大程度发生失真(当电路的输入输出特性为非线性时,则发生谐波成分)。THD 在音频电路中,是重要的特性之一。

THD 可以由下式求出:

$$THD = \frac{\sqrt{D_2{}^2 + D_3{}^2 + \cdots + D_n{}^2}}{D_1} \times 100\% \tag{2.16}$$

其中,D_1 为基波分量,D_2 为二次谐波分量,D_3 为三次谐波分量,D_n 为 n 次谐波分量。

图 2.25 是用式(2.16)计算到五次谐波、且输入信号的频率分别为 20Hz、1kHz 和 20kHz 时测量的曲线图。

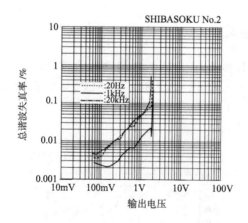

图 2.25　总谐波失真率与输出电压的关系

(在音频放大电路中,谐波失真特性是不可或缺的特性。该特性虽然比 OP 放大器的特性差,通常已是够好的。它是用低失真信号发生器与失真分析仪进行测量的)

对于该电路的 THD,如果与 OP 放大器相比较是很差的,约为 40dB(100 倍)以上的值。但在进行一般声音放大(音乐)的情况下,即使没有削去波形,THD 在 1% 左右也足以听不到声音失真。

因此,该电路用在声音放大上是足够用的。

2.4　共发射极应用电路

2.4.1　使用 NPN 晶体管与负电源的电路

图 2.26 是使用了 NPN 晶体管与负电源的共发射极放大电路。只有在负电源的情况下，才必须采用该电路。

即使使用负电源，基本的电路结构却完全没有变化。与使用正电源电路的不同之处在于，正电源为 GND，原 GND 成为负电源。而在使用负电源的电路中，必须注意电解电容的极性。

在图 2.26 中，输入输出信号是以 GND 为基准的。所以，比起输入输出端电路的电位变低，耦合电容的极性在输入输出端为正极性。如果电路中前后级电路也是由负电源构成时，必须考虑由耦合电路的直流电位来决定耦合电容的极性。

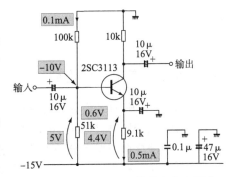

图 2.26　使用 NPN 晶体管与负电源的放大电路

因为发射极电位比 GND 要低，所以 GND 一边为正极性。

图 2.26 的电路是在发射极端直接用电容接地，所以电路的增益为"所用的晶体管能实现的最大增益"。由于使用了 h_{FE} 大的超 β 晶体管 2SC3113（东芝），故而该电路的增益非常大。

如果没有必要获取那么大的增益，可将发射极接地的电容去掉，调节发射极电阻与集电极电阻的阻值来设定增益。另外，此时也可用通用的晶体管。

2.4.2　使用 PNP 晶体管与负电源的电路

图 2.27 是使用了 PNP 晶体管与负电源的共发射极放大电路。在使用负电源的共发射极放大电路中使用 PNP 晶体管，与在使用正电源的电路中使用 NPN 晶体管，恰好形成以 GND 为线对称的结构。

该电路也使用负电源，所以必须十分注意电解电容的极性和耐压。

即使使用负电源和 PNP 晶体管，共发射极放大电路的增益也是由发射极电阻和集电极电阻之比来决定的。在图 2.27 的电路中，发射极交流电阻约为 400Ω（＝3kΩ//510Ω），集电极电阻为 4.7kΩ，所以电路的电压增益约为 20dB（＝约 10 倍≈4.7kΩ/440Ω）。

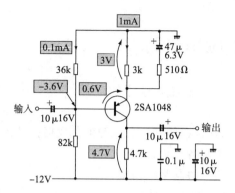

图 2.27　使用 PNP 晶体管与负电源的电路

2.4.3　使用正负电源的电路

图 2.28 是使用了正负电源的有点浪费的电路。因为用了正负电源,即使晶体管的基极偏置在 0V,发射极电阻上也能加上电压,所以这个电路的基极偏置电路是仅用一个 10kΩ 电阻的非常有特征的电路(用 10kΩ 的电阻将基极偏置在 0V)。

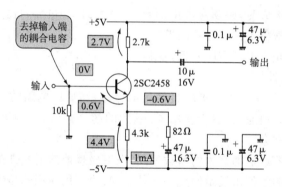

图 2.28　使用正负电源的电路

进而,因基极电位为 0V,所以没有必要在输入端加入耦合电容(实际上,晶体管的基极电流流过 10kΩ 的偏置电阻,会在输入端产生极微小的直流电压)。显然,集电极电位不是 0V,所以输出端的耦合电容不能取消。

电路的电压增益仍能由发射极电阻与集电极电阻之比求出。在图 2.28 中,发射极交流电阻为 80Ω(=4.3kΩ∥82Ω),集电极电阻为 2.7kΩ,所以,电路的增益约为 30dB(=34 倍≈2.7kΩ/80Ω)。

由于该电路基极偏置在 0V,输入端的耦合电容可以去掉,所以能够减少高通滤波器的一个要素(耦合电容与输入阻抗形成高通滤波器)。这样的电路可以用在放大极低频率信号电路的初级上。

2.4.4 低电源电压、低损耗电流放大电路

图2.29是用一节5号电池(锰电池)进行工作的低电压、低损耗电流的放大电路。该电路可以直接用在携带式话筒放大器。

在OP放大器中,在1.5V这样低的电源电压下进行工作的IC是不常有的。如果使用晶体管的分立电路,则能够简单制得。

在图2.29电路的基极偏置电路中加入了二极管。这个电路的主要特点是以二极管的正向压降V_F来抵消掉晶体管的V_{BE}。由此,即使电池的电压相当低,也能确保晶体管的V_{BE},所以能够进行放大工作。

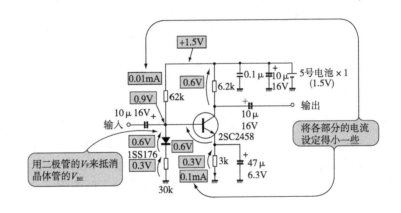

图2.29 低电源电压、低损耗电流放大电路

不使用二极管,而像通常电路那样仅用电阻压降来产生基极偏置电压,由于电池的损耗,电源电压下降,当基极电位在0.6V以下时,晶体管就停止工作。

另外,发射极电流和偏置电路里流动的电流也要设定得小些,以达到低损耗电流的目的。

图2.29电路是用电容器将发射极接地来增大电压增益的。要想固定电压增益时,可将这个电容拆去,对发射极电阻与集电极电阻值进行调整。

如果所用的晶体管是小信号晶体管,则无论哪种类型都可适应工作。但如图2.29电路所示,想提高电压增益时,则要尽可能地使用h_{FE}大的晶体管(将发射极接地电容拆除。而想获得固定增益时,使用多大h_{FE}的晶体管都没有关系)。

2.4.5　两相信号发生电路

图 2.30 是两相信号发生电路,该电路是利用了"共发射极放大电路的输出信号相位旋转 180°"和"在晶体管的发射极,输入信号是直接出现"的两个性质,将信号从集电极和发射极取出,从而产生相位偏离 180° 的两个信号的电路。

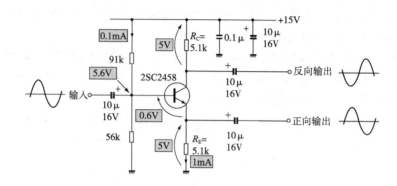

图 2.30　两相信号发生电路

该电路可用在产生驱动平衡传输线路信号的电路中。所谓平衡传输是如图 2.31 所示,将相位偏离 180° 的信号,用三芯电缆进行传输(其中一根为 GND),在接收方,接收两个信号之差。由此,交流声和脉冲状噪声等在两根信号线上同时搭载,在接收一方能够抵消。因此,在长距离传输和噪声大的情况下,就能发挥它的作用。

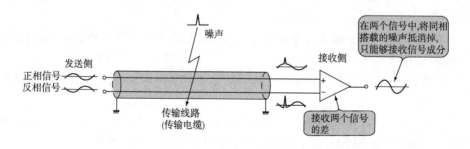

图 2.31　平衡传输

但是,因图 2.30 电路的反相输出的阻抗高(为 R_C 本身),所以不能直接用该电路的输出来驱动电缆。通常在其后接上将在第 5 章所述的射极跟随器,使电路的输出阻抗下降后再使用。

另一方面,正相输出的输出阻抗是低的,所以能直接驱动电缆(关于从发射极取出信号时的输出阻抗,将在第3章介绍)。

在图2.30的电路中,由于是将集电极电阻与发射极电阻取同一值,所以由集电极取出的反相输出的增益为0dB,与由发射极取出的正相输出信号的大小相一致(在发射极出现的信号大小与输入信号相同,就称增益为0dB)。

在设计该电路时,要注意的是基极偏置电压的设定。当基极电位过于接近电源电压时,反相输出的最大电压变小;当基极电位过于接近GND时,正相输出的最大电压也变小。

无论什么样的晶体管在电路中都可以使用。由于电压增益为0V,h_{FE}也不成为问题。

2.4.6 低通滤波器电路

图2.32(a)是截止频率为1kHz的低通滤波器电路。该电路有将1kHz以上的高频截止的功能(虽然截止特性比较平缓)。它可以用在立体声音质控制(音质调整)的电路和作为截去高频噪声用的滤波器上。

由于共发射极放大电路的集电极电阻具有频率特性,增益也有频率特性。

在图2.32(a)电路中,在集电极电阻R_C上并联连接电容C。因此频率越高,集电极的负载电阻就越小,电路的电压增益就下降。成为如图2.32(b)所示的低通滤波器的特性。

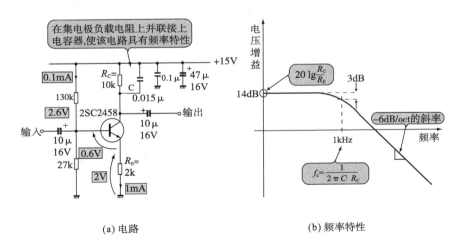

(a) 电路　　　　　　　　　　(b) 频率特性

图 2.32 低通滤波器电路

在输入信号频率比截止频率 f_C 非常低时, C 几乎没有影响。电路的增益为 R_C/R_E(在图 2.32(a)的电路中,为 14dB)。当信号频率在 f_C 以上时,就出现 C 的影响,电压增益以 -6dB/oct 的斜率下降(当频率为 2 倍时,则增益大小变为 1/2)。

f_C 可以由下式求得:

$$f_C = \frac{1}{2\pi C \cdot R_C} \text{ (Hz)}$$

因此,改变 C 或者 R_C 的值,就能自由地改变 f_C。但是,改变 R_C 的值,则连低频的增益也变化了,所以必须加以慎重考虑。

此外,其电路的设计方法和晶体管的选择方法等完全与共发射极放大电路相同。

2.4.7 高频增强电路

图 2.33(a)是截止频率为 1kHz 的高频增强电路。该电路有增强 1kHz 以上高频信号的功能。可以用在立体声的音质控制(音质调整)电路和 FM 发射机的预加重电路(在 FM 广播中,为了减低高频的噪声,预先对高频进行强调后再发射。在发射端对高频进行强调的工作称为预加重)以及取出高频信号成分用的滤波器等电路中。

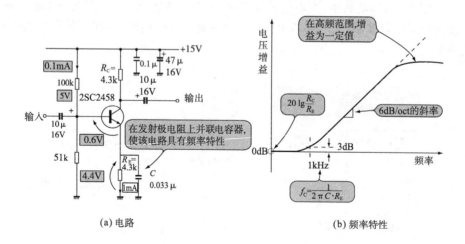

(a) 电路   (b) 频率特性

图 2.33 高频增强电路

该电路的频率特性与图 2.32 的低通滤波器的特性相反,所以也可以认为它是高通滤波器。但如图 2.33(b)所示,比截止频率 f_C 低的频率没有截止,而比 f_C 高的频率增益却增大。在这一点上,与高通滤波器的工作稍有差异。

图 2.32(a)电路是集电极电阻并联电容的电路,它的电压增益具有频率特性。

而图2.33(a)电路是在发射极电阻并联电容,使得电压增益具有频率特性。因此,在低频时,就没有C的影响,所以增益为$R_{\mathrm{C}}/R_{\mathrm{E}}$(在图2.33(a)的电路中,由于$R_{\mathrm{C}}\approx R_{\mathrm{E}}$,增益为0dB)。频率变高,则因$C$的影响,交流发射极电阻变小,增益变大。高频增强部分的斜率为6dB/oct(频率为2倍,则其大小为2倍)。

但是,电路的增益并不是可增大到任意地步的,达到所用晶体管能实现的最大值处就到头了。

f_{C}可由下式求得:

$$f_{\mathrm{C}}=\frac{1}{2\pi C\cdot R_{\mathrm{E}}}\text{ (Hz)}$$

因此,改变C或者R_{E}的值就能自由地变更f_{C}。但是R_{E}的值一改变,低频增益也改变,所以要注意。

若希望在高频范围增强信号时,则要尽可能使用h_{FE}大的晶体管。

2.4.8　高频宽带放大电路

图2.34是高频宽带放大电路。虽然与电路的装配方法有关,但在数兆赫至数百兆赫的频带,可以得到十几分贝的增益(在高频范围,与低频不同,用一只晶体管所能得到的增益变小)。

该电路用在FM接收机的RF (Radio Frequency)放大级和电视的VHF/UHF频带的增强器中。

该电路的设计方法与一般的共发射极放大电路完全一样。因此,电路的增益也可由集电极电阻与发射极电阻之比求得(图2.34的电路是用电容将发射极电阻旁路,所以增益为最大)。但是,为了使晶体管的频率特性扩展至极大,将发射极电流设定在很大的值。

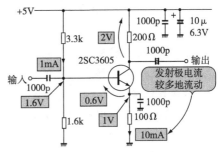

图2.34 高频宽带放大电路

此外,由于在高频范围使用的缘故,耦合电容、电源旁路电容和发射极接地电容等都要取小的值。由图2.12可知,这是由于电容的值小,使得高频范围阻抗变低的缘故。在图2.34的电路中,使用1000pF的电容。可以知道,在10MHz时的容抗计算值为16Ω[$\approx 1/(2\pi\times 10\mathrm{MHz}\times 1000\mathrm{pF})$],是非常小的值。进而,为了将频率特性扩展到高频范围,电路的组装方法是极其重要的。如照片2.9所示,各部分的引线要粗而短(特别要注意电源的旁路电容与发射极电阻的旁路电容的引线),要极力降低GND的阻抗。

在组装该电路时,有必要尽可能使用f_{T}高的晶体管。

2.4.9 140 MHz 频带调谐放大电路

图 2.35(a)是仅对 140MHz 附近的信号进行选择放大的调谐放大电路。在 140MHz 下,可以得到十几分贝的增益。主要用在无线电收、发两用机和 FM 接收机的 RF 级。

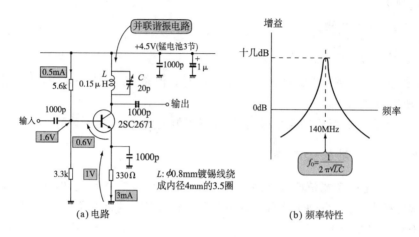

图 2.35 140MHz 频带调谐放大电路

该电路是将共发射极放大电路的集电极换成 LC 并联谐振电路(调谐电路)之后的电路。并联谐振电路是这样的电路:在谐振频率 f_0 时,由外部看到的阻抗为无限大;而在其他频率时,阻抗就变小。所以,如图 2.35(b)所示,这个电路的增益有着与并联谐振电路的阻抗曲线完全相同的形状。它仅对在调谐频率 f_0 附近的信号进行选择放大。

f_0 可以由下式求得:

$$f_0 = \frac{1}{2\pi\sqrt{LC}} \quad (\text{Hz})$$

在图 2.35(a)的电路中,将 C 调整到 9pF,就调谐到 140MHz。

该电路的基极偏置电压和发射极电流的设定方法与通常的共发射极放大电路相同。电路的增益也由谐振电路的阻抗(＝集电极负载电阻)与发射极电阻之比来决定。由于将发射极[如图 2.35(a)所示]电阻用电容旁路,所以,调谐频率的增益由使用的晶体管来决定。

在装配该电路时,重要的是选择在调谐频率处能够得到足够增益的晶体管。此外,对于在调谐电路中使用的线圈,要选择在调谐频率 Q(表示线圈品质的参数,如令串联电阻为 r,则 $Q=\omega_L/r$)非常大的线圈。在图 2.35(a)的电路中,使用 $\phi 0.8$

粗的镀锡线绕制的空芯线圈。

与图 2.34 的电路一样,对于装配方法也要十分注意。

关于 h_{FE}

在晶体管的各端子,电流以图 A 所示的方向流动(或者这样理解,当电流这样流动时,晶体管就工作)。各端子的电流之间,$I_E = I_B + I_C$ 的关系成立。

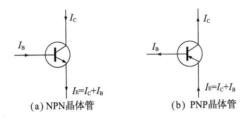

(a) NPN晶体管   (b) PNP晶体管

图 A 在晶体管各端流动的电流

进而,这些电流的大小有如图 B 所示的关系式(PNP 晶体管仅是电流方向相反,而大小关系是相同的)。

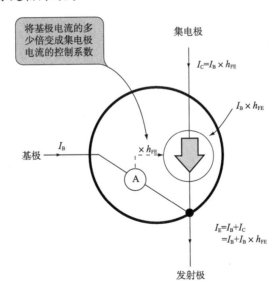

图 B NPN 晶体管各端的电流

在图 B 中, h_{FE} 是称为共发射极电流放大系数(通常简称为电流放大系数)。

正如我们所知,晶体管是对基极电流进行检测来控制集电极电流的器件。 h_{FE} 是检测出基极电流有多少倍转换成集电极电流的控制系数。

h_{FE} 的值越大越好(因为能够以较小的电流控制较大的电流)。然而,通常小信号通用晶体管的 h_{FE} 是一百至数百,功率放大晶体管为数十至一百左右。

但是,即使是同一型号的晶体管, h_{FE} 的值也有分散性,所以大多数晶体管都以 h_{FE} 的大小来分开档次(高频晶体管等与 h_{FE} 值关系不大的器件不分档)。

此外,想以微小电流来控制较大电流时,有 h_{FE} 非常大的所谓超 β 晶体管(β 即 h_{FE})。但是超 β 晶体管几乎都是 NPN 型,在型号上与普通的晶体管没有区别,要倍加注意。

第 **3** 章　增强输出的电路

本章对射极跟随器电路进行实验。晶体管放大电路的基础是在第 2 章介绍的共发射极放大电路。然而,该电路有一些缺点,如输出阻抗高,容易受到作为负载所接的电路的影响。因此,在构成实际放大电路时,必须对输出进行强化,即降低输出阻抗。

由此而引入本章所要介绍的射极跟随器(Emitter Follower)。

所谓射极跟随器,简单地讲,就是发射极跟随着输入信号(基极电位)进行工作的意思。

由于输出阻抗低,射极跟随器可用在驱动电机和扬声器等阻抗低的负载电路上。

3.1　观察射极跟随器的波形

3.1.1　与输入相同的输出信号

图 3.1 表示射极跟随器的电路图。与第 2 章所讲过的共发射极放大电路不同,信号是从发射极取出的,且没有集电极负载电阻 R_C(该电阻在共发射极电路中是决定放大倍数的重要的电阻)。

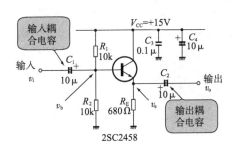

图 3.1　进行实验的射极跟随器电路

(射极跟随器是最简单的晶体管电路之一。为了在交流中应用,在输入输
　出端接有耦合电容)

在射极跟随器的情况下,因为没有从集电极取出信号,所以没有必要在集电极上接入电阻。虽然接入电阻也能进行工作,但由集电极电流产生的压降都变为损耗(浪费),故而取消集电极电阻。

在图 3.1 的电路中,输入 1kHz、5V_{p-p} 的正弦波时的输入输出波形表示在照片 3.1 中。由照片 3.1 可知,输出的振幅和相位与输入的相同($A_v=1$)。

照片 3.2 是 v_i 与晶体管的基极电位 v_b 的波形。v_b 的波形是在 7.2V 的基极偏置电压上重叠上振幅和相位与 v_i 完全相同的交流成分。

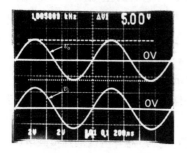

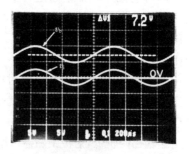

照片 3.1 v_i 和 v_o 的波形($200\mu s/div$,$2V/div$)
(1kHz,5V_{p-p}正弦波信号 v_i 输入时的输出信号 v_o。输出振幅、相位完全相同的信号是射极跟随器的特点)

照片 3.2 v_i 和 v_b 的波形($200\mu s/div$,$5V/div$)
(输入电压 v_i 是交流信号,v_b 是用电容耦合后的信号。可知偏置电压是在 V_{CC} 的中点电位 7.2V,振幅相位都相同)

基极偏置电压比由 R_1 与 R_2 分压后的电源电压稍低一些(在该电路中,因为将 15V 用 $R_1=R_2=10k\Omega$ 进行分压,所以为 7.5V)。

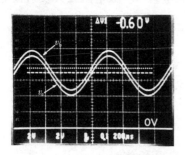

照片 3.3 v_b 与 v_e 的波形($200\mu s/div$,$2V/div$)
(NPN 晶体管起作用时,无论何时,v_e 比 v_b 低 0.6 V。在交流上,v_e 可以得到与 v_b 同样的成分)

照片 3.3 是基极电位 V_b 与发射极电位 v_e 的波形。v_e 的交流成分与 v_b 相同,但直流成分只比 v_b 低。晶体管的基极-发射极间电压 $V_{BE}=0.6V$(与二极管的正向压降相同)。

照片 3.4 是发射极电位与输出信号 v_o 的波形。可以知道,发射极直流电位比基极偏置电压 7.2V 只低 $V_{BE}=0.6V$,为 6.6V。其直流成分被 C_2 除去,仅将交流成分作为输出信号取出。

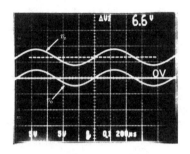

照片 3.4 v_e 与 v_o 的波形（$200\mu s/\text{div}$，$5\text{V}/\text{div}$）

（v_o 是 v_e 用电容器进行耦合之后的电位。由于直流部分被截去，v_o 是以 0V 为中心振动的交流，它等于输入信号 v_i）

3.1.2 不受负载电阻的影响

然而，接在射极跟随器的负载电阻 R_L，从交流的角度来看如图 3.2 所示，是并联接在发射极电阻 R_E 上的。所以改变 R_L 值与改变 R_E 的值是一样的。

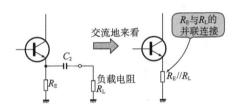

图 3.2 射极跟随器的负载

（由于电容器隔直通交，所以负载电阻 R_L 与发射极电阻 R_E 是并联关系）

另一方面，由照片 3.3 可知，发射极电位 v_e 仅由基极电位 v_b 来决定（$v_e = v_b - 0.6\text{V}$），与 R_E 的值无关。因此，为 v_e 交流成分的输出信号 v_o 也与 R_E 的值无关。

总之，即使改变负载电阻的值，输出电压 v_o 也总是一定的（为 v_i），所以可以认为射极跟随器的输出阻抗几乎为 0。

3.2 电路设计

下面表中表示图 3.1 电路的设计规格。这是除了最大输出电压及电流之外，没有特别规定的简单规格表。

求各部分的电压和电流的方法与第 2 章介绍过的共发射极放大电路完全相同。

射极跟随器电路的设计规格

最大输出电压	$5V_{p-p}$
最大输出电流	$\pm 2.5mA(1k\Omega$ 负载)
频率特性	——
输出阻抗	——

3.2.1 确定电源电压

为了得到 $5V_{p-p}$ 的最大输出电压，必须要 5V 以上的电源。

在共发射极的情况下，R_E 的电压降（是确定发射极电流的重要的压降）相对于输出电压来说是一种损耗，但在射极跟随器的情况下，由于从发射极取出输出，所以 R_E 的压降对于输出电压来说就不成为损耗。因此，射极跟随器的电源电压是仅取比最大输出电压稍大的值。

但是，在取出大量的输出电流时（数百毫安以上），在晶体管的集电极-发射极间产生的饱和电压 $V_{CE(sat)}$ 就成为不可忽略的值，所以有必要将电源电压提高 $V_{CE(sat)}$ 来进行设定。

该电路的最大输出电流为 $\pm 2.5mA$，是那么小，所以电源电压即使是 6V 也足够了。在这里，取与 OP 放大器的电源电压相同的 15V。

3.2.2 选择晶体管

如该电路所示，在使用带有发射极负载电阻 R_E 的情况下，无信号时的发射极电流 I_E（静态电流）有必要比最大输出电流大一些（理由在后面文中叙述）。

由设计规格可知，最大输出电流是 $\pm 2.5mA$，然而，在这里取为 $I_E = 10mA$。

另一方面，在集电极-基极间与集电极-发射极间有可能加上最大 15V 电源电压。这是在输入大振幅的信号时，使得发射极电位 v_e 下降到 GND 电位的情况。

因此，选择该电路使用的晶体管各项指标如下：$I_E = 10mA$ 以上，集电极-基极间电压 V_{CBO} 与集电极-发射极间电压 V_{CEO} 最大额定值为 15V 以上。

在这里，选择 NPN 型通用小信号晶体管 2SC2458（东芝）。这与第 2 章使用过的晶体管相同。电特性也曾表示在表 2.1 中。

顺便提一下，用 PNP 型晶体管的电路表示在图 3.3 中。与共发射极放大电路一样，它是将图 3.1 电路中的电源与 GND 进行交换之后的电路。

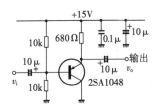

图 3.3 使用 PNP 型晶体管的发射极跟随器

（即使使用 PNP 晶体管也能够得到与 NPN 晶体管的射极跟随器几乎一样的特性。使用哪种晶体管是一种爱好问题）

3.2.3 晶体管集电极损耗的计算

下面，为了计算无信号（没有输入信号）时晶体管的集电极损耗 P_C，求出集电极-发射极间电压 V_{CE}。

如果将发射极的直流电位 V_E 设置在电源电压与 GND 的中点，就能够取出最大的输出振幅（只要能取出最大输出电压，就没有必要这样设置）。

为了简单设计该偏置电路，基极偏置电压 V_B 希望取 7.5V（电源电压与 GND 的中点），故将发射极电位设定在比它低 0.6V（$=V_{BE}$）的 6.9V 上。为此，晶体管的集电极-发射间电压 V_{CE} 为 8.1V（$=15-6.9$）。

因此，无信号时的晶体管集电极损耗为：

$$P_C = V_{CE} \cdot I_C = 8.1V \times 10mA$$
$$= 81 \ mW \tag{3.1}$$

如在第 2 章所示，2SC2458 的 P_C 最大额定值为 200mW，远远在额定值以下。

然而，如图 3.4 所示，集电极损耗随环境温度会有很大变化。能够在多少度的环境温度下使用呢？要回答这个问题，必须预先对所设计电路的 P_C 加以确定。

与所设计电路的容许损耗 P_C 是否超过最大额定值相比，容许损耗与环境温度曲线在图中所处的位置更为重要。

由图 3.4 可知，该电路直到环境温度 85℃ 都能正常工作。容许集电极损耗与环境温度曲线图记载在晶体管的数据表中。但要注意，在功率晶体管中，经常是以安装散热器为前提的。

射极跟随器大多用在电路的输出级。因为需要经常处理大电流，所以必须注意晶体管和电阻的发热问题。

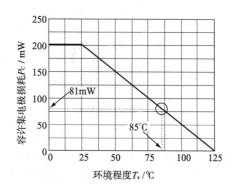

图 3.4　2SC2458 容许的集电极损耗与环境温度的关系

（集电极损耗的容许值其目的是为了防止因晶体管本身的发热而损坏晶体管的芯
片。对于 2SC2458，在常温（25℃）下，能容许直至 200mW 的功率损耗）

3.2.4　决定发射极电阻 R_E 的方法

如前所述，为了使发射极电位 $V_E=6.9\text{V}$，$I_E=10\text{mA}$，则 R_E 为：

$$R_E=\frac{V_E}{I_E}=\frac{6.9\text{V}}{10\text{mA}}\approx680\Omega \tag{3.2}$$

3.2.5　偏置电路的设计

该电路将偏置电压 V_B 设定在 7.5V（电源电压与 GND 的中点）。为此，$R_1=R_2$，计算起来更方便。

另一方面，因发射极电流 $I_E=10\text{mA}$，设晶体管的电流放大系数 h_{FE} 为 200，则基极电流为 0.05mA。

通常，在基极偏置电路中，有必要预先让基极电流 10 倍左右的电流流动（与共发射极放大电路偏置电路的设计相同）。所以，设 $R_1=R_2=10\text{k}\Omega$（R_1，R_2 上流动的电流为 0.75mA）。

实际上，晶体管的输入阻抗并联地接在 R_2 上，如照片 3.2 所示，$V_B(v_b)$ 为 7.2V，其误差为 4%，所以即使不考虑这个误差进行电路设计也没关系。

3.2.6　电容 $C_1\sim C_4$ 的确定

与共发射极放大电路相同，C_1 与 C_2 是隔离直流电压的电容。在这里设 $C_1=C_2=10\mu\text{F}$。

因此，C_1 与偏置电路的电阻部分所形成的高通滤波器的截止频率 f_{c1} 为：

$$f_{c1}=\frac{1}{2\pi\cdot C\cdot R}=\frac{1}{2\pi\times10\mu\text{F}\times5\text{k}\Omega}\approx3.2\text{Hz} \tag{3.3}$$

另一方面,接有 1kΩ 负载时,与 C_2 形成的高通滤波器的截止频率 f_{c2} 为:

$$f_{c2} = \frac{1}{2\pi \cdot C \cdot R} = \frac{1}{2\pi \times 10\mu F \times 1k\Omega}$$

$$\approx 16Hz \tag{3.4}$$

C_3 与 C_4 是电源的去耦电容,设 $C_3 = 0.1\mu F, C_4 = 10\mu F$。

射极跟随器的频率特性很好。由于输入输出信号相位同相以及输入阻抗高等原因,从发射极向基极加正反馈时常常会引起振荡。

为此,有必要充分地进行电源的去耦。特别是小容量的电容(C_3)的连接,要像从集电极到发射极电阻 R_E 接地点间距离最短那样来连接。

3.3 射极跟随器的性能

3.3.1 输入输出阻抗

设输入信号 $v_s = 5V_{p-p}$,用第 2 章图 2.14 的同样方法,令 $R_S = 5k\Omega$,此时 v_s 与 v_i 的波形表示在照片 3.5 中。

看一下照片就知道,$v_i = 2.5V_{p-p}$,为 v_s 的 1/2。所以电路的输入阻抗 Z_i 为 5kΩ。这个值就是 R_1 与 R_2 相并联连接的值。

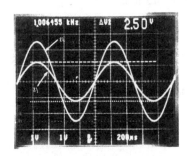

照片 3.5 输入阻抗的测量

(200μs/div,1V/div)

(在输入端串联接入电阻 $R_S = 5k\Omega$ 后的信号源电压 v_s 与电路输入电压 v_i 相比较。由振幅下降的比率,就能够推测出输入阻抗)

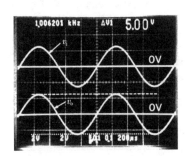

照片 3.6 输出阻抗的测量

(200μs/div,2V/div)

(在输出端接上负载电阻 1kΩ 后的输出电压 v_o,与无负载时的照片 3.1 相比较,波形几乎没有变化。就是说,这表示该电路的输出阻抗是极低的。这是射极跟随器的特点)

另一方面,照片 3.6 表示在输出端接上 1kΩ 的负载电阻时的输入输出波形。

在共发射极放大电路中,在输出端接上负载,则输出被电路的输出阻抗(集电极电阻本身)与负载分压,可以看成增益下降。但在射极跟随器的情况下,即使接上负载也不发生这样的输出电压变化(增益仍为1)。

总之,射极跟随器的输出阻抗为0(若严格地计算,则为数欧)。

因此,射极跟随器电路经常接在共发射极和共基极等放大电路的后级,其目的是降低输出阻抗。

图3.5是将射极跟随器组合在共发射极放大电路上来降低输出阻抗的放大电路。

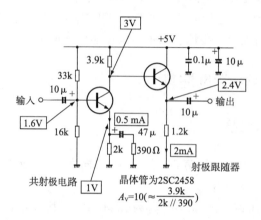

图 3.5   共发射极电路+射极跟随器电路

(这是射极跟随器的具体使用方法之一。在该电路中,射极跟随器级的偏置电路与耦合电路是不需要的,这点很特别)

该电路是直接将射极跟随器的基极连接到共发射极放大电路的集电极输出上。请注意,它没有射极跟随器的耦合电容和偏置电路。

共发射极放大电路的集电极电位直接地被作为射极跟随器的基极偏置电压。

3.3.2 输出负载加重的情况

然而,如图3.1所示,使用发射极负载电阻 R_E 的射极跟随器,在取出很大电流(接上阻抗低的负载)时,输出波形的负侧被截去,此现象必须引起注意。

照片3.7为负载电阻为680Ω,输入 $8V_{p-p}$ 正弦波时的输出波形。如果没有接负载电阻,输出波形应该是 $8V_{p-p}$ 的正弦波。但因接了阻抗低的负载,则负侧的波形被截去。

照片3.8是此时的发射极电位 v_e 的波形。在无信号时的发射极电位 $V_E(6.6V)$ 与 GND 的中点处(3.3V), v_e 被截去。

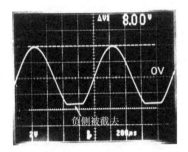

照片 3.7 输入 $8V_{p-p}$ 正弦波,负载电阻
为 680Ω 时的输出波形($200\mu s/div$,$2V/div$)
(负载轻时,波形没有截去,负载加重,则负侧的电
流不流动而暂停,波形被截去)

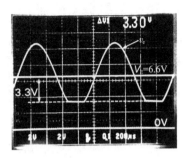

照片 3.8 负载电阻为 680Ω 时的 v_e 的波形
($200\mu s/div$,$2V/div$)
(用发射极电位对照片 3.7 的现象进行确认,则
在离中点的 $-3.3V$ 处被截去。这是被发射极
(空载)电流所制约的缘故)

图 3.6 是射极跟随器的交流等效电路图。无信号时,能流过发射极的电流为
9.7mA(设计值为 10mA,但是在实际电路中为 $6.6V/680\Omega = 9.7mA$),电流源接
上 R_E 与 R_L。

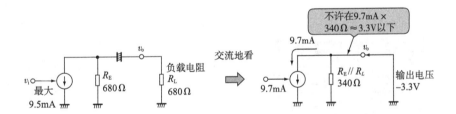

图 3.6 输出波形的负侧切去的理由
(在交流上,发射极电阻与负载电阻是并联的,因此输出电压不能在发射极电阻的压
降分量以下。在负侧该电压处就停止)

当交流地来看这个电路时,因 R_E 与 R_L 是并联的,其两端电压降不在 $-3.3V$
($\approx 9.7mA \times 340\Omega$)以下。

这样,带电阻负载的射极跟随器,如没有预先将空载电流增大到比最大输出电
流还要大一些时,输出波形的负侧就被切去,不能得到最大的输出电压。必须注意
这种情况。

空载电流增大到何种程度为好呢?它随必要的输出电压值与最大输出电流值
而有所不同。

使用如图 3.3 所示的 PNP 晶体管的电路中,输出波形的正侧被截去了。

3.3.3　推挽型射极跟随器

图 3.7 是称为推挽射极跟随器的电路,它是为了改善上述的缺点,将发射极负载电阻换成用 PNP 型晶体管的射极跟随器的电路。

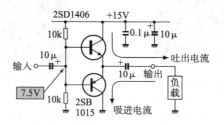

图 3.7　推挽射极跟随器的组成

(将 NPN、PNP 两个射极跟随器相重叠,就成为推挽式。但是在该电路中,在中点
(0V)附近的晶体管都为截止,就产生开关失真)

由于上侧的 NPN 晶体管将电流"吐"出给负载(推),PNP 晶体管"吸"进电流(挽),所以称为推挽(push-pull)。

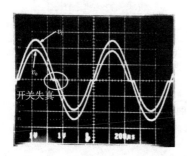

照片 3.9　进行推挽的射极跟随器(负载
100Ω)(200μs/div,1V/div)

(将射极跟随器仅做成推挽式,则不需要空载电流,
但是,在 0V 附近发生晶体管的交越失真)

照片 3.9 是图 3.7 电路接上 100Ω 负载时的输入输出波形。由照片可知,尽管取出 $\pm 20\text{mA}(=\pm 2\text{V}/100\Omega)$ 的电流,输出波形仍没有截去。但是在输出波形的中央附近,存在正弦波上下侧没有连接上的部分,这称为开关失真或交越失真。

该失真的原因在于晶体管的偏置方法。图 3.7 电路的两个晶体管的基极连在一起,所以基极电位是相同的。输入信号在 0V 附近时,基极-发射极间没有电位差,故没有基极电流的流动。这就是说,晶体管双方都截止(没有工作)。

即使在基极加上输入信号,直到上侧晶体管(NPN)的基极电位比发射极高 0.6V 都不工作。相反,下侧晶体管(PNP)的基极电位直到比发射极低 0.6V 也不工作。

因此,图 3.7 的电路如照片 3.9 所示,在波形的中央部分就产生 ± 0.6V 的死区。

但是,该电路在没有输入信号时,两个晶体管都截止,所以空载电流为0,它有晶体管不发热的优点(电路的效率高)。

3.3.4 改进后的推挽型射极跟随器

图 3.8 是对图 3.7 电路的交越失真进行改进后的电路。用二极管在各个晶体管的基极上加上 0.6V 的补偿电压(二极管的正向压降)以抵消晶体管的死区。

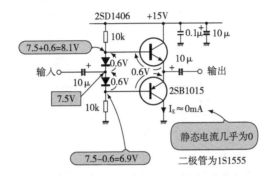

图 3.8 对交越失真改善后的推挽射极跟随器

(在两个晶体管基极之间串入 2 个二极管,抵消 2 个晶体管死区电压)

照片 3.10 是接上 100Ω 负载后的输入输出波形。可以知道,交越失真已消失。

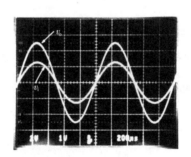

照片 3.10 改进后的推挽型射极跟随器(负载 100Ω)

($200\mu s/div, v_i : 2V/div, v_o : 1V/div$)

(对晶体管的偏置作一些改进来改善开关失真。即使是 100Ω 的负载,波形也是非常漂亮的)

该电路是用两个二极管的压降抵消两个晶体管的基极-发射极间死区电压 V_{BE}(基极-发射间的二极管为 ON 与 OFF 的交界状态)。所以可以认为,晶体管的静态电流几乎为 0。因此无信号时,晶体管不发热,电路的效率也与图 3.7 电路一样。

如图 3.7 和图 3.8 所示,在输出状态总有一个晶体管是截止的电路称为 B 类放大电路。如图 3.1 所示,晶体管常进行工作的电路称为 A 类放大电路。

3.3.5　振幅频率特性

在图 3.9 中,表示图 3.1 电路的电压增益、相位与频率(1kHz～10MHz)的曲线图。

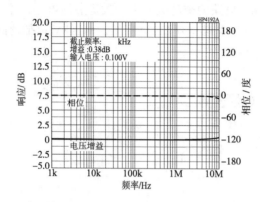

图 3.9　图 3.1 的射极跟随器的频率特性
(电压增益、相位旋转都几乎是平坦的。比起共射极放大电路来,频率特性有相当的
扩展)

在电压增益为 0dB(＝1)、相位为 0°(输入输出同相位)处,特性为直线几乎延伸至 10MHz。在 10MHz 附近,增益的上升认为是由于测量仪器与电路的高频失配引起的。

如图 3.10 所示,射极跟随器的频率特性也与共射极电路的情况一样,基极串联电阻 r_b 与电路的输入电容 C_i 形成的低通滤波器使得高频增益下降。

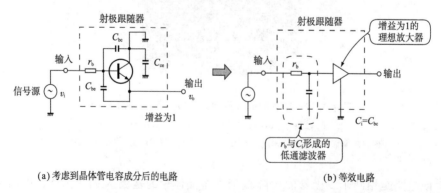

图 3.10　使射极跟随器的高频特性下降的原因
(与共射极电路不同,由于集电极电容接地,不发生密勒效应。因此频率特性变好)

但是,射极跟随器的增益仅为1,所以不发生密勒效应,因此 C_i 非常小,如图 3.9 所示,频率特性变得非常好。

在图 3.11 中,表示低频的频率特性。低频截止频率 f_{c1} 约为 3.3Hz,与用前面的式(3.3)计算得到的在输入侧形成的高通滤波器的截止频率(3.2Hz)几乎一致。在图 3.11 的测量中,没有接负载,因此在曲线中没有出现 C_2 与负载所形成的高通滤波器的特性。

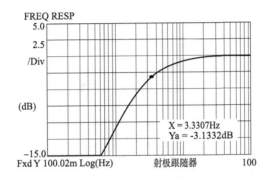

图 3.11 低频范围的频率特性

(该特性是输入级的耦合电容与输入阻抗形成的高通滤波器本身的频率特性)

3.3.6 噪声及总谐波失真率

图 3.12 表示输入端与 GND 短路测得的输出端噪声频谱。在数 kHz 附近为 -140dBV(0.1μV)。如与第 2 章介绍过的共射极放大电路的噪声频谱作一比较,则噪声减少 5dB 左右。

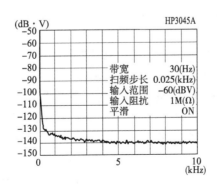

图 3.12 射极跟随器电路的噪声特性

(与共射极电路的噪声频谱相比,要小 5dB。无论如何,噪声是非常小的)

　　在晶体管电路中,通常越提高放大率,噪声就越增加。这是由于进行放大的同时,电路内部产生的噪声也被放大了的缘故。因此,如图 3.12 所示,增益为 1 的射极跟随器的噪声是非常小的。

　　在图 3.13 中,表示总谐波失真率 THD 与输出电压的曲线图。将它与共射极电路作比较,则在信号频率为 1kHz 时为较好的值,而在其他的频率,则几乎是相同的。

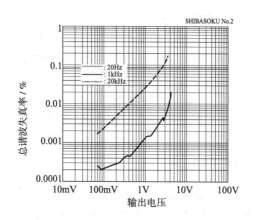

图 3.13　总谐波失真率与输出电压的关系
(在声频放大器中,这是重要的特性。它与共射极放大电路没有多大不同)

3.4　射极跟随器的应用电路

3.4.1　使用 NPN 晶体管与负电源的射极跟随器

　　图 3.14 表示使用 NPN 晶体管与负电源的射极跟随器的电路图。仅有负电源时,也能够使用 NPN 晶体管来制作射极跟随器。

　　即使使用负电源,基本的电路结构也与前述的图 3.1 一样完全没有变化。与使用正电源的电路的差别,仅仅是正电源变为 GND,原 GND 变为负电源。

　　但是,在使用负电源的电路中,必须注意电解电容的极性。

　　在图 3.14 中,输入输出端的直流电位认为是 0V,所以耦合电容的极性是将输入输出端作为正极性的。该电路的前后接有其他电路时,要考虑连接电路的直流电位来决定耦合电容的极性。

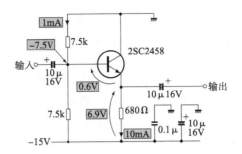

图 3.14 使用 NPN 晶体管与负电源的电路

电路的设计方法与用正电源的电路完全相同。

3.4.2 使用 PNP 晶体管与负电源的射极跟随器

图 3.15 是使用 PNP 晶体管与负电源的射极跟随器。电路结构与用正电源 NPN 晶体管电路刚好形成以 GND 线为线对称的结构。该电路的各部分电路常数设成与图 3.1 相同的值,就很容易明白各部分的对应关系。

该电路也使用负电源,所以必须充分注意电解电容的极性和耐压。

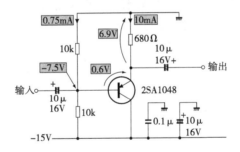

图 3.15 使用 PNP 晶体管与负电源的电路

3.4.3 使用正负电源的射极跟随器

图 3.16 是使用正负两个电源的射极跟随器。

因为使用正负电源,即使晶体管的基极为 0V,也能够在发射极电阻上加上电压,使发射极电流流动。因此,该电路的基极偏置只用一只 47kΩ 的电阻,这是该电路的特殊象征。进而,因为基极电位为 0V,所以没有必要加入输入侧的耦合电容。

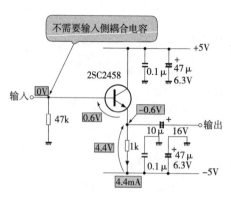

图 3.16　使用正负电源的电路

如图 3.14 所示,单一电源的射极跟随器的基极偏置电压是用两个电阻产生的,但在偏置电路里,必须预先让可以忽略的电流流动。所以,偏置电路本身的电阻值不能取得太大,电路的输入阻抗不能做得太大(输入阻抗由偏置电路决定的)。

如图 3.16 所示,在使用正负电源、基极偏置电压仅用一个电阻来产生的电路中,没有必要预先使大电流流动(即使取出基极电流,也能维持 0V 的基极偏置电压)。所以,偏置电路的电阻值就能够设定得比较大一些。增大这个电阻值,就增加电路的输入阻抗。即使在图 3.16 的电路中,基极偏置电阻也为 47kΩ 的比较大的值。

然而,基极偏置电路的电阻增加得太大,基极电流在这个电阻上流动而产生的输入端直流电压就不能忽略,所以必须加以注意(47kΩ 的电阻上流过 10μA 的基极电流,则产生 47kΩ×10μA=0.47V 的直流电压)。

在增大偏置电路电阻的情况下,又想减少输入端的直流电压时,可以采用基极电流小的晶体管,用 h_{FE} 大的超 β 晶体管就可以。因为基极电位确定为 0V,电路的设计仅仅是决定偏置电路的电阻值以及计算发射极电阻值,使得流过的发射极电流为所希望的值。

关于最大输出电压,如果取成与正负电源电压相同的值(例如 ±5V 或 ±15V),则因基极偏置电压为 0V,发射极电位几乎为正负电源的中心值(−0.6V左右),就能够取出最大输出电压。

该电路的输入阻抗仅由偏置电路的一个电阻就能正确地确定,所以如图3.17 所示,该电路可作为以偏置电阻为滤波器元件的高通滤波器的缓冲放大器(增益为0dB,且进行高阻抗输入、低阻输出的阻抗变换放大器)。

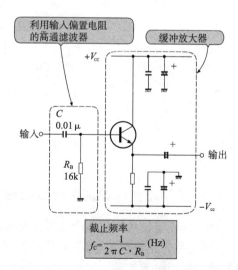

图 3.17　$f_c=1kHz$ 的高通滤波器电路

3.4.4 使用恒流负载的射极跟随器

图 3.18 是使用恒流电路代替发射极电阻的射极跟随器。

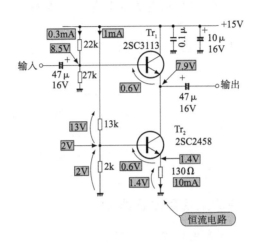

图 3.18 使用恒流负载的电路

在图 3.18 的电路中,组成恒流电路的 Tr_2 的基极电位是由电阻 $13k\Omega$ 和 $2k\Omega$ 对电源电压进行分压来获得的。所以,基极电位与输入信号无关,为定值(在该电路为 2V)。因此,加在 Tr_2 发射极电阻(130Ω)的电压也常为一定值(当 $V_{BE}=0.6V$,则为 1.4V),发射极电流也被固定在一定值(10mA)。因 $Ic\approx I_E$,Tr_2 的集电极电流与输入信号没有关系,所以可以认为 Tr_2 为恒流源。因此,在负载变重的情况下,即使由输出端吸进大量电流(在电流源的设定值以下),也不会出现前面照片 3.7 那样输出波形负侧被切去的情况。用电流源代替发射极电阻,即使输出振幅变化,发射极电阻值也能经常保持一定,所以就能够吸进大到电流源设定值的电流。

图 3.18 所示的电路,由负载可吸进大到电流源设定值的电流。这种电路可以用在驱动比较重的负载(阻抗小的负载)的情况。

显然,即使是一般电阻负载的射极跟随器,发射极输出大电流也能驱动重负载。但相反,在无信号时,晶体管和发射极电阻静态电流与无用的功率损耗都大。如图 3.15 所示,负载如果使用恒流电路(有源电路为负载,故称为有源负载),可以使恒流电路的设定电流尽限使用,所以电路的效率很高。

除了恒流电路以外,该电路的设计方法与一般的射极跟随器完全相同。但是在一般的射极跟随器中取出大量电流时,输出波形的顶部被切去,所以,比起必要的负载电流来,必须设定更大的发射极电流。在该电路中,因为没有这种情况,所

以将发射极电流(＝恒流电路的设定电流)设定在比必要的负载电流稍多一些的值
即可。

　　恒流电路的设计方法是首先确定加在发射极电阻(在图 3.18 中为 130Ω)上的
电压,由设定的恒流值(＝Tr_1 的发射电流设定值)使用欧姆定律继而求出发射极电
阻值。

　　另一方面,Tr_2 的基极电位决定了基极偏置电路的电阻值,使得加在发射极电
阻上的电压为 $+V_{BE}$(＝0.6V)。

　　如果加在 Tr_2 发射极电阻上的电压太大(例如 10V),则 Tr_1 的发射极可变动的
电位范围就变窄(从 Tr_2 的发射极电位到电源电压),最大输出电压就变小;如果加
在 Tr_2 发射极电阻上的电压太小(例如 0.1V),由温度变化而引起 Tr_2 的 V_{BE} 变化
时,加在发射极电阻上的电压变化量也就变化,电流设定值也就发生很大变化。根
据电路的用途这个电压值有所不同,一般为 1 至数伏(在图 3.18 中为 1.4V)。

3.4.5　使用正负电源的推挽型射极跟随器

　　图 3.19 是使用正负电源的推挽型射极跟随器。

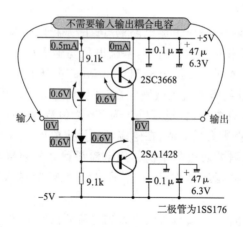

图 3.19　使用正负电源的推挽射极跟随器

　　该电路是将图 3.8 所示的推挽射极跟随器进行双电源化后的电路。由于进行
了双电源化,输入端的直流电位为 0V。

　　此外,利用基极偏置电路的二极管,抵消晶体管的 V_{BE},所以输出端的直流电
位也为 0V。因此,在输入输出端都可以取消耦合电容。

　　同样地也可以处理直流信号,能够不产生交越失真且高效地驱动阻抗低的负

载,所以可以用在驱动电机和各种传动装置的电路上。

该电路的设计方法是选择符合输入输出电流的晶体管(使用在数据表列出的互补对——即特性一致的 NPN 与 PNP 的对管)和在偏置电路上晶体管的基极电流(最大输出电流的 $1/h_{FE}$),并使该电流按可以忽略的大小那样来进行流动。

如设正负电源电压的绝对值相等,输入端的直流电位为 0,则由电源电压减去二极管的 V_F 之后的电压加在了电阻 9.1k 上,所以基极偏置电流由该电阻值来决定。

严格进行考虑,该电路的输入输出端的直流电位不为 0。在输入端,正负电源电压的绝对值不同,输入端的电位就偏离 0V。如所用的两只二极管的 V_F 值不同,则在输出端就会出现它们的差值。

另外,虽然用二极管将晶体管的 V_{BE} 抵消,但因 V_F 与 V_{BE} 不是完全相同(因不是相同的器件),所以在输出端(正确地说)也应该不是 0V。因此,该电路的用途不是面向处理直流信号的。

3.4.6　二级直接连接型推挽射极跟随器

图 3.20 是将 PNP 晶体管制作的射极跟随器与 NPN 晶体管制作的射极跟随器的两级串联连接,进而将该电路上下重叠成推挽电路(下侧为 NPN＋PNP 的射极跟随器)二级直接连接的推挽射极跟随器。

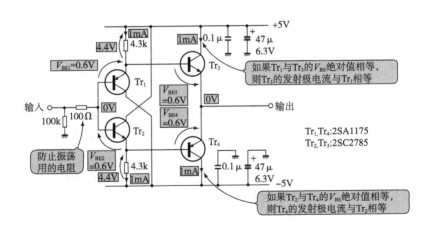

图 3.20　二级串联的推挽射极跟随器

该电路使用正负双电源。Tr_1 与 Tr_2 的基极偏置电压可以做成 0V,且 Tr_3 与 Tr_4 构成推挽射极跟随器,所以取消了输入输出的耦合电容。因此该电路可以处理直流信号。

　　由于该电路能处理直流信号、且高频特性也极为良好(由于射极跟随器本身的性质),所以可以用于视频信号的缓冲放大器和雷达信号处理电路、高速宽带 OP 放大器内部电路的缓冲放大器、电流反馈 OP 放大器正相输入侧的缓冲放大器等。

　　该电路设计方法的特点是由发射极电阻决定 Tr_1 与 Tr_2 的电流(在图 3.20 中为 4.3kΩ)。Tr_1,Tr_2 的基极偏置电压都为 0V,所以加在发射极电阻上的电压为电源电压分别减去 0.6V 的值。将该电压用想设定的发射极电流来除,就能求得发射极电阻值。

　　另一方面,Tr_1 与 Tr_3,Tr_2 与 Tr_4 的 V_{BE} 的绝对值相等(Tr_3 与 Tr_4 的发射极相连接,电位关系上有 $V_{BE1}+V_{BE2}=V_{BE3}+V_{BE4}$)。如果 Tr_1,Tr_4 与 Tr_2,Tr_3 为完整的互补对,则在 Tr_3 与 Tr_4 上流动的发射电流与在 Tr_1 与 Tr_2 上流动的发射极电流相等(如果晶体管的特性相同,在 V_{BE} 的值相等时,发射极电流也相同)。

　　因此,在 Tr_1、Tr_4 与 Tr_2、Tr_3 中有必要使用互补对。

　　在输入端与 Tr_1,Tr_2 的基极间,串联电阻 100Ω,以防止射极跟随器振荡。

　　晶体管的选择方法与一般的射极跟随器完全一样。在该电路中,使用通用小信号晶体管 2SA1175,2SC2785(NEC)。

3.4.7 OP 放大器与射极跟随器的组合

　　图 3.21 是 OP 放大器与射极跟随器相组合形成的电路(电压增益为 20dB 的同相放大电路)。

　　如该电路所示,射极跟随器被插入到 OP 放大器的输出端,射极跟随器的输出将反馈加到 OP 放大器的输入端。由此可以增大电路的输出电流。

　　通常,通用 OP 放大器的最大输出电流为 ±10mA 左右,所以在一般的使用方法中,希望在数毫安范围内使用。为此,如果驱动相当大的负载时,则不用特殊的大输出电流的 OP 放大器,而是将通用 OP 放大器与射极跟随器相互组合。

　　电路的设计方法是非常简单的。如果已经选定了使用的晶体管,就只是为确定发射极电流的设定值而对发射极电阻进行计算的问题了。

　　由于从输出端取反馈到 OP 放大器的输入端,在无信号输出时的输出端电位为 0V,因此,发射极电阻两端的电压为负电源电压本身的值(在图 3.21 中为 15V)。

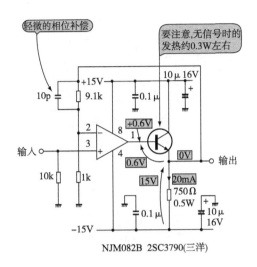

轻微的相位补偿

要注意,无信号时的
发热约0.3W左右

图 3.21 OP 放大器＋射极跟随器

此外,一般的射极跟随器,没有必要用基极偏置电路。用 OP 放大器的输出,直接驱动晶体管的基极也没有关系,这是因为 OP 放大器提供基极电流的缘故。

进而,对于直流电位关系也是完全没有问题的,因为加了反馈,控制 OP 放大器的输出电压,使得输出端为 0V(在图 3.21 中,输出端为 0V 时,OP 放大器的输出电压仅是 V_{BE} 的高电位,即＋0.6V)。

但是,即使与 OP 放大器相组合,射极跟随器的基本特性却没有改变。如图 3.21 所示,在单个晶体管工作(不是推挽的一个晶体管的射极跟随器)时,有必要预先加大发射极电流的设定值,它要比最大输出电流大一些,使得输出波形的一侧不被切去。这里请注意晶体管和发射极电阻的发热问题(在图 3.21 中,晶体管的集电极损耗为 15V×20mA＝0.3W,发射极电阻上产生的功率为 15V×20mA ＝0.3W)。

3.4.8 OP 放大器与推挽射极跟随器的组合(之一)

图 3.22 是 OP 放大器与推挽射极跟随器相组合的电路(电压增益为 0dB 的反转放大器)。

因为使用将 NPN 与 PNP 晶体管的基极共同连接的推挽射极跟随器,该电路在输出端不取出电流时,发射极电流不流动,所以电路的效率非常高,这是该电路的一个特点。为此,可以用在 OP 放大器驱动的小型电机以及传动装置的负载中。

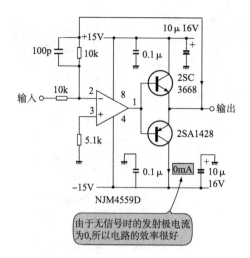

图 3.22　OP 放大器＋推挽射极跟随器(之一)

　　另外,如照片 3.9 所示,原来的推挽射极跟随器会产生很大的交越失真,然而,如图 3.22 所示,与 OP 放大器相组合而加入到反馈环中,则受到反馈的影响,交越失真变得非常小(由于负反馈可以改善失真的缘故。关于负反馈请参考第 9 章)。

　　在该电路的情况下,所谓设计也只是选择与电源电压及输出电流相符合的晶体管而已。在图 3.22 的电路中,晶体管使用互补对,但如图3.19和图 3.20 所示,却没有理由将 V_{BE} 相抵消。所以,NPN 与 PNP 没有必要是互补对。

3.4.9 OP 放大器与推挽射极跟随器的组合(之二)

　　图 3.23 是 OP 放大器与不发生交越失真的推挽射极跟随器相组合的电路(电压增益 20dB 的同相放大电路)。

　　由图 3.22 的电路可知,虽然电路本身的效率非常高,在射极跟随器产生的交越失真因负反馈而减少,但微观地来看,电路的交越失真仍有残留。图 3.23 所示电路是在推挽射极跟随器上以偏置电路作为负载的,是根本不发生交越失真的电路。可以用在音频和直流电机的精密控制电路等方面。

　　关于偏置电路,由于在各自的晶体管上加上两个二极管的 V_F 电压($\approx$1.2V),所以在发射极电阻上分别加一个二极管的 V_F 电压($\approx$0.6V)。该电压用发射极设定电流(零点几至数毫安)来除就求出发射极电阻。

　　在偏置电路里流动的电流,是由比晶体管基极电流大得多的值来决定的,但若太大,则 OP 放大器就不能驱动偏置电路,所以设定该电流在 1mA 以下是妥当的。

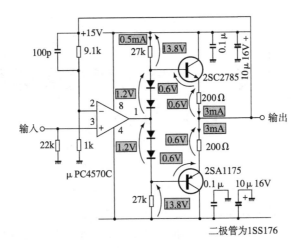

图 3.23　OP 放大器＋推挽射极跟随器(之二)

　　偏置电路的电流是由在晶体管基极与电源间所加入的电阻所决定的。在该电阻上所加的电压为电源电压减去两个二极管的电压降之后的值。

　　在图 3.23 中,由于设定在偏置电路里流动的电流为 0.5mA,所以电阻值为 27kΩ(≈(15V−1.2V)/0.5mA)。

第 4 章 小型功率放大器的设计与制作

本章对音频放大器进行实验。为了使扬声器发声,人们想制作音频功率放大器。最近,能够容易地买到输出功率甚至达到 100W 的、集成在一个管壳内封装的 IC。

功率放大器会随着输出功率的增大而发热,显然在 IC 内部电性能发生了变化。所以在设计上,对如何确保因温度(发热)引起的稳定性问题要加以注意。

用单个晶体管组装的功率放大电路,仍然不能避免温度稳定性问题。

在这里,将共发射极放大电路与射极跟随器相组合的功率放大电路作为例子,来设计、制作使随身听扬声器发声的简单功率放大器。

4.1 功率放大电路的关键问题

4.1.1 电压放大与电流放大

图 4.1 表示功率放大电路的框图。将输入信号的电压放大之后再进行电流放大以驱动扬声器等负载(也可以认为是阻抗变换电路)。

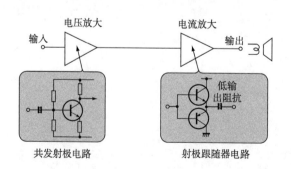

图 4.1 功率放大电路的框图

(首先,进行电压放大得到必要的输出;之后放置能驱动低阻抗负载的电流缓冲放大器。这是功率放大器的一般规律)

制作电压放大级,通常可用共发射极或共基极以及源接地或栅接地的有电压增益的电路。这些电路以放大电压为主,因电路的电流小,故没有发热的问题。

在制作电流放大级时,要对电压放大级输出的电平信号进行处理。由于电源电压较高,且电流放大需流过大电流,所以晶体管变得很热。

通常,在电流放大级使用射极跟随器和源极输出电路,但在器件发热很严重的情况下,电路静态电流的温度稳定度就成为问题。首先解决这个问题是最为重要的。

4.1.2 简单的推挽电路

在图4.2中表示射极跟随器的偏置方法。其中图(a)为无信号时,Tr_1与Tr_2截止、静态电流没有流动的情况,此种情况完全不必考虑温度稳定性问题。

但是,如上述第3章实验所示,该电路的交越失真大,因此在本书设计的音频功率放大电路中没有被使用。在音频以外的用途中(例如驱动电机和各种传动装置),不考虑温度稳定度也行,所以它是很有"作为"的电路。

4.1.3 对交越失真进行修正

图4.2(b)是对晶体管的基极-发射极间电压V_{BE}用二极管的正向压降V_F进行抵消、进而来消除交越失真的电路。

晶体管V_{BE}的值具有温度越高就越小的负温度系数($-2.5mV/℃$)。因此,由这样的电路取出大量负载电流时,Tr_1与Tr_2的温度就升高(由集电极损耗引起的发热),V_{BE}的值就变小。

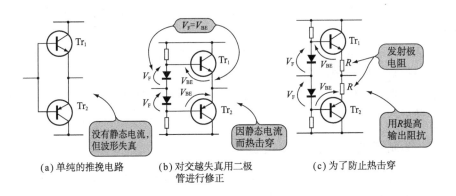

图4.2 发射极跟随器的偏置方法
(称无信号时的集电级电流为静态电流。静态电流小,波形没有失真,也没有热击穿,是理想电路)

然而,即使 Tr_1 和 Tr_2 的温度变高,二极管 D_1 和 D_2 因流过电流小,基本不发热,故电流变化也不大,所以,其正向压降 V_F 也几乎是一定值。就是说,$V_F \approx V_{BE}$ 的关系被破坏,而成为 $V_F > V_{BE}$。

这样一来,在 Tr_1 和 Tr_2 中,与 V_F 和 V_{BE} 之差相对应的基极电流就有基极电流 h_{FE} 倍的集电极静态电流,并且,这个集电极电流不是在负载上流动,而是通过 Tr_1 与 Tr_2 在电源-电源(GND)之间流动。

这样,进一步增加了集电极电流。由此,晶体管的温度变得更高,V_F 和 V_{BE} 的电压差变大,集电极电流变得更大。

这种情况反复地进行着,最后,流过非常大的集电极电流,导致 Tr_1 和 Tr_2 发生热损坏。这就是晶体管的热击穿原理。

如图 4.2(b)所示的电路,当大电流流过时,有热击穿的危险,但在负载电流小的情况下,这又是很常用的电路。

4.1.4　防止热击穿

图 4.2(c)是在图 4.2(b)电路中接入发射极电阻来吸收 V_F 与 V_{BE} 的电压差,从而限制发射极电流的电路。静态时的集电极电流被限制在 $(V_F - V_{BE})/R$。

该电路比图 4.2(b)电路更加安全。但想减少静态时的集电极电流,则必须增大 R 的值。

例如,V_F 与 V_{BE} 的电压差为 100mV 时(D_1,D_2 与 Tr_1,Tr_2 的温度差为 40℃,约产生 100mV 的电压差),为了将静态时的集电极电流控制在 10mA,则必须设定 $R = 10\Omega$。

这样一来,即使射极跟随器的输出阻抗为 0,该电路的输出阻抗也为 $Z_0 = 10\Omega$。

因该发射极电阻引发的损失,在大电流输出的电路中就不能驱动如扬声器那样的低阻抗负载(扬声器的阻抗为 6~8Ω)。

还有一点,该电路因温度产生的电压差仅由电阻吸收,所以没有根本地解决静态电流随温度变动的问题。

4.1.5　抑制静态电流随温度的变动

图 4.3 是在射极跟随器的晶体管与偏置电路中使用晶体管进行热耦合的电路。随着温度的变化,偏置电压发生变化,以达到根本解决静态电流随温度变动的问题。

在该电路中,如设 Tr_1 的基极-发射极间电压为 V_{BE},则 Tr_1 的基极偏置电路 R_A、R_B 上流动的电流 i 为:

$$i = \frac{V_{BE1}}{R_B} \qquad (4.1)$$

另一方面，Tr_1 的集电极-发射极间电压 V_B（$=Tr_2$ 与 Tr_3 的偏置电压）为

$$V_B = R_A \cdot i + R_B \cdot i$$
$$= (R_A + R_B)i \qquad (4.2)$$

将式(4.1)代入到式(4.2)中，得

$$V_B = \frac{R_A + R_B}{R_B} \cdot V_{BE1} \qquad (4.3)$$

总之，改变 R_A 与 R_B 之比，可以将 V_B 设定为 V_{BE1} 的任意倍。因此，该电路称为 V_{BE} 倍增电路。

在图 4.3 的电路中，必须将 Tr_2 与 Tr_3 的基极-基极间电压设定在晶体管的两个 V_{BE} 上（$= V_{BE2} + V_{BE3}$）。

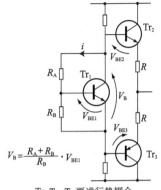

$$V_B = \frac{R_A + R_B}{R_B} \cdot V_{BE1}$$

Tr_1, Tr_2, Tr_3 要进行热耦合

图 4.3　温度稳定度好的偏置电路（随着温度的变化，偏置电压 V_B 发生变化，则静态电流的温度变动就消失。这样，就能够抑制晶体管的热击穿）

因此，如设 $R_A = R_B$，则 $V_B = 2V_{BE1}$（2 个 V_{BE}），从而取得电压的平衡（这里，认为 $V_{BE1} = V_{BE2} = V_{BE3}$）。

进而，由于 $Tr_1 \sim Tr_3$ 是热耦合的（例如，预先将管壳靠近，使它们成为相同的温度），即使 V_{BE2} 与 V_{BE3} 随温度而变化，V_{BE1} 也同样发生变化，一直维持 $V_B = 2V_{BE1}$ $= V_{BE2} + V_{BE3}$ 的关系。

这样，图 4.3 的电路就没有热击穿的问题了。

4.1.6　实际的电路设计

然而，在实际的电路中，$Tr_1 \sim Tr_3$ 的晶体管品种是不同的，基极电流值也不同，所以前述的 $V_{BE1} = V_{BE2} = V_{BE3}$ 的关系不成立。

但是，把 R_A 与 R_B 中任何一个做成可变电阻，对它进行调整，就能够将其电压设定在 $V_B = V_{BE2} + V_{BE3}$ 的点上。

其次，即使每个晶体管的 V_{BE} 值不同，因 V_{BE} 的温度系数却几乎是相同的（NPN 与 PNP 管也几乎相同），由于热耦合作用，即使温度发生变化，也能维持所设定的电压关系。

还有一点值得注意，在音频功率放大器中，若设 $V_B = V_{BE2} + V_{BE3}$，则在 Tr_2 与 Tr_3 会发生微小的交越失真（集电极电流为 0 时，晶体管处于 ON 与 OFF 的临界处），所以设定 $V_B > V_{BE2} + V_{BE3}$，使得集电极电流仅仅有稍许流动（由发射极电阻 R 的电压降可以测出集电极电流值）。

4.2 小型功率放大器的设计方法

4.2.1 电路规格

下表表示的是随身听功率放大器的设计规格。随身听的输出最大为 $1V_{p-p}$ 左右。如果电路的电压放大度为 10 倍,则能够以某种程度的音量使小型扬声器发声。此时,如果输出功率为 0.5W 就足够了。

在图 4.4 中,表示已设计出的功率放大器的电路图。该电路是单声道的。为了播放立体声,还需要另一声道的电路。

功率放大器的设计规格

电压增益	10 倍(20dB)
输出功率	0.5W 以上(8Ω 负载)
频率特性	20Hz～20kHz(−3dB 带宽)
失真率(THD)	1% 以下

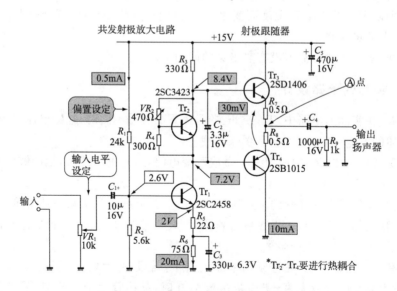

图 4.4 制作完成的声频放大电路

(相当于所谓音频放大器的主放大部分。调整的地方,仅是射极跟随器的偏置 (VR_2),输入电平用 VR_1 进行调整。如用在随身听上,是足够好的)

照片 4.1 是将图 4.4 电路制作成的例子。

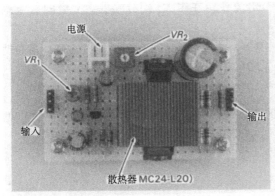

(a) 由上面看到的样子　　　　　　　(b) 由侧面看到的样子

照片 4.1　小型功率放大器

(由于是 0.5W 的输出功率,用小型散热板已足够了。仔细一看,在散热板的上部紧
贴着两个晶体管,在其下部紧贴着一个晶体管。这是为了进行更好地热耦合)

［MC24-1 现已停止制造,形状不同可用 OSH-4725C-MP 来代替］

作为整体的电路结构,用共发射极放大电路对输入信号进行电压放大。在共
发射极电路集电极插入的偏置电路,产生射极跟随器的偏置电压,用推挽发射极跟
随器进行电流放大。

4.2.2　确定电源电压

电源电压由输出功率来决定。

最大输出功率 P_O,对于 8Ω 负载(扬声器的阻抗)为 0.5W。所以此时的输出
电压 V_O 为:

$$V_O = \sqrt{P_O \cdot Z} = \sqrt{0.5\text{W} \times 8\Omega}$$
$$= 2V_{rms} \tag{4.4}$$

$Z = $ 负载阻抗

该值为有效值,如输入信号为正弦波,则输出波形的峰-峰值为 $5.7\text{V}(\approx 2V_{rms} \times \sqrt{2} \times 2)$。

对于输出电压 5.7V,将电源电压 V_{cc} 的值设定在电路产生的数伏损失以上,
其中包括共发射极电路发射极电阻上产生的压降、射极跟随器发射极电阻产生的
压降以及晶体管集电极-发射极间的饱和电压等。在这里,设 $V_{cc} = 15\text{V}$(单电源)。

4.2.3　共发射极放大电路的工作点

将共发射极放大电路的集电极电流设定在很大值上，比供给下级的射极跟随器基极电流还要大得多。

当负载为 8Ω、输出功率为 0.5W 时，输出电压 V_O 为 $2V_{rms}$（设波形为正弦波）。其峰值为 $2.8V(\approx 2V\times\sqrt{2})$。此时的负载电流（＝ Tr_3 或者 Tr_4 的集电极电流）为 350mA（＝2.8V/8Ω）（也是峰值）。

在这里，设射极跟随器使用的晶体管的 h_{FE} 为 100，由共发射极电路提供的基极电流为 3.5mA（＝350mA/100）。在图 4.5 中，模拟表示电流流动的样子。

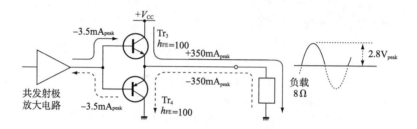

图 4.5　提供给射极跟随器的电流

（在功率放大电路中，为了设定各部分的工作电流，通常是由输出侧的电流倒推。其结果可知，共发射极放大电路必须提供 3.5mA 的电流）

设共发射极电路的集电极电流比基极电流 3.5mA 大得多的值，为 20mA。

对于 Tr_1，要选择集电极电流为 20mA 以上、集电极-基极间电压与集电极-发射极间电压为 15V（电源电压）以上的器件。（选定型号为 2SC2458 的晶体管）

若 Tr_1 的发射极电位太高，则不能得到大的集电极振幅；而过低时，集电极电流随温度的变化又增大。综合考虑，在这里取为 2V。

为了将集电极电流（＝发射极电流）设定为 20mA，Tr_1 的发射极与 GND 间的电阻 R_5+R_6 取作 100Ω（＝2V/20mA）。

4.2.4　决定放大倍数的部分

如图 4.6 所示，若将 Tr_1 的集电极电位设定为 8.5V，则能得到最大振幅（这里略去 Tr_2 产生的射极跟随器的偏置电位）。

为了使集电极电位为 8.5V，在 R_3 上的压降取为 6.5V（＝15V－8.5V）即可，所以

$$R_3=\frac{6.5V}{20mA}\approx 330\Omega \tag{4.5}$$

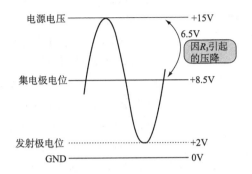

图 4.6 Tr_1 的集电极电位与输出信号的振幅

(发射极电位为 2V,集电极电位为 8.5V 时,可得到最大的振幅)

还有,将 $R_5 + R_6 = 100\Omega$ 分成两部分,令 $R_5 = 22\Omega$, $R_6 = 75\Omega$,将 R_6 用 C_3 接地之后,该电路的交流电压放大倍数为

$$A_v = \frac{R_3}{R_5} = \frac{330\Omega}{22\Omega} = 15 \text{ 倍}(\approx 24dB) \tag{4.6}$$

由于实际的放大倍数要比式(4.6)求得的值小以及射极跟随器级发射极电阻上的损失(后述)等原因,A_v 的设定值要设定在比设计规格稍大的值(设计规格为 10 倍)。

此外,C_3 是对 R_6 进行旁路,用以提高放大倍数的电容。R_5, R_6 与 C_3 形成高通滤波器。为了满足设计规格的频率特性,C_3 取为 $C_3 = 330\mu F$。

R_1 与 R_2 起着决定基极电位的作用。为了使发射极电位为 2V,基极电位取为 $2.6V (= 2V + V_{BE})$。在这里,设 R_1 与 R_2 上流动的电流为 0.5mA,$R_1 = 24k\Omega$,$R_2 = 5.6k\Omega$,因此,该电路的输入阻抗为 $4.5k\Omega (= R_1 /\!/ R_2)$。

输入侧的耦合电容 C_1 与共发射极电路的输入阻抗形成的高通滤波器的截止频率为 20Hz 以下(由设计规格),以此来决定 C_1 的值。在这里取 $C_1 = 10\mu F$(截止频率为 3.5Hz)。

VR_1 是调整输入电平(音量)的可变电阻,取作 $10k\Omega$。

4.2.5 射极跟随器的偏置电路

如图 4.4 所示,为了省略耦合电容,射极跟随器的偏置电路插在晶体管 Tr_1 的集电极与负载电阻 R_3 之间。

在图 4.7 中,表示偏置电路各部分电压与电流的关系。

这里选用的晶体管 Tr_2,只要满足最大集电极电流在 20mA 以上,集电极-基极

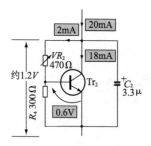

图 4.7　射极跟随器偏置电路的各部分的电压与电流

(这是由图 4 分割出来的电路。只要能从这个电路获得 Tr_2 的集电极电流在 20mA 以上，无论哪种 Tr_2 都没有关系，但是它的外形要易于同 Tr_3，Tr_4 进行热耦合)

间与集电极-发射极间的最大额定值 V_{CBO} 和 V_{CEO} 为 1.2V 以上(两个 V_{BE})的条件，不管什么型号的器件都可以。

但是，考虑到 Tr_3 与 Tr_4 的热耦合问题，通常考虑使用低频中功率放大晶体管 2SC3423。它装在 TO126 的全模塑封装中(金属部分不露出的绝缘型模塑封装)。在表 4.1 中表示 2SC3423 的特性。

在该电路基极侧(VR_2 与 R_4)流动的电流由 R_4 决定，这里取 $R_4=300\Omega$。VR_2 与 R_4 流动的电流则为 2mA($=0.6V/300\Omega$)。另一方面，Tr_1 的集电极电流为 20mA，Tr_2 集电极电流则为 18mA($=20mA-2mA$)。

即使是这样的电路(与放大电路一样)，在基极侧流动的电流也设定为集电极电流的 1/10(为了能略去基极电流)。

为了使 Tr_2 的集电极-基极间电压为 $2V_{BE}$(Tr_3 与 Tr_4 的 V_{BE})，由式(4.3)可知，使 VR_2 的值与 R_4 相同即可。所以，采用 $VR_2=470\Omega$(500Ω 也可以)，使得半固定电阻的滑动头位置在中央附近时的电阻为 300Ω。

表 4.1　2SC3423 的特性

(在这里，仅考虑容易同 Tr_3、Tr_4 热耦合的形状(TO126 全塑模封装)来选择这个晶体管。从用途来看，这是一只各种特性都足够好的晶体管)

(a)**最大规格**($T_a=250\text{℃}$)

项　目		符　号	规　格	单　位
集电极-基极间电压		V_{CBO}	150	V
集电极-发射极间电压		V_{CEO}	150	V
发射极-基极间电压		V_{EBO}	5	V
集电极电流		I_C	50	mA
基极电流		I_B	5	mA
集电极损耗	$T_a=25\text{℃}$	P_C	1.2	W
	$T_c=25\text{℃}$		5	
结温		T_j	150	℃
储存温度		T_{stg}	$-55\sim150$	℃

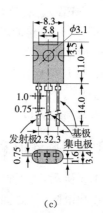

(c)

(b)**电特性**($T_a=25℃$)

项 目	符 号	测 定 条 件	最小	标准	最大	单位
集电极截止电流	I_{CBO}	$V_{CB}=150V, I_E=0$	—	—	0.1	μA
发射极截止电流	I_{EBO}	$V_{EB}=5V, I_C=0$	—	—	0.1	μA
直流电流放大系数	h_{FE}(注)	$V_{CE}=5V, I_C=10mA$	80	—	240	
集电极-发射极间饱和电压	$V_{CE(sat)}$	$I_C=10mA, I_B=1mA$	—	—	1.0	V
基极-发射极间电压	V_{BE}	$V_{CE}=5V, I_C=10mA$	—	—	0.8	V
过渡频率	f_T	$V_{CE}=5V, I_C=10mA$	—	200	—	MHz
集电极输出电容	C_{ob}	$V_{CB}=10V, I_E=0,$ $f=1MHz$	—	1.8	—	pF

注:h_{FE}分类 O:80~160,Y:120~240

C_2 对偏置电路进行旁路,是为了使由 Tr_3 与 Tr_4 的基极"见到"的阻抗相等。由于 C_2 的插入,高频失真率得到改善。

C_2 值越大,Tr_3 与 Tr_4 的基极-基极间的阻抗越低,但是太大也无意义,这里取 $C_2=3.3\mu F$。

4.2.6 射极跟随器的功率损耗

该电路将电源电压设定 15V,Tr_1 的集电极电位设定在 8.5V。因此,如忽略 Tr_2 引起的偏置电压,射极跟随器也与共发射极电路部分相同,如图 4.6 所示,可输出峰值电压为 6.5V 的信号。

该输出信号驱动 8Ω 的负载时,约 800mA(=6.5V/8Ω)的峰值电流作为集电极电流在 Tr_3 与 Tr_4 上流动。

另一方面,输出电压到达正负峰值时,在 Tr_3 与 Tr_4 的集电极-发射极间就直接地加了电源电压(15V)。

通常,在考虑输出波形为正弦波时(如该电路所示),在进行 B 类工作的推挽射极跟随器中,每一个晶体管的集电极损耗 P_C 的最大值为最大输出功率的 1/5(详细情况见参考文献[1])。

设输出波形为正弦波,则该电路的最大输出电压为有效值 $4.6V_{rms}$(=6.5V/$\sqrt{2}$),所以最大输出功率为 2.65W($\approx4.6V^2/8\Omega$),Tr_3 与 Tr_4 的 P_C 最大值为其 1/5,即 0.53W。

因此,Tr_3 与 Tr_4 选择集电极电流在 $800mA$ 以上,集电极-基极间电压与集电极-发射极间电压在 $15V$ 以上,P_C 在 $0.53W$ 以上的晶体管。

在这里,Tr_3 与 Tr_4 选用低频功率放大用的互补对 2SD1406 与 2SB1015。两者的特性表示在表 4.2 和表 4.3 中。

表 4.2　2SD1406 的特性

(该晶体管与 2SB1015 是互补的。$I_C=3A$,饱和电压也只有 $0.4V$(标准),这是一大特点。显然封装是采用全塑模绝缘型)

(a)**最大规格**($T_a=25℃$)

项　目	符　号	规　格	单位
集电极-基极间电压	V_{CBO}	60	V
集电极-发射极电压	V_{CEO}	60	V
发射极-基极间电压	V_{EBO}	7	V
集电极电流	I_C	3	A
基极电流	I_B	0.5	A
集电极损耗	P_C	2.5	W
结温	T_j	150	℃
储存温度	T_{stg}	$-55\sim150$	℃

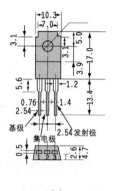

(c)

(b)**电特性**($T_a=25℃$)

项　　目	符　号	测　定　条　件	最小	标准	最大	单位
集电极截止电流	I_{CBO}	$V_{CB}=60V,I_E=0$	—	—	100	μA
发射极截止电流	I_{EBO}	$V_{EB}=7V,I_C=0$	—	—	100	μA
集电极-发射极间击穿电压	$V_{(BR)CEO}$	$I_C=50mA,I_E=0$	60	—	—	V
直流电流放大系数	$h_{FE(1)}$(注)	$V_{CE}=5V,I_C=0.5A$	60	—	300	
	$h_{FE(2)}$	$V_{CE}=5V,I_C=3A$	20	—	—	
集电极-发射极间饱和电压	$V_{CE(sat)}$	$I_C=3A,I_B=0.3A$	—	0.4	1.0	V
基极-发射极间电压	V_{BE}	$V_{CE}=5V,I_C=0.5A$	—	0.7	1.0	V
过渡频率	f_T	$V_{CE}=5V,I_C=0.5A$	—	0.3	—	MHz
集电极输出电容	C_{ob}	$V_{CB}=10V,I_E=0,$ $f=1MHz$	—	7.0	—	pF

注:$h_{FE(1)}$分类 O:60~120,Y:100~200,GR:150~300。

表 4.3 2SB1015 的特性

（该晶体管与 2SD1406 是互补的。$I_C = -3A$,饱和电压也只有 0.5V(标准),这是一个特点。它与 2SD1406 一样,封装用全塑模绝缘型,显然不需要绝缘薄膜）

（a）最大规格（$T_a = 25℃$）

项　目		符　号	规　格	单位
集电极-基极间电压		V_{CBO}	-60	V
集电极-发射极间电压		V_{CEO}	-60	V
发射极-基极间电压		V_{EBO}	-7	V
集电极电流		I_C	-3	A
基极电流		I_B	-0.5	A
集电极损耗	$T_a = 25℃$	P_C	2.0	W
	$T_c = 25℃$		25	
结温		T_j	150	℃
储存温度		T_{stg}	$-55 \sim 150$	℃

（b）电特性（$T_a = 25℃$）

项　目	符　号	测　定　条　件	最小	标准	最大	单位
集电极截止电流	I_{CBO}	$V_{CB} = -60V, I_E = 0$	—	—	-100	μA
发射极截止电流	I_{EBO}	$V_{EB} = -7V, I_C = 0$	—	—	-100	μA
集电极-发射极间击穿电压	$V_{(BR)CEO}$	$I_C = -50mA, I_B = 0$	-60	—	—	V
直流电流放大系数	$h_{FE(1)}$ (注)	$V_{CE} = -5V, I_C = -0.5A$	60	—	200	
	$h_{FE(2)}$	$V_{CE} = -5V, I_C = -3A$	20	—		
集电极-发射极间饱和压降	$V_{CE(sat)}$	$I_C = -3A, I_B = -0.3A$	—	-0.5	-0.7	V
基极-发射极间电压	V_{BE}	$V_{CE} = -5V, I_C = -0.5A$	—	-0.7	-1.0	V
过渡频率	f_T	$V_{CE} = -5V, I_C = -0.5A$	—	9	—	MHz
集电极输出电容	C_{ob}	$V_{CB} = -10V, I_E = 0,$ $f = 1MHz$	—	150	—	pF

注: $h_{FE(1)}$ 分类 O:60~120, Y:100~200。

　　Tr_3 与 Tr_4 的集电极损耗合计为 1.06W,所以必须要热沉,即散热板。在该电路中,如照片 4.1 所示,使用了能够对 1W 热量充分散热的热沉(MC24-L20, ryosan,如果是同等程度的热沉,任何一种均可)。

照片 4.2   没有用热沉时的
$Tr_2 \sim Tr_4$ 的热耦合

(中间是偏置设定用的 Tr_2,用 Tr_3 与
Tr_4 分别将它夹起来。晶体管是全塑
模绝缘型的。这就是所完成的结构)

为了对 Tr_2、Tr_3 和 Tr_4 进行热耦合,将三个晶体管安装在同一个热沉上。

需要加以说明的是,之所以产生 1.06W 的热量,仅仅发生在输出为最大输出 1/5 的情况下。如果不经常发出太大的声音,Tr_3 与 Tr_4 的管壳也足够大(TO220 全塑模)的话,就不需要安装热沉。

此时的 $Tr_2 \sim Tr_4$ 的热耦合如照片 4.2 所示,用 Tr_3 与 Tr_4 将 Tr_2 夹起来,并用螺丝固定住。

4.2.7   输出电路周边的元件

Tr_3 与 Tr_4 的发射极电阻 R_7 和 R_8 起着限制输出电流,吸收 Tr_3 与 Tr_4 的 V_{BE} 值随温度变化的作用。但是,如该电路那样,发射极电阻值小时,不能对温度变化的吸收有太高的期望。R_7 与 R_8 的值取得过大,则因负载电流在 R_7 和 R_8 流动的缘故,在该电阻上会产生大的功率损耗。

例如,把功率供给 8Ω 负载时,假设 $R_7 = R_8 = 16Ω$,则能供给负载的功率为原来输出功率的 1/2(因为电路的输出阻抗为 $R_7 /\!/ R_8 = 8Ω$),因而电压放大倍数估计也为 1/2。

因此,要将该发射极电阻设定在比所接负载电阻更小的值,即 1/10 以下。在该电路中是 8Ω 的负载(扬声器),所以取 $R_7 = R_8 = 0.5Ω$(功率及电压放大度都有 3% 的损失)。

即使在 R_7 和 R_8 持续流过 $800mA_{peak}$ 的最大负载电流,其消耗功率却只有 0.16W($\approx (800mA/\sqrt{2})^2 \times 0.5Ω$)。所以,$R_7$ 与 R_8 用额定功率为 1/4W 的电阻就足够了。

但是,1/4W、0.5Ω 的电阻是很难买到的。于是,在电路制作中,用两个 1/4W、1Ω 的电阻并联连接来代用(参见照片 4.1)。

C_4 的作用是隔直电容。$C_4 = 1000\mu F$,与扬声器的阻抗 8Ω 形成的高通滤波器截止频率为 19.9Hz(满足 20Hz 的设计规格)。

负载电阻 8Ω 是很低的。当想降低截止频率时,无论如何要增大 C_4 的值。

在没有接负载时,R_9 是使 C_4 放电用的电阻(为在接通电源后,即使接上扬声器,也不发出震动噪声)。过大的值没有意义,太小又发生功率损耗,这里取为 $R_9 = 1kΩ$。

C_5 是电源的去耦电容。在该电路那样的单电源功率放大器中,由输出端的

GND(即 0V)看到的 Tr_3 与 Tr_4 的集电极侧(即电源)的阻抗在输出信号的频率下是非常低的。当输出电流大量流动时,输出波形就会发生失真。

Tr_4 的集电极接 GND,对于 GND 的阻抗为 0。但 Tr_3 的集电极接电源,故具有一定值。因此,将 C_5 的值取得十分大,以降低对 GND 的低频阻抗。这里取 C_5 =470μF。

4.3 小型功率放大器的性能

4.3.1 电路的调整

关于电路的调整,指的是仅仅用 VR_2 对 Tr_3 与 Tr_4 的静态电流进行调整。

接通电源之前,旋转 VR_2 使得 VR_2 的值为最小。接通电源之后,对 R_7 与 R_8 的电压降(Tr_3 与 Tr_4 的发射极-发射极间电压)用电压表进行测量,并调整 VR_2,使得静态电流产生的压降达到希望的值。

在笔者的实验中,静态电流设定在 30mA 时,从失真率和电路的效率来看是最适当的工作点。大量静态电流流动时,虽然电路的 A 类工作区展宽,但无负载时的发热也增多。

因此,调节 VR_2,使得 Tr_3 与 Tr_4 的发射极-发射极间电压为 30mV($=300mA \times (R_7+R_8)=30mA\times1\Omega$),条件是在没有输入信号时进行。

调整后的 VR_2 的电阻值,应该几乎与 R_4 相等,音量的滑动头物理上的位置几乎是在中心点上。一旦对静态电流进行调整,即使环境温度变化使输出变大,产生发热,但由于温度补偿偏置电路的作用,静态电流几乎会稳定在一定值上。

4.3.2 电路工作波形

照片 4.3 是输出端接有 8Ω 电阻负载,输入 1kHz、0.2V_{peak} 的正弦波信号时的输入输出波形。在电压放大部分采用共发射极放大电路,所以相对于输入输出是反相的。

照片 4.4 是输入大电平信号时的图 4.4Ⓐ点(R_7 与 R_8 的连接点)的波形。该波形的交流成分通过 C_4 成为输出波形。

Tr_2 的集电极电位设定在 Tr_1 的发射极电位与电源电压的中点处(8.5V)。所以如该照片所示那样,波形上下对称地被削去,能得到最大的振幅。

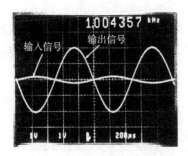

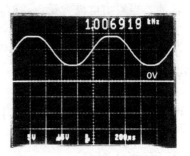

照片 4.3 加上 1kHz,0.2V_{peak}正弦波信号

时的输入输出波形(200μs/div,1V/div)

(在输出端接有 8Ω 的电阻,也没有交越失真,很
漂亮地对信号进行放大。放大倍数约为 10 倍。
相位进行了反转)

照片 4.4 使电路饱和的大振幅输入时,

图 4.4Ⓐ点的波形(20μs/div,5V/div)

(这是通过输出耦合电容之前的波形。在电源电
压的中央部分设置工作点,所以,几乎是上下对
称地切去波形)

4.3.3 音频放大器的性能

图 4.8 是接有 8Ω 负载时,在高频范围的电压放大倍数及相位对频率的特性
(输入信号为 $0.1V_{rms}$ 的正弦波)。

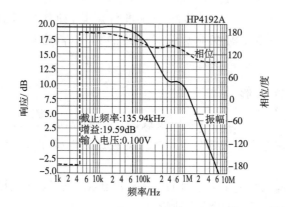

图 4.8 完成的 OP 放大器的高频范围的频率特性(8Ω 负载)

(输入信号为 $0.1V_{rms}$。如截止频率为 136kHz,则作为声频放大用已足够。平坦部
分的增益约 19.6dB 与设计规格一样)

在功率放大电路的情况下,电路取出大量的电流,与小信号放大电路相比,高

频特性并不太好。

　　但是,从音频功率放大器来看,由图4.8可知,截止频率为136kHz,是相当好的数值。还有一点,如频率特性不太好,则对听觉以外的高频信号进行放大,有破坏扬声器的可能。所以,笔者认为,音频功率放大器具有这种程度的频率特性是足够的,也十分必要。

　　在频率特性平坦部分的电压放大度约为19.6dB(9.5倍),大致满足设计规格的要求。

　　图4.9是接有8Ω负载电阻时,低频范围的电压放大倍数对频率的特性。截止频率为24Hz,几乎等于C_4与8Ω负载形成的高通滤波器的截止频率(19.9Hz)。

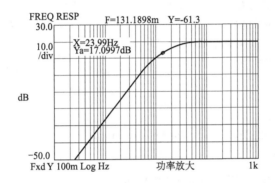

图4.9　低频范围的频率特性(8Ω负载)

(低频截止频率为24Hz,它几乎与输出耦合电容C_4与扬声器8Ω所产生的滤波器的截止频率一致)

　　图4.10是将输入端短路进行测量的输出端的频谱(接8Ω负载)。该电路的电压放大是由一只晶体管(Tr_1)进行的,所以输出端的噪声是非常小的。

　　图4.11表示输出电压对失真率(THD)的曲线图(8Ω负载)。直到输出电压为2V,THD为0.1%以下。作为电压放大部分,由一个晶体管作为功率放大器,这是个很好的值。

　　如果以THD为1%的点作为最大输出,则由图4.11可知输出电压约为2.5V。所以最大输出功率为0.78W。

　　关于最大输出,实际上,从随身听连接小型书架型扬声器发声来看,已经能够得到足够大的音量。

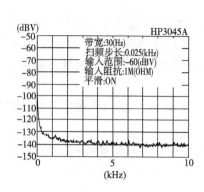

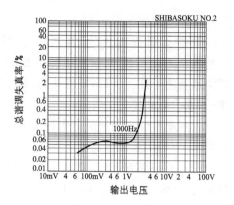

图 4.10 将输入端短路时的噪声特性
（8Ω 负载电阻）

（由于电压放大是由一只晶体管来进行的，所以噪声
为 −135～−140dB·V，是非常小的值。这个值比
OP 放大器还要理想）

图 4.11 失真率（8Ω 负载）
与输出电压的关系

（谐波失真率 THD 在输出电压 2V 以前为 0.1% 以
下。对由 4 个晶体管组成的功率放大器来说这是很
好的数值。能够得到 1% 失真率和 0.78W 的输出）

4.4 小型功率放大器的应用电路

4.4.1 用 PNP 晶体管制作的偏置电路

图 4.12 只是在图 4.4 设计的电路的偏置电路部分，它是用 PNP 晶体管制作的。

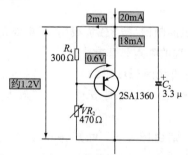

图 4.12 用 PNP 晶体管制作的偏差电路
（图 4.4 的音频放大器用的）

射极跟随器的偏置电路只要与射极跟随器部分产生热耦合，使 V_{BE} 同时变化就可以了，所以使用 PNP 晶体管是完全没有问题的。

电路本身因发射极电流流动方向不同，与图 4.4 的偏置电路相比，发射极与集电极变成相反的，但仅仅是 V_{BE} 的极性不同，设计方法与使用 NPN 晶体管时完全一样。

4.4.2 由 PNP 晶体管进行电压放大的电路

图 4.13 是将在图 4.4 设计的电压放大级的 Tr_1 用 PNP 晶体管来组成的电路。

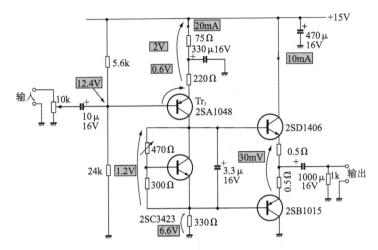

图 4.13 电压放大部分采用 PNP 晶体管的电路

(用 4.4 的声频放大器用的)

即使使用 PNP 晶体管,偏置电路以后的电路仍完全相同。为了能与图 4.4 作比较,将电压放大部分的电路常数取成与图 4.4 一样的值。

但必须注意的是将 Tr_1 的发射极电阻接地的 330μF 电解电容的耐压问题。因为该电路使用 PNP 晶体管,发射极成为电源一侧,接地点的电位要比图 4.4 高。因此,必须使用耐压大的电容。

若能使用 NPN 晶体管或者 PNP 晶体管熟练地组成电路,则如虎添翼。但是由 PNP 晶体管来进行该电路的电压放大的必要性有待商洽。

4.4.3 微小型功率放大器

图 4.14 是用 +5V 低电源电压进行工作的,输出功率为 0.3W(8Ω 负载)的微小型功率放大器。即使是如此小的功率输出,也能够得到足够大的音量。

由于必须驱动扬声器阻抗很低的负载,所以,无论多小的输出,都存在射极跟随器热击穿的可能性。为此,在射极跟随器的偏置电路里必须加上温度补偿。这就是说,即使输出小,在电路上也不能潦草从事。图 4.14 电路有与前述的图 4.4 完全相同的结构。电路的设计方法也完全相同。

但是,在该电路中,由于电源电压低,各部分的电压分配压缩到了极限(具体地是将加在 Tr_1 发射极电阻上的电压减少)。如不这样做,最大输出电压变小,则输出功率也就减少了。

Tr_1 之所以使用超 β 晶体管 2SC3113,是想抑制基极偏置电路里流动的电流、提高电路输入阻抗的缘故。

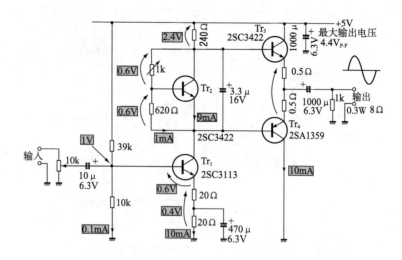

图 4.14　微小型功率放大器

　　由于输出小,在该电路的 Tr$_3$ 与 Tr$_4$ 中没有必要采用散热器(如照片 4.2 所示来进行热耦合)。

第 **5** 章 功率放大器的设计与制作

本章继续对音频放大器进行实验。看一下市场上销售的音频放大器的输出功率,100W,200W 是很平常的,也有 1000W、2000W 的。大输出功率放大器正在销售中,它能发出多大的声音是难以想像的。

然而,2000W 的放大器或 0.5W 的小型放大器,在电路的结构上都是相同的(参见图 4.1)。但在大输出的情况下,必须认真考虑的是晶体管的发热问题。

5.1 获得大功率的方法

5.1.1 关键点是如何解决发热问题

由于晶体管本身的发热问题和环境温度的变化,好不容易设计出来的集电极电流值被简单地改变了,这样做不仅不能达到设计的目标,而且经常损坏晶体管,即发生热击穿。

对于发热引起的温度变化,人们将集电极电流保持一定值,并采取一些措施进行散热。解决发热问题是制作功率放大器的重点。

为此,下面对 10W 输出的功率放大器进行设计和制作,并对这个发热问题进行研究。

5.1.2 控制大电流的方法

提高功率放大器的输出就是使大量的电流流过负载。为了能够自由地控制这个大电流,如何做才好呢?

图 5.1 表示发射极跟随器电路的各个电流与 h_{FE} 的关系。如已知那样,在晶体管的集电极电流与基极电流间有下面的关系:

$$i_C = h_{FE} \cdot i_B \qquad (5.1)$$

因此,功率放大电路想控制大电流,则必须

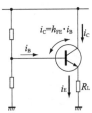

图 5.1 射极跟随器的电流与 h_{FE}(集电极电流 i_C 是基极电流 i_B 的 h_{FE} 倍。在功率晶体管中,h_{FE} 要比小信号晶体管(2SC2458 等)小。电流越是大量流动时,h_{FE} 就越小)

使输出级射极跟随器电路的基极有大量电流流动。

　　然而,在前级的电压放大级,即共射极放大电路中,取出的输出电流值是几毫安左右。就是说,在射极跟随器级不能取出大量的基极电流,所以必须考虑增大在这里使用的晶体管的 h_{FE} 的方法。

　　在一般小信号晶体管(2SC2458 等)中,晶体管的 h_{FE} 是很大的,约为 300 以上。但是,在处理大电流的晶体管中,通常用的则是较小的,为 100 左右。

5.1.3　达林顿连接的用途

　　在提高 h_{FE} 的方法中,有一种被称为达林顿连接的方法。如图 5.2 所示,将第 1 级的晶体管电流输出端(即发射极)连接到第 2 级的电流输入端(即基极),由此 h_{FE} 变成各自晶体管 h_{FE} 的乘积($h_{FE1} \cdot h_{FE2}$)。

　　但是,达林顿连接电路的晶体管处于 ON 时,基极-发射极间电压降为 1.2～1.4V(两个 V_{BE})。因此,在如图 5.3 所示的推挽达林顿射极跟随器(PushPule Darlington Emitter follower)中,使用电特性几乎相同的 NPN 和 PNP 型晶体管。正电压时是与 NPN 型晶体管相互补进行工作的达林顿连接的射极跟随器的偏置电压,为 NPN 晶体管的两个 V_{BE},即1.2V,负电压时是与 PNP 型晶体管相互补进行工作的达林顿连接的射极跟随器的偏置电压,为 PNP 晶体管的两个 V_{BE},即为 1.2V,必须制作总共四个 $V_{BE}=2.4$V 的偏置电压。

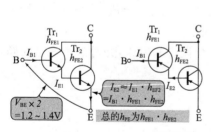

图 5.2　晶体管的达林顿连接

(作为减少基极电流获得大的 h_{FE} 的手段,大多用在功率放大中)

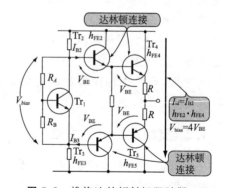

图 5.3　推挽达林顿射极跟随器

(NPN 与 PNP 晶体管相互地进行电流流出和吸进(推挽)。偏置电压是四个 V_{BE}。利用达林顿连接能够以较小的基极电流控制大电流)

5.1.4 使用并联连接增大电流

集电极电流 I_C 与 h_{FE} 的关系表示在图 5.4 中。由该图可知,在大量集电极电流流动时,h_{FE} 变小。在最大额定电流的 1/3 左右,h_{FE} 的变动小,它表示用一个晶体管进行工作的电流值的限度。

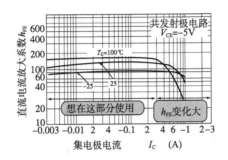

图 5.4 h_{FE} 与集电极电流的关系

(集电极电流变大,则 h_{FE} 就变小。温度越高,这种倾向就越大。希望在 h_{FE} 不变化的
电流值进行使用,所以在最大额定电流的 1/3 以内即可)

h_{FE} 的变化会产生什么不良的效果呢? 随着集电极电流的大小变化,射极跟随器的电流放大倍数发生了变化。其结果是增大了失真,比设计值提前产生集电极-发射极间的饱和。

因此,用晶体管进行电流放大工作时,集电极电流的适当值为最大额定电流的 1/3 左右。要处理比该值大的电流时,必须:

① 寻找额定电流大的晶体管;

② 将晶体管并联连接使电流分散。

虽然①的方法比较好,但是因为处理大电流的晶体管的 h_{FE} 通常都很小,所以必须增大驱动电流,这样一来,就又增加了驱动级晶体管的发热程度,引起了新的问题。

此外,即使不考虑发热问题而允许增大驱动电流,仍然还有一个大的问题存在,这就是在晶体管上流过大电流时,随着集电极损耗——由晶体管产生的压降与流动的电流相乘积——的增加而增大发热。可见,发热是晶体管的大敌。

将晶体管的尺寸增大,集电极损耗——在产品目录上以 P_C 表示的值也会增加,然而增加是有限的。

因此,全部集电极损耗不是由一个晶体管来承担,而是将许多个晶体管并联连接,以便发热分散,这是一个很聪明的办法。

由于这个理由,在处理大电流时,经常使用并联连接的方法,以减小每一个晶体管的发热量。

5.1.5　并联连接时电流的平衡是至关重要的

图 5.5 是对前面讨论的达林顿射极跟随器进行并联连接的电路。

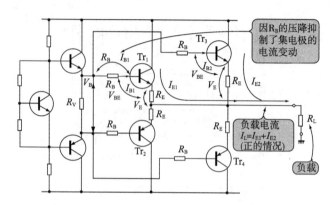

图 5.5　为了控制大电流的最后一级的并联连接

(将必要的负载电流进行二等分,在 Tr_1 与 Tr_2 流动。R_B 是为了使并联连接的晶体管上的电流能均等流动用的电阻。对于图的下半部的 PNP 型晶体管,虽然电流方向相反,但考虑方法也是一样的)

与其说该电路的最大输出电流为 Tr_1 与 Tr_2 的电流值之和,不如说将必要的输出电流由 Tr_1 与 Tr_2 来分担。

这样一来,每一个晶体管的输出电流大幅度(即 1/2)地减少。使得每一个晶体管的发热量也大幅度地减少,电路变得稳定。

图中的电阻 R_B 是使并联连接的晶体管上所流过的电流得到平衡用的基极限制电阻。

如果没有这个限制基极电流的电阻 R_B,Tr_1 的温度比 Tr_3 高,则集电极电流 I_{c1} 变大时,Tr_1 的发热就增加,使基极电流更加增加,其结果导致集电极电流 I_{c1} 更加增加。由于负载上的总电流是一定的,这样一来,Tr_1 电流的增加部分就是 Tr_3 电流的减少部分。Tr_1 的电流更多地流动,使得电流集中到 Tr_1 上,发热进一步增加,电流再增加。

这就是并联连接时必须要考虑的电流集中的问题。

防止电流集中的一个方法是,增大发射极电阻 R_E。基极电压 V_B 是一定的,电流增加,由于 R_E 的存在,V_E 就变大,基极-发射极间电压 V_{BE} 就变小,电流因此被限制,就能有效防止电流集中。

但是,发射极电阻 R_E 增大,由于其存在压降,则能够输出的最大电压就下降,

所以 R_E 不能太大(几欧以下)。

除此之外,还有增大限制基极电流的电阻 R_B 的方法。该方法的原理与增大发射极电阻值的情况相同。Tr_1 的基极电流一增加,则因 R_B 而产生压降 $R_B I_B$。此时加在 R_B 的电压 V_B 为一定值,所以增加基极电流 I_B,产生电压降 $R_B I_B$ 的部分就是晶体管的 V_{BE} 减少的部分,这就抑制了集电极电流的增加。

这样,电阻 R_B 是为防止电流集中在一方的晶体管上而设定的。

5.1.6 并联连接的关键是热耦合

电流集中在一方晶体管上的原因,主要是由于热引起的。所以,必须重视射极跟随器各晶体管之间以及它们的偏置晶体管的热耦合(在后详述)。

另外,这样并联连接的电路,输出阻抗也下降,所以更接近于理想的放大器。

这样做的缺点是,各个晶体管的输入电容因为并联连接导致高频特性变坏,但这是个离音频频带遥远的数十兆赫兹频率的话题,所以不必介意使用并联连接方法。

5.1.7 静态电流与失真率的关系

如图 5.6 所示是利用制作的 10W 功率放大器改变静态电流的大小,得到 A 类、B 类和 AB 类放大时的输出大小与失真率的数据。在放大器最大输出时,负载上流动的最大输出电流的 1/2 为静态电流。即使在无信号时,也在晶体管上不断地流动着,这就是所谓 A 类放大。这是 NPN 和 PNP 型两晶体管任何时候都处于工作状态、没有交越失真的低失真率的偏置方法。

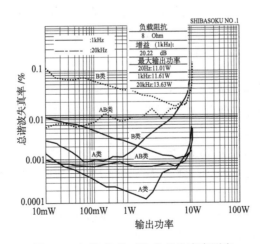

图 5.6 A 类,B 类,AB 类的失真率测定

(显然,静态电流大量流动的 A 类失真率为最好。发热量非常大是大问题。推荐使用 AB 类,静态电流也被控制)

所谓 B 类放大,是指在没有静态电流流动、且无信号时晶体管在截止状态使用的状况。这是推挽工作——即 NPN 型晶体管担当正电压,PNP 型晶体管担当负电压,它们一起进行正负电压的输出工作。在正波与负波进行转换时,两个晶体管都截止。因此,两个晶体管间的连接不是很好,交越失真大,所产生的失真也变大。

所谓 AB 类放大,是静态电流仅在最大输出电流的 1/2 以下流动的偏置方法。由于静态电流流过晶体管,所以交越失真要比 B 类放大得到相当大的改善。

因 5.6 是分别仅让 10mA 的静态电流在并联连接的晶体管上流动的状况,然而,失真率却变得更好。

5.1.8　静态电流与发热的关系

如在图 5.6 中所见到的那样,A 类放大的失真率是极好的,可能只有 A 类为最好吧!然而让我们再一次冷静地对静态电流和晶体管的发热问题进行一次思考。

A 类放大是将最大负载电流的 1/2 作为静态电流,即使在无信号时,也常在晶体管上流动。当加上信号,就有与信号相对应的电流在负载上流动。信号越大,在晶体管上消耗的功率越小。在最大输出时,晶体管消耗的功率为最小,是无信号时的一半。

那么,在无信号时有多大的集电极损耗呢?以这次制作的 10W 放大器为例来进行一次计算。

设电源电压 $V_{CC} = 17V$,负载 $R_L = 8\Omega$,认为晶体管的集电极-发射极间压降——饱和电压 $V_{CE(sat)}$ 为 0V,且认为发射极电阻的压降也为 0V,则最大输出电流为电源电压 V_{CC} 除以负载 R_L。由于静态电流 I_{id} 是最大输出电流的一半,即

$$I_{id} = \frac{1}{2} \cdot \frac{V_{CC}}{R_L} = \frac{1}{2} \cdot \frac{17}{8} = 1.06(A) \tag{5.2}$$

实际上有 1A 的无用电流流动。

无信号时,该静态电流都被晶体管消耗,所以单推挽射极跟随器(图 5.3)的每一个晶体管的集电极损耗 P_C 为:

$$P_C = I_{id} \cdot V_{CC} = 1.06 \times 17 = 18(W) \tag{5.3}$$

但在两个晶体管并联的情况下,则为其一半即 $P_C = 9W$。此时,并联连接的作用就很清楚了。

相反,在 B 类放大中,由于无信号时没有静态电流流动,集电极损耗 $P_C = 0W$,集电极损耗的最大值约为 A 类的 1/5。所以

$$P_C = \frac{1}{5} \cdot \frac{V_{CC}^2}{2R_L} = \frac{1}{5} \cdot \frac{17^2}{2 \times 8} = 3.6(W) \tag{5.4}$$

将 B 类与 A 类作一比较就可知道,A 类的发热是比较大的。

AB 类的集电极损耗分为如下两种情况来进行计算,即输出电流的最大值 I_{peak} 为静态电流的 2 倍以下,以及超过静态电流 2 倍时。

$$(a) I_{peak} \leqslant 2 I_{id} \quad \rightarrow A 类 \tag{5.5}$$

$$(b) I_{peak} \geqslant 2 I_{id} \quad \rightarrow B 类 \tag{5.6}$$

在无信号时,与 A 类一样,存在静态电流引起的损耗。如果静态电流不太大(A 类的 1/10 以下),可认为最大输出时的损耗与 B 类的损耗相同。

5.1.9 考虑散热的设计

在 A 类与 B 类工作中,我们对晶体管的集电极损耗进行了计算。下面考虑一下进行散热的散热器——即热沉的大小。

晶体管的热击穿是结的温度——P 型与 N 型半导体结合部分的温度 T_j 超过 150℃(随不同半导体材料而异)时发生的。散热器的大小由使该结温不超过 150℃ 这一因素来决定。

在进行散热计算时,将热传导的难易程度考虑为热阻。如热阻小,则易于导热也易于散热,如热阻大则难于导热亦难于散热。

设由发热的接触部分到管壳表面间的热阻为 θ_{jc},由管壳表面到热沉间的热阻为 θ_{cs},由热沉到空气间的热阻为 θ_{SA}。将这些热阻如图 5.7 所示进行热阻的串联连接。热阻的单位采用(℃/W)即 1W 的热使温度上升多少度。

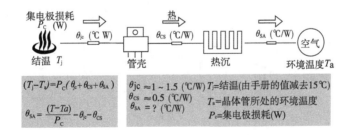

图 5.7 热沉的散热

(根据晶体管的容许集电极损耗,结温可以上升到几度? 由此可以决定热沉的热阻 θ_{SA}。如对热阻进行计算,则从图 5.9 的曲线决定热沉的体积大小)

5.1.10 决定热沉的大小

决定热沉大小的工作是应用非常复杂的公式进行计算的,有些麻烦。但是在 ryosan 公司的散热器产品目录上,给出热沉本体的热阻和它的包络体积——即轮廓所占有体积的关系曲线图。利用这个曲线图,对简单地求得热沉大小的方法作一说明。

首先来计算必需的散热器的热阻。

如图 5.7 所示,从结温到空气的热阻是各种热阻之和。因此,由于集电极损耗而上升的结温为:

$$T = P_C(\theta_{jc} + \theta_{cs} + \theta_{SA}) \tag{5.7}$$

热沉的热阻 θ_{SA} 是这样确定的,它必须使结温的上升量 T 是在结温与晶体管所处的环境温度之差以下。

这就是:

$$
\begin{aligned}
(T_j - T_a) &= T \\
&= P_C(\theta_{jc} + \theta_{cs} + \theta_{SA}) \tag{5.8}
\end{aligned}
$$

$$\theta_{SA} = \frac{(T_j - T_a)}{P_C} - (1.5 + 0.5) \tag{5.9}$$

由此可以知道必要的热沉热阻,对照图 5.8,可以找到必要的热沉大小。

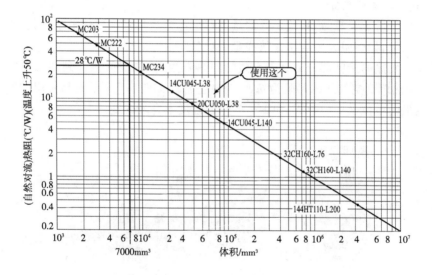

图 5.8 热沉的热阻与必要的大小

(如知道热沉的热阻,则由热阻可以求得必要的散热面积的大小。该表不需要麻烦的计算,所以是很方便的 ryosan 的资料)

5.1.11 晶体管的安全工作区

所谓晶体管的安全工作区是将晶体管没有被损坏的范围表示在曲线图上的区域,即是安全工作区 ASO(Area of Safe Operation)。它如图 5.9 所示的曲线图,被集电极电流 I_C、集电极损耗 P_C 和集电极-发射极间电压 V_{CEO} 所限定。

这个曲线图的纵轴是由最大集电极电流所决定的。然而如果是单个脉冲，即使超过最大额定值也行。

看一下横轴，在集电极损耗 $P_C = I_C \cdot V_{CE}$ 以下，由集电极电流限定，为平坦的直线。但在该值以上，当 V_{CE} 增加，则成为随 P_C 而向右下降的曲线。

若增加 V_{CE}，接着就会发生所谓二次击穿。高的 V_{CE} 与大的 I_C，使结温急剧地上升，电流再次增加，由温度上升的所谓电流集中——即仅在晶体管芯片的一点电流流动而产生熔化，发生发射极-集电极间的短路。由于这个限制，向右下降得更加厉害。

横轴的最大值是由 V_{CEO} 所决定。

在单个脉冲的情况下，比起连续工作区域来，通常 ASO 要宽广一些。这表

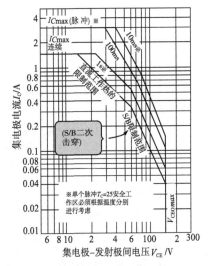

图 5.9 在晶体管中有安全工作区 ASO
（如果不在这个范围使用晶体管是不允许的。它被集电极电流以及集电极-发射极间电压，集电极损耗，2 次击穿 4 个项目所制约）

明，如果时间短，即使超过最大集电极损耗，也存在安全工作区。因集电极电流而产生的发热到变为最大结温需要一定的时间，在到达 ASO 区域前，若能停止电流的流动，就没有问题。

晶体管能够安全工作的范围是被 I_C、V_{CE}、P_C 和二次击穿所限制的区域。

5.2 功率放大器的设计

5.2.1 放大器的规格

应用迄今叙述的技术来试验设计 10W 输出的功率放大器。图 5.10 中表示制作功率放大器的电路图。

电压放大级使用 OP 放大器 IC。用这个 IC，电路被简化，并且在加上反馈时的失真也小。

我们的设计目标是放大度为 10 倍（20dB）、输出功率为 10W。电流放大级是达林顿连接，采用并联推挽发射极跟随器进行设计。借助于 OP 放大器，可以将电容器从信号的通道取走。频率特性的范围从 DC 到 150kHz 左右。

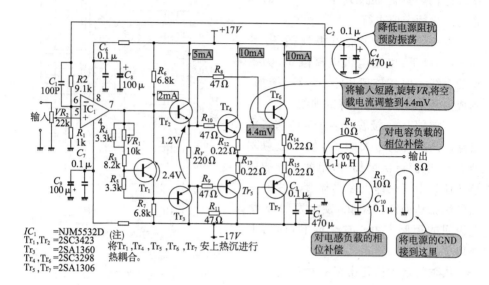

图 5.10 声频用 10W 功率放大器

（运用所有功率放大器的基础技术。在最后一级晶体管附近，为了降低电源阻抗，接上电容器。将该电容器地端与输出接地端以及电源的接地端集中到一点（单点接地），则特性就变好）

功率放大器的设计规格

电压增益	10 倍(20dB)
输出功率	10W(8Ω 负载)
频率特性	DC～150kHz(—3dB 带宽)
失真率 THD	0.1% 以下(目标)

5.2.2 电源电压

由于输出电压定为 10V，所以首先考虑需要多大的电源电压。

与最大输出功率 P_O 相对应的最大输出电压 V_O 可以用下式来计算：

$$V_O = \sqrt{P_O \cdot Z} = \sqrt{10W \times 8\Omega} = 8.94 V_{rms} \tag{5.10}$$

式中，Z 为负载阻抗。

这表明最大输出电压的峰值-峰-峰峰值为 $25.3V_{p-p}$($\approx 8.94V_{rms} \times \sqrt{2} \times 2$)。进而,因为使用 OP 放大器,作为+侧与一侧的两电源,取峰-峰值的一半即 12.65V,外加 4V 的容裕即 $\pm 17V$(理由后述)。

5.2.3 由 OP 放大器组成的电压放大级的设计

如图 5.10 所示,电压放大级使用了 OP 放大器。该电路是作为同相放大器使用的,所以电压放大倍数为

$$A_v = 1 + \frac{R_2}{R_1} = 1 + \frac{9.1k\Omega}{1k\Omega} \approx 10(倍)$$

$$= 20dB \tag{5.11}$$

使用 OP 放大器结构的关键要求是要把 OP 放大器的输出电流减小到 1～2mA。若 OP 放大器的输出电流过大,则容易出现失真。

这次使用的 JRC 的 NJM5532D,即使在 OP 放大器之中也是能使输出电流大量流动的 IC,直至 10mA 都没有问题。比 NJM5532D 放大倍数更大的是 NJM2068D 等。因为放大倍数大,若加大反馈,失真率就下降,但对于输出电流是敏感的,故输出电流小的器件显示出好的结果。

在反馈电阻 R_2 上并联加入电容 C_1,用来高频时加大反馈量,它有防止振荡的作用。

由 R_2 与 C_1 决定该功率放大器的高频特性——频率特性。截止频率取作 180kHz,这表明:

$$f_c = \frac{1}{2\pi R_2 C_1}$$

$$C_1 = \frac{1}{2\pi R_2 f_c} = \frac{1}{2\pi \times 9.1k\Omega \times 180kHz}$$

$$= 100pF \tag{5.12}$$

5.2.4 射极跟随器的输入电流

图 5.11 表示并联连接达林顿射极跟随器最大输出时的电流值。

10W 输出时的峰值电压为 $\pm 12.7V_{peak}$,此时的电流值为 $1.6A_{peak}$。在这里是并联连接,射极跟随器的各个晶体管每个流过 800mA 的电流。

此时的 h_{FE} 下降到 60 左右(参见图 5.4),必要的各个基极电流为 13mA,合计是 26mA。但电路是达林顿连接的,所以 OP 放大器提供的电流是基极电流用 h_{FE} 相除的值,如 Tr_2,Tr_3 的 h_{FE} 设为 100,则 OP 放大器提供的电流为 $260\mu A_{peak}$。

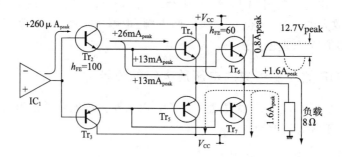

图 5.11 并联连接达林顿射极跟随器的各部分电流

（电流值的设定是从输出侧向输入侧进行考虑的。在并联连接中，输出电流均等地
流动，各晶体管上流过 1/2 的电流。但是输出级的电流很大，h_{FE} 下降到 60 左右，所
以计算时要注意。其结果，从 I_{C1} 流入 $260\mu A$ 的电流就足够，所以，由 I_{C1} 的过负载而
引起的失真率恶化问题没有发生）

5.2.5 偏置电路的参数确定

将发射极跟随器的偏置电路抽出来表示在图 5.12 中。该偏置电路本身与第 4
章设计的 0.5W 功率放大器相同，是将发射极跟随器中使用的晶体管 $Tr_2 \sim Tr_7$ 与
偏置电路用的晶体管 Tr_1 进行热耦合，保持偏置电流与温度变化无关而处于一定
的状态。

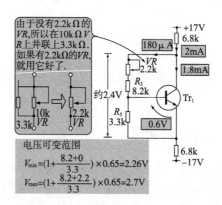

图 5.12 达林顿射极跟随器的偏置电路

（因为进行达林顿连接，偏置电压需 4 个 V_{BE} 即 2.4V。Tr_1 的集电极电流为 2mA，故
任何晶体管都行，从安装热沉的方便起见；选用 TO126 的 2SC3423）

由图 5.11 可知,必须供给 Tr_2 最大 $260\mu A$ 的电流。因此,在 Tr_1 上流过其 10 倍的电流就可以了即 $2.6\mu A$。在 Tr_2-Tr_3 基极侧取 $2mA$,流过其 $1/10$ 的电流($200\mu A$)就能稳定地进行工作,因此,首先取 $R_5 = 3.3k\Omega (\approx 0.6V/180\mu A)$。

由于是达林顿发射极跟随器,所以偏置电压为 $V_{BE} \times 4 = 2.4V$。静态电流是由电位器调整偏置电压决定的,在 $2.4V$ 附近来变动电压。因此,取 $R_3 + VR$ 为 $8.2k\Omega + 2.2k\Omega$ 的电位器,若手头没有 $2.2k\Omega$ 的电位器,可以用 $10k\Omega$ 的电位器并联上 $3.3k\Omega$ 的固定电阻来代替。

用这个方法,电压可变范围为 $2.2 \sim 2.7V$。

由于 Tr_1 的集电极电流很小,不管用什么样的晶体管都可以。选择在 $0.5W$ 的功率放大器中使用的易于安装热沉 TO126 型的 2SC3432。

因此,为了加上 $2.4V$ 的偏置电压,且 Tr_1 上流过 $2mA$ 的集电极电流,R_6, R_7 取为 $R_{6,7} = 6.8k\Omega (\approx [(34-2.4)V/2mA]/2)$。

5.2.6　功放级射极跟随器的设计

在图 5.10 中,电流放大级的静态电流分别取为 $10mA$,Tr_4 与 Tr_6 的基极电流是它的 h_{FE} 分之一,取为 $100\mu A$。

在达林顿晶体管的 Tr_2 与 Tr_3 中,以它 10 倍以上的集电极电流流动,使得先前的基极电流可以忽略。在此,为让更多的电流流动而取为 $5mA$。

这样,R_V 必须维持两个 V_{BE} 的电压即 $1.2V$。所以取 $R_V = 1.2V/5mA = 200\Omega$。

用来防止两组晶体管电流不平衡的是基极电阻 $R_8 \sim R_{11}$,过小,则完全不起作用;过大,又会导致在最大输出时不能确保 V_{BE} 而会发生失真。

由于无信号时的基极电流是数百微安,非常小,所以稍许取大些的阻值 47Ω。

电流放大级的发射极电阻取值相同,可以保护因电流集中等因素而引起的晶体管的损坏。然而,功率损耗又会变大。综合考虑取为 0.22Ω。

关于发射极电阻的功率,如果晶体管损坏,处于短路状态,则电源电压完全加在发射极电阻上,在电源上能流过的电流就会在发射极电阻上流动。

设电源的最大电流容量为 $2A$,则发射极电阻必要的功率为 $I^2 \times R = 2^2 \times 0.22 = 0.88(W)$。在这里使用承受功率大的、不燃烧的电阻,这就是 $1W$ 的水泥电阻。

关于功率晶体管驱动用的晶体管 Tr_2,因电流最大为 $26mA$,约加上 $17V$ 的电压,所以 $P_C \approx 0.44W$,故而在偏置中使用的 2SC3423 就足够了。Tr_3 使用它的互补对的 2SA1360。其特性表示表 5.1 中。

关于 $Tr_4 \sim Tr_5$,是从 h_{FE} 的稳定度来考虑的。希望能够流过最大电流 $0.8A$ 的 3 倍——即 $2.4A$ 以上的集电极电流的晶体管。但是因为并联连接,能够流过其一半的电流即 1.5A 的晶体管就可以。由此,在 Tr_5 与 Tr_7 中使用通常用的 2SA1306 晶体管,在 Tr_4 与 Tr_6 中使用 2SC3298 晶体管。这些晶体管的特性表示在表 5.2 与 表 5.3 中。

表 5.1 2SA1360 的特性

(功率晶体管的驱动器上用的晶体管特性。特性是没有可挑剔的,是与 2SC3423 互补的晶体管)

(a)**最大规格**($T_a = 25℃$)

项 目		符 号	规 格	单位
集电极-基极间电压		V_{CBO}	−150	V
集电极-发射极间电压		V_{CEO}	−150	V
发射极-基极间电压		V_{EBO}	−5	V
集电极电流		I_C	−50	mA
基极电流		I_B	−5	mA
集电极损耗	$T_a = 25℃$	P_c	1.2	W
	$T_c = 25℃$		5	
结温		T_j	150	℃
储存温度		T_{stg}	−55~150	℃

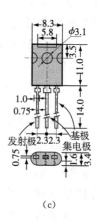

(c)

(b)**电特性**($T_a = 25℃$)

项 目	符 号	测 试 条 件	最小	标准	最大	单位
集电极截止电流	I_{CBO}	$V_{CB} = −150V, I_E = 0$	—	—	−0.1	μA
发射极截止电流	I_{EBO}	$V_{EB} = −5V, I_C = 0$	—	—	−0.1	μA
直流电流放大系数	h_{EF}(注)	$V_{CE} = −5V, I_C = −10mA$	80		240	
集电极-发射极间饱和电压	$V_{CE(sat)}$	$I_C = −10mA, I_B = −1mA$	—		−1.0	V
基极-发射极间电压	V_{BE}	$V_{CE} = −5V, I_C = −10mA$	—		−0.8	V
过渡频率	f_T	$V_{CE} = −5V, I_C = −10mA$		200		MHz
集电极损耗	C_{ob}	$V_{CB} = −10V, I_E = 0,$ $f = 1MHz$	—	2.5	—	pF

注:h_{FE} 分类 O:80~160,Y:120~240。

表 5.2 2SA1306 的特性

(用一对该晶体管,10W 输出稍有些紧张,但并联连接,是可以的)

(a)**最大规格**($T_a=25℃$)

项　目		符　号	规　格	单　位
集电极-基极间电压	2SA1306	V_{CBO}	-160	V
	2SA1306A		-160	
	2SA1306B		-200	
集电极-发射极间电压	2SA1306	V_{CEO}	-160	V
	2SA1306A		-180	
	2SA1306B		-200	
发射极-基极间电压		V_{EBO}	-5	V
集电极电流		I_C	-1.5	A
基极电流		I_B	-0.15	A
集电极损耗($T_C=25℃$)		P_C	20	W
结　温		T_j	150	℃
储存温度		T_{stg}	$-50\sim150$	℃

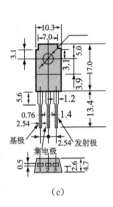

(c)

(b)**电特性**($T_a=25℃$)

项　目		符　号	测　定　条　件	最小	标准	最大	单位
集电极截止电流		I_{CBO}	$V_{CB}=-160V,I_E=0$	—	—	-1.0	μA
发射极截止电流		I_{EBO}	$V_{EB}=-5V,I_C=0$	—	—	-1.0	μA
集电极-发射极间击穿电压	2SA1306	$V_{(BR)CEO}$	$I_C=-10mA,I_E=0$	-160	—	—	V
	2SA1306A			-180	—	—	
	2SA1306B			-200	—	—	
直流电流放大系数		h_{FE}(注)	$V_{CE}=-5V,I_C=-100mA$	70	—	240	
集电极-发射极间饱和电压		$V_{CE(sat)}$	$I_C=-500mA,I_B=-50mA$	—	—	-1.5	V
基极-发射极间电压		V_{BE}	$V_{CE}=-5V,I_C=-500mA$	—	—	-1.0	V
过渡频率		f_T	$V_{CE}=-10V,I_C=-100mA$	—	100	—	MHz
集电极输出电容		C_{ob}	$V_{CB}=-10V,I_C=0,$ $f=1MHz$	—	30	—	pF

注:h_{FE}分类 O:70~140,Y:120~240

表 5.3　2SC3298 的特性

（它与表 5.2 的 2SA1306 成互补对的晶体管。用在推挽电路时,使用 PNP 型与 NPN 型晶体管特性一致的互补对晶体管）

（a）**最大规格**（$T_a=25$℃）

项　目		符　号	规　格	单　位
集电极-基极间电压	2SC3298	V_{CBO}	160	V
	2SC3298A		180	
	2SC3298B		200	
集电极-发射极间电压	2SC3298	V_{CEO}	160	V
	2SC3298A		180	
	2SC3298B		200	
发射极-基极间电压		V_{EBO}	5	V
集电极电流		I_C	1.5	A
基极电流		I_B	0.15	A
集电极损耗（$T_C=25$℃）		P_C	20	W
结　　温		T_j	150	℃
储存温度		T_{stg}	$-50\sim150$	℃

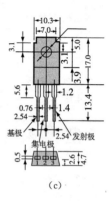

（c）

（b）**电特性**（$T_a=25$℃）

项　目		符　号	测　定　条　件	最小	标准	最大	单位
集电极截止电流		I_{CBO}	$V_{CB}=160V,I_E=0$	—	—	1.0	μA
发射极截止电流		I_{EBO}	$V_{EB}=5V,I_C=0$	—	—	1.0	μA
集电极-发射极间击穿电压	2SC3298	$V_{(BR)CEO}$	$I_C=10mA,I_B=0$	160	—	—	V
	2SC3298A			180	—	—	
	2SC3298B			200	—	—	
直流电流放大系数		h_{FE}(注)	$V_{CE}=5V,I_C=100mA$	70		240	
集电极-发射极间饱和电压		$V_{CE(sat)}$	$I_C=500mA,I_B=50mA$			1.5	V
基极-发射极间电压		V_{BE}	$V_{CE}=5V,I_C=500mA$			1.0	V
过渡频率		f_T	$V_{CE}=10V,I_C=100mA$	—	100	—	MHz
集电极输出电容		C_{ob}	$V_{CB}=10V,I_C=0,$ $f=1MHz$	—	25		pF

注：h_{FE} 分类 O：70～140,Y：120～240。

5.2.7 功放级的消耗功率与热沉

用前面的式(5.4)对这次的 10W 放大器的功率损耗进行计算。先来考虑一下热沉的大小。

4 只晶体管的最大集电极损耗,由式(5.4)可知为 3.6W。如设静态电流为 10mA 的 AB 类,因静态电流小,最大集电极损耗认为就是 3.6W。

将它代入式(5.9)来求热沉的热阻,则热阻为

$$\theta_{SA} = \frac{(T_j - T_a)}{P_C} - (1.5 + 0.5)$$

$$= \frac{135 - 25}{3.6} - 2$$

$$= 28.6 (\text{℃/W}) \tag{5.13}$$

参照图 5.8 可知,热沉的大小必须是 7000mm³ 的体积。所以使用比这个必要的体积大一个数量级的、型号为 20CU050-L38 的热沉。

虽然在能力上有些过量,但能够充分经受得起空载的实验。这是因为考虑到静态电流的大小,使集电极损耗变动非常大的缘故。

如照片 5.1 所示,这是个非常漂亮的放大器。

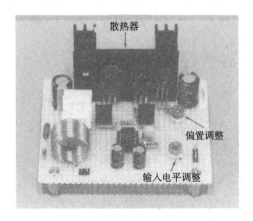

照片 5.1 完成后的 10W 功率放大器

(在散热器的正背面安装射极跟随器的晶体管。这些晶体管与偏置用晶体管进行紧密的热耦合是至关重要的)

5.2.8 不可缺少的元件

以上计算决定了主要元器件的数值。仅仅如此,可能产生振荡而不能很好地进行工作。

第一位的是发射极跟随器的电源去耦电容 C_4 与 C_5。从输出端的 GND(即 0V)见到的 $Tr_4 \sim Tr_7$ 的集电极侧(电源)的阻抗,在输入信号的频率下不是十分低的,在该频率下,晶体管工作的基准电位(电源)与输出端的基准电位不同,工作就变得不稳定。

为了降低电源线的阻抗,增大电容的容量。在此采用 $470\mu F$。

还有,采用 C_2 与 C_3 的目的同样是为了降低高频情况下的阻抗,尽量将 $0.1\mu F$ 的叠层陶瓷电容器靠近晶体管来安装。

第二位的同样是为了降低 OP 放大器电源阻抗,将 $C_6 \sim C_9$ 安装在 OP 放大器附近。取 C_6 与 C_7 为 $0.1\mu F$,C_8 与 C_9 为 $100\mu F$。

第三位的是输出相位补偿用的线圈、电阻、电容。

在输出端虽然可以接扬声器,从电性能上看扬声器,它不是纯粹的电阻。它是由电容成分(电容器)与电感成分(线圈)及纯电阻构成的。如有电容成分与电感成分,则发生相位超前与落后,电路的工作容易变得不稳定。

因此,对于电容成分用电感成分的线圈来补偿;相反,对于电感成分用电容器来补偿。虽然,线圈已经定为 $1\mu H$,但它不是恰好为 $1\mu H$ 的值也可以。在自己制作时,请用直径为 1.2mm 的漆包线,作成直径 16mm、9 圈的线圈。

5.3 功率放大器的性能

5.3.1 电路的调整

电路的调整仅是用 VR_1 来决定空载电流。

在接通电源之前,旋转 VR_1 使得它处于最小的值。

接通电源之后,调整输入信号(将 VR_2 旋转到最小)。用电压计测量 R_{14} 与 R_{15} 的压降(Tr_6 与 Tr_7 的发射极-发射极间电压,显然,在 Tr_4 与 Tr_5 间也可以)。将静态电流引起的电压降调节到 $4.4mV(=(0.22\Omega+0.22\Omega)\times 10mA)$。

如在图 5.6 进行的实验所示,虽然增大静态电流能够减少失真,但是因发热增大,还是要加以控制。

5.3.2 电路工作波形

照片 5.2 是在 8Ω 的负载、$10W(12.65V_{peak})$ 时的输入输出波形。

照片 5.3 是将输入增大,刚发生削波——即波形饱和时,波形的负侧比正侧提前被削去。

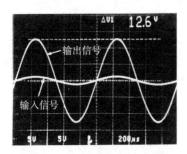

照片 5.2 10W 满功率时的输入输出波形
（200μs/div,5V/div）
（负载为 8Ω 电阻,即使 10W 也进行非常漂亮的放大,目标已经达到）

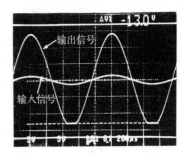

照片 5.3 电路饱和后的波形
（200μs/div,5V/div）
（负侧提前被削去）

请看一下图 5.10,偏置电路的发射极电位(Tr_1)比 OP 放大器的输出电压必须一直低 -2.4V。它偏向负电源太大,则晶体管就截止,所以负半波输出比起正半波输出提前被削去。

5.3.3 声频放大器的性能

在图 5.13 中,表示失真率相对于输出功率的曲线图。

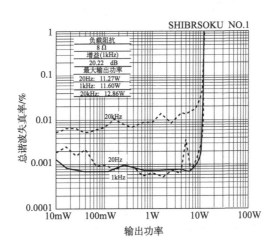

图 5.13 失真率与输出功率（8Ω 负载）的关系
（由于 OP 放大器的负反馈,失真率变得非常好。如果允许 1% 的失真率,就能输出 11W）

因为在 OP 放大器中加了负反馈,所以失真率也是非常好的值。在设计目标为 10W 情况下,已达到 0.1% 的失真率。

顺便提一下,失真的抑制度是随 OP 放大器的裸增益的大小而变化的。如使用 NJM2068D,则在 20MHz 处的失真率变小。

在图 5.14 与图 5.15 中,表示频率特性。因为在信号的通路中没有电容器,所以直至 DC 范围都是平坦的(参见图 5.14)。即使在高频范围也如所设想的那样,截止频率达到 180kHz。电压增益也正好达到 20dB。

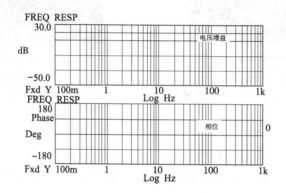

图 5.14　低频范围的频率特性
(使用 OP 放大器且在信号路径去掉电容器的原因,直至 DC 范围都是平坦的特性)

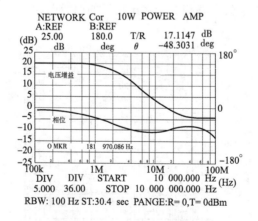

图 5.15　高频范围的频率特性
(截止频率为 180kHz。平坦部分的增益正好是 20dB)

图 5.16 是输入短路时的输出噪声特性图。与 0.5W 功率放大器的数据相比

较,多出了所用的 OP 放大器部分的噪声,但在实用中影响并不是太大。

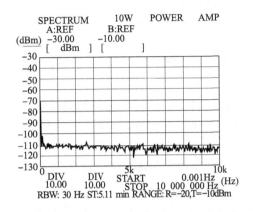

图 5.16　输入端短路后的噪声特性

(在电压放大级使用 OP 放大器,所以与单管的噪声特性相比要差一些。但是噪声
仍较低,使用上没有问题)

5.3.4　附加的保护电路

在此制作完成的功率放大器中,为了简单化,没有特别附加输出短路保护电路。最后,让我们加上防止输出晶体管 Tr_2 和 Tr_3 流过过大电流的保护电路。图 5.17 为其电路图。

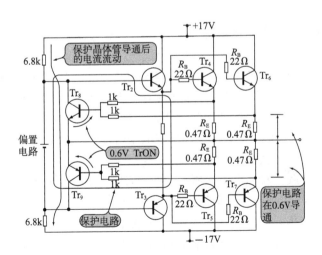

图 5.17　带有保护电路的功率放大级

(保护电路起作用,则 Tr_8、Tr_9 导通,偏置电压不加到 Tr_2、Tr_3 上,输出晶体管就截止。
为了用于所制作的 OP 放大器上,有必要对发射极电阻 R_E 与基极电阻 R_B 作些更改)

输出电流一流动,因接在 $Tr_4 \sim Tr_7$ 的发射极电阻 R_E 的压降,使得外加的保护晶体管 Tr_8、Tr_9 的基极电位上升。当达到 0.6V 时,Tr_8 与 Tr_9 就 ON。

这样一来,加在达林顿连接晶体管的 Tr_2 与 Tr_3 上的偏压为 0V,输出晶体管 $Tr_4 \sim Tr_7$ 就截止。

过电流的检验是通过 $1k\Omega$ 的电阻来进行的,检验出两个晶体管的平均发射极电流。

Tr_8 与 Tr_9 为保护用晶体管。由于偏置电路的阻抗高达 $6.8k\Omega$,所以在短路时只有 2.5mA 电流流动。因此,保护用晶体管就使用小信号晶体管 2SA1048 和 2SC2458。

为了将保护电路用到已制作成的功率放大器中,稍稍作些更改。

在前面图 5.10 的电路中,输出级晶体管的最大集电极电流是 1.5A。发射极电阻是 0.22Ω。之所以如此,是因为没有 2.7A 电流的流动,就不产生 0.6V 的压降。所以,将发射极电阻改为 0.47Ω。这样,用 1.3A 就产生 0.6V 的压降,保护电路起到作用。

这样一来,$Tr_4 \sim Tr_7$ 的发射极电位即使是相同的电流值,也比起变更前高,所以将基极电阻从 47Ω 改成 22Ω,有必要将基极电位做成与变更以前一样的值。

5.4　功率放大器的应用电路

5.4.1　桥式驱动电路

图 5.18 是使用两个在本章设计的 10W 功率放大器(图 5.10 的电路),使输出功率为 4 倍的 40W 进行功率放大的桥式驱动电路。

普通的电路是负载(扬声器)的一个端子用功率放大器来驱动(另一个端子接 GND),而这个电路则是负载的两个端子由两个放大器来驱动。此时,两个放大器以同一信号驱动负载,在负载的两端也不产生电压。如同图 5.18 所示,在一个放大器的输入侧插入增益为 0dB 的相位反转电路(在图 5.18 中使用 OP 放大器),以相反的相位相互驱动负载。

由此,加在负载两端的电压为原来的两倍,所以驱动负载的功率为原来的 4 倍(因为 $P = V^2/R$,V 为 2 倍,则 P 为 4 倍)。

这样,即使使用同样的电源电压,桥式驱动电路也能够使输出功率为原来的 4 倍。所以,想用低电压电源进行大功率输出时,可以采用这种电路。例如,车载立体声的功率放大器和便携式机器的马达驱动电路等,大都使用桥式驱动电路。

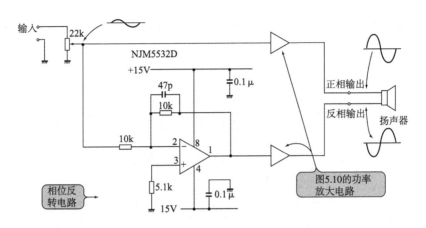

图 5.18 桥式驱动电路

5.4.2 声频用 100W 功率放大器

为此,在图 5.19 中不是如图 5.10 那样,用 OP 放大器直接驱动发射极跟随器级,而是在 OP 放大器的后级连接上电源电压更高的共发射极放大电路,由此对 OP 放大器的输出电压进行放大而产生更大的输出电压。

假如令共发射极放大电路的电压增益为 $40dB(100$ 倍$)$,则为了得到 $28.3V_{rms}$ 的输出电压,OP 放大器的输出电压为 $0.283V_{rms}$,在电源电压为 $\pm 15V$ 使 OP 放大器工作是完全没有问题的(在图 5.19 中,由 $2k\Omega$ 的电阻与 15V 的齐纳二极管产生 OP 放大器的电源电压($\pm 15V$))。

共射极放大极基本上与第 4 章图 4.4 所示的电路一样,但却是采用 NPN 与 PNP 晶体管的推挽电路。这样一来,由 Tr_1 看,Tr_3 可以看成是稳流电路,由 Tr_3 看,Tr_1 也可以看成是稳流电路。所以(相互地可以看成阻抗为∞),该电路的增益是相当大的。

因此,这一级的增益是由所用晶体管的 h_{FE} 决定的。然而其他电路常数的设计方法与第 4 章图 4.4 相同。但因电源电压高,所以必须十分注意晶体管的最大额定值(图 5.19 的电路,电源电压为 $\pm 45V$,故选择 $V_{CEO} \geqslant 90V$ 的晶体管)。

但是,由外部在 OP 放大器上外加电压放大级,当加上全部负反馈,则电路的稳定性变差,往往产生振荡。这是因为 OP 放大器内部的相位补偿电路——即调整内部信号相位使之不产生振荡的电路是按 OP 放大器单独使用时电路

能稳定工作来设计的,而由外部外加增加增益的电路时,工作就变得不稳定的
缘故。

　　为此,在外加的电压放大级上,必须重新加上相位补偿电路,来使电路稳定地
进行工作。

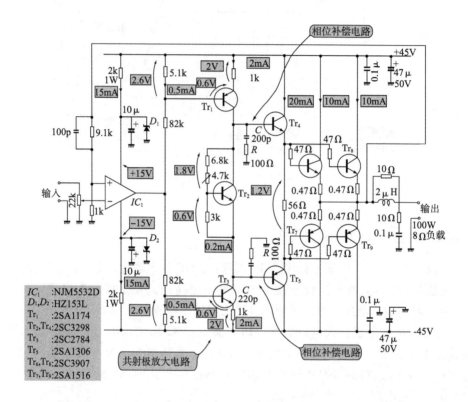

图 5.19　100W 功率放大器

　　(图 5.19 是真正的声频用 100W 功率放大器。为了在 8Ω 的负载上得到 100W 的输
出,最大输出电压必须是 28.3V_rms(80V_p-p)。这样大的振幅仅用 OP 放大器是不能
得到的(OP 放大器的电源电压只有 15V))

　　在图 5.19 的电路中,在共发射极放大电路的后面,插入了用 CR(220PF,
100Ω) 制成的简单相位补偿电路,该电路的工作是这样的,在 C 值起作用的高频
范围,Tr_1 与 Tr_3 的集电极由电阻接地 GND(集电极负载变小),因此共发射极放大
级的增益下降。

　　其他部分的设计完全同图 5.10 所示的电路设计情况相同。

达林顿连接

为了使晶体管工作,必须使基极电流(为集电极电流的 $1/h_{FE}$)流动。在集电极电流小时是可以的。当集电极电流为数百 mA、数 A 时,基极电流必须要数毫安,数十毫安。

此时,就要用达林顿(Darlington)连接。

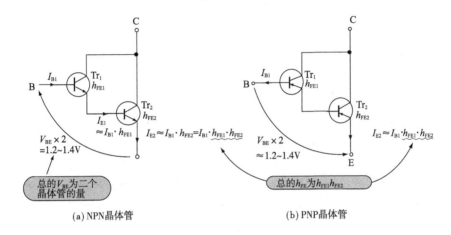

图 A　达林顿连接

达林顿连接如图 A 那样,Tr_1 的发射极电流全部成为 Tr_2 的基极电流,所以总的 h_{FE} 为各自晶体管的 h_{FE} 的乘积($h_{FE1} \times h_{FE2}$)。例如,设 $h_{FE1} = h_{FE2} = 100$,则总的 h_{FE} 为 10000,以 0.1mA 的基极电流能够控制 1A 的集电极电流。

但是,在图 A 的达林顿连接中,电路整体的 V_{BE} 为 $1.2 \sim 1.4$V(即 2 份 V_{BE})。所以在计算偏置电路时,应加以注意。

还有,在达林顿连接中,也有将基极-发射极间的电压降做成 $0.6 \sim 0.7$V(1 份 V_{BE})的倒置达林顿连接法。

在图 B 中,表示倒置的达林顿连接。它是将 NPN 晶体管与 PNP 晶体管相组合,能够得到与达林顿连接相同效果的电路。在总体工作上,图 B(a)与 NPN 晶体管一样,图 B(b)与 PNP 晶体管一样。

该电路也是 Tr_1 的集电极电流全部成为 Tr_2 的基极电流。所以电路总体的 h_{FE} 也为 $h_{FE1} \times h_{FE2}$。

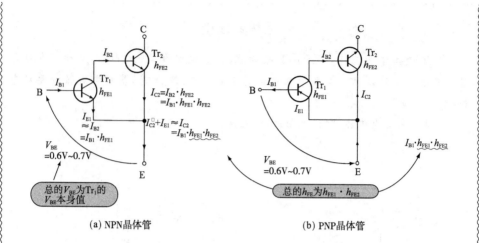

(a) NPN晶体管   (b) PNP晶体管

图 B 倒置达林顿连接

由外侧看到的基极-发射极间仅仅是 Tr_1 的基极-发射极,所以电路总的 V_{BE} 为 Tr_1 的 V_{BE} 本身。

第 6 章   拓宽频率特性

本章对共基极放大电路进行实验。使用双极晶体管的放大电路的基础是在第2章介绍的共发射极放大电路。然而,在该电路中,不是由基极输入信号,而是将在发射极出现的与输入信号一样的信号,直接地输入到发射极。这样从集电极能取出与共射极时情况一样的输出。

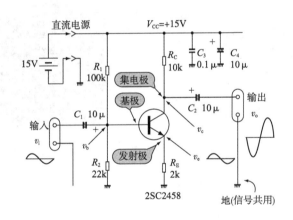

图 6.1   共射极放大电路
(由于在基极输入的波形也出现在发射极上,所以也可以直接将信号输入到发射极,
即是共基极电路)

基于这样的考虑,将发射极作为输入,集电极作为输出,为了产生信号的基准电平而将基极接地的电路称为共基极放大电路(Common Base Amplifier 或者 Grounded Base Amplifier)。

对于共基极放大电路,由于设计上输入阻抗低,所以是难于使用的电路。但是与共发射极电路作比较,则由于没有基极-集电极间的结电容 C_{ob} 的影响,频率特性变好。可以作为高频放大器来使用。

6.1　观察共基极放大电路的波形

6.1.1　同相 5 倍的放大器

图 6.2 表示的是进行实验的共基极放大电路。因为将基极用电容 C_5 接地,以电压的状态在发射极上直接输入信号,则晶体管不进行工作。因此,通过发射极电阻,在发射极上输入信号。R_3 是让发射极偏置电流流到 GND 用的电阻。除此之外,与图 6.1 的共发射极放大电路的结构完全相同。

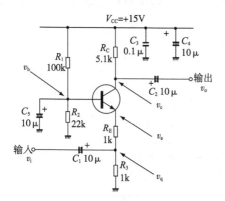

图 6.2　共基极放大电路
（基极用电容器 C_5 进行交流接地。R_1 与 R_2 是为了决定工作点而提供直流偏置的电阻）

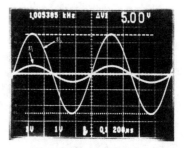

照片 6.1　v_i 与 v_o 的波形（200μs/div,1V/div）
（v_i 为 1V_{p-p},v_o 为 5V_{p-p} 即是 5 倍的同相放大器。周期为 1ms 即 1kHz）

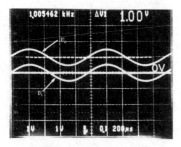

照片 6.2　v_i 与 v_q 的波形
（200μs/div,1V/div）

（v_i 是以 0V 为中心的交流电压。v_q 是叠加在 1V 的直流偏置上的。v_i 与 v_q 的交流振幅相等）

照片 6.1 表示在该电路输入 1kHz、1V_{p-p} 正弦波时的输出波形。

输出信号 V_o 的振幅为 5V_{p-p},所以该电路的电压放大度 A_v 为 5（=5V_{p-p}/1V_{p-p}）。

还有与共发射极电路不同,输出输入波形的相位差为 0,即输入输出的相位是相同的。

照片 6.2 是输入信号 v_i 及在 R_E 与 R_3 的中点电位 v_q 的波形。v_q 是在 1V 的直流上重叠与 v_i 振幅和相位完全相同的交流成分后的波形。也就是说,在发射极上（通过 R_E）能够输入信号。

6.1.2 基极交流接地

在照片 6.3 中,表示 v_q 与发射极电位 v_e,基极电位 v_b 的波形。

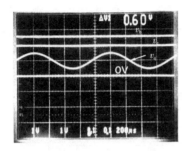

照片 6.3 v_q,v_e 与 v_b 的波形

$(200\mu s/\mathrm{div},1\mathrm{V/div})$

$(v_e,v_b$ 是直流。v_b 与 v_e 的差约为 0.6V。v_b(基极)交流接地)

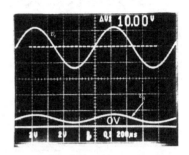

照片 6.4 v_q 与 v_c 的波形

$(200\mu s/\mathrm{div},2\mathrm{V/div})$

$(v_q$ 的振幅为 $1\mathrm{V_{p-p}}$,v_c 的振幅为 $5\mathrm{V_{p-p}}$,v_c 处于 10V 的直流电位上,如果切去直流就能得到输出)

v_b 是用 R_1 与 R_2 将电源电压进行分压后的值(约 2.6V),因为用电容接地,所以见不到交流成分。

v_e 是仅比 v_b 低 0.6V 的值(约 2V)。同样也不能见到交流成分。在发射极上,基极的交流成分直接地被输出(参考发射极跟随器的工作)。此时,因基极的交流成分为 0,所以发射极的交流成分也为 0。

照片 6.4 是 v_q 与集电极电位 v_c 的波形,与第 2 章介绍过的共发射极放大电路的情况不同,这里必须注意的是 v_q 与 v_e 是同相位的。

如照片 6.3 所示,共基极放大电路的 v_b 比 v_q 的直流成分电位要高(如不这样,晶体管就不工作),所以输入信号一增加,发射极电流就减少。看一下照片 6.3,v_q 与 v_e 间的电压加到 R_E 上,v_q 增加,则加在 R_E 上的电压减少,发射极电流也就减少。

如果发射极电流减少,集电极电流也减少(如果忽略基极电流,则发射极电流=集电极电流),集电极负载电阻 R_c 的压降也减少。然而,因为集电极电位 v_c 是集电极与 GND 间的电位。所以,如果 R_c 的压降减少,

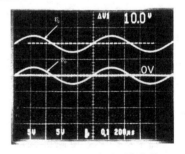

照片 6.5 v_c 与 v_o 的波形

$(200\mu s/\mathrm{div},5\mathrm{V/div})$

$(v_c$ 是集电极输出电压,用电容器将 v_c 切去直流后的电压是 v_o,v_c 与 v_o 的交流振幅相等)

集电极电位反而增加。因此，v_c 的相位与 v_i 同相。

照片 6.5 是 v_c 与输出信号 v_o 的波形。v_c 的直流成分被 C_2 切去，仅让交流成分作为输出信号被取出。

6.2 设计共基极放大电路

图 6.2 电路的设计规格表示在下表中。为了对电路本身的性能进行比较，设计规格完全与第 2 章共发射极放大电路一样。

共基极放大电路的设计规格

电压增益	5(14dB)左右
最大输出电压	$5V_{p\text{-}p}$
频率特性	—
输入输出阻抗	—

6.2.1 电源周围的设计与晶体管的选择

与共发射极放大电路情况一样，由最大输出电压（5V）及加在发射极电阻上（该电路为 R_E+R_3）的电压（最低为 $1\sim2V$）来决定电源电压。而发射极电阻是决定发射极电流的值。

在这里取与 OP 放大器电源电压相一致的 $+15V$。电源电压为 15V，在集电极-基极间和集电极-发射极间有可能加上最大电压 15V。因此，可以选择集电极-基极间电压 V_{CBO} 与集电极-发射极间电压 V_{CEO} 的最大额定值在 15V 以上的晶体管。

与共发射极放大电路一样，也选择晶体管 2SC2458。使用同样晶体管的理由是为了能看出因电路方式引起的性能上的差别。

如集电极电流在最大额定值以下，即使设定在数毫安都没有关系（要注意集电极损耗），这里取与共发射极放大电路一样的 1mA。

6.2.2 交流放大倍数的计算

首先来求图 6.2 电路的交流放大倍数。

由照片 6.3 可知，发射极的交流接地，所以输入信号 $v_i(=v_q$ 的交流成分）全部加在 R_E 上。因此，由 v_i 产生的发射极电流 i_e 的交流变化量 Δi_e 为：

$$\Delta i_e = \frac{v_i}{R_E} \tag{6.1}$$

如果认为集电极电流的交流变化量 Δi_c 等于 Δi_e，则 v_c 的交流变化量 Δv_c 为：

$$\Delta v_c = \Delta i_c \cdot R_C = \Delta i_e \cdot R_C = \frac{v_i}{R_E} \cdot R_C \tag{6.2}$$

输出信号 v_o 是将 v_c 的直流成分截去之后的电压，所以就是 Δv_c 本身，即

$$v_o = \Delta v_c = \frac{v_i}{R_E} \cdot R_C \tag{6.3}$$

因此，该电路的交流电压增益 A_v 可由下式求得：

$$A_v = \frac{v_o}{v_i} = \frac{R_C}{R_E} \tag{6.4}$$

该式与共射极放大电路的式子是完全相同的形式。可知 A_v 与 h_{FE}、R_3 的值无关。

因该电路设 $A_v = 5$，所以可以设成 $R_C : R_E = 5 : 1$。

6.2.3 电阻 R_C、R_E 与 R_3 的决定方法

与共射极放大电路设计的情况一样，考虑到温度的稳定度，取 $R_E + R_3$ 的压降为 2V。由于已经确定集电极电流为 $I_C = 1\text{mA}$（设 $I_C =$ 发射极电流 I_E）则：

$$R_E + R_3 = \frac{(R_E + R_3) \cdot I_E}{I_E} \approx \frac{(R_E + R_3) \cdot I_C}{I_C}$$

$$= \frac{2\text{V}}{1\text{mA}} = 2\text{k}\Omega \tag{6.5}$$

式中，如设 $R_E = 1\text{k}\Omega$，则 $R_3 = 1\text{k}\Omega$。

由式(6.4)可得：

$$R_C = R_E \cdot A_v = 1\text{k}\Omega \times 5 \approx 5.1\text{k}\Omega \tag{6.6}$$

该电阻值符合 E24 系列的电阻值。

由上述的讨论可知，$R_C = 5.1\text{k}\Omega$，$I_C = 1\text{mA}$，所以无信号时 R_C 的压降为 5.1V。集电极电位 v_c 为 9.9V（=15V−5.1V）。因此，直至输出信号的振幅为 ±5.1V，都没有发生波形被切去的现象。所以，能够充分保证 $5V_{p-p}$（±2.5V）的最大输出电压。当输出电压为 +5.1V 时，受到电源电压的影响，输出波形的上侧被切去。

6.2.4 偏置电路的设计

虽然发射极的直流电位（$R_E + R_3$ 的压降）取为 2V，但基极-发射极间电压 $V_{BE} = 0.6\text{V}$，所以基极直流电位必须是 2.6V（=2+0.6）

也就是说，可以用 R_1 与 R_2 对电源电压进行分压后为 2.6V 来决定 R_1 与 R_2 的值。

基极偏置电压和发射极电流等完全与图 6.1 的共射极放大电路相同。这里取 $R_1 = 100\text{k}\Omega, R_2 = 22\text{k}\Omega$(详细情况参考第 2 章)。

6.2.5   决定电容 $C_1 \sim C_5$ 的方法

C_1 与 C_2 是将直流电压截去的电容器。在这里取 $C_1 = C_2 = 10~\mu\text{F}$。

该电路的输入阻抗,由于与晶体管的发射极接地的情况相等效,所以为 R_E 与 R_3 并联连接的值,即 $R_E /\!/ R_3$。

因此,C_1 与电路输入阻抗形成的高通滤波器的截止频率 f_c 为:

$$f_c = \frac{1}{2\pi \cdot C \cdot R} = \frac{1}{2\pi \times C_1 \times R_E /\!/ R_3}$$

$$= \frac{1}{2\pi \times 10\mu\text{F} \times 500\Omega} \approx 32\text{Hz} \tag{6.7}$$

C_3 与 C_4 是电源的去耦电容,取为 $C_3 = 0.1\mu\text{F}, C_4 = 10\mu\text{F}$。$C_5$ 是将基极交流接地的电容器,在此取为 $C_5 = 10\mu\text{F}$。

6.3   共基极放大电路的性能

6.3.1   输入输出阻抗

设输入信号电压 $v_s = 1\text{V}_{\text{p-p}}$。用与第 2 章图 2.14 相同的方法,将 $R_s = 500\Omega$ 时的 v_s 与 v_i 的波形表示在照片 6.6 中。v_i 是 $0.5\text{V}_{\text{p-p}}$,为 v_s 的 1/2,故得出输入阻抗 Z_i 为 500Ω。

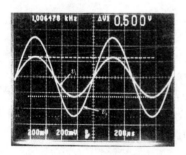

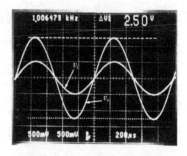

照片 6.6   输入阻抗的测定
($200\mu\text{s/div}, 0.2\text{V/div}$)

照片 6.7   输出阻抗的测定
($200\mu\text{s/div}, 0.5\text{V/div}$)

(在输入端接上串联电阻 $R_S = 500\Omega$ 后的信号源电压 v_s 与输入信号的比较,由振幅下降的比率可知输入阻抗为 500Ω)

(在输出端接上负载电阻 5.1kΩ 后的输出电压 v_o 的测定。与无负载时的照片 6.1 相比,振幅相对地下降)

如前所述,输入阻抗是 R_E 与 R_3 并联连接的值。

照片 6.7 表示在输出端接有 5.1kΩ 负载电阻,令 $v_i=1V_{p-p}$ 时的输入输出波形。如照片 6.1 所示,在无负载时 $A_v=5$,$v_o=5V_{p-p}$,然而 $R_L=5.1$kΩ 时,$v_o=$2.5V_{p-p},为无负载时的 1/2。因此知道输出阻抗 Z_o 与 R_L 相等,即 $Z_O=5.1$kΩ。

输出阻抗与共发射极放大电路相同,为集电极电阻 R_C 本身的值。

这样,由于共基极放大电路的输出阻抗比较高,所以在输出信号长距离传输时,输出阻抗与布线杂散电容形成低通滤波器,就不能够显现出共基极放大电路本来的频率特性的优点(在后面叙述)。

为了改进这一点,如图 6.3 所示,在共基极放大电路的后级接上射极跟随器。由此而使输出阻抗下降,这样就能够显示出共基极放大电路频率特性的优势所在。

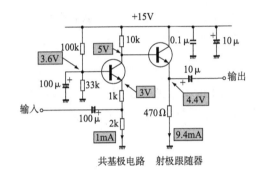

图 6.3 共基极电路＋射极跟随器

(由于共基极电路的输出阻抗高,在想扩展频率特性时,接上在第 3 章介绍过的射极跟随器即可)

6.3.2 放大倍数与频率特性

电压放大倍数及相位与频率(1kHz～10MHz)关系的曲线图表示在图6.4 中。

电路准确的放大倍数为13.25dB(4.95 倍),比由式(6.4)求得的数值 14.15dB 约低 1dB(约 10%)。这也同共射极电路情况一样,是由于式(6.4)是将基极电流等忽略之后计算出来的。

但是,由式子求得的放大倍数与实际的放大倍数的误差为 10% 左右,因此,在实际使用中,采用式(6.4)是足够好的。

该电路的高频域截止频率 f_{ch} 为 9.26MHz(图 6.4 的截止频率)。尽管使用了与第 2 章共射极放大电路相同的晶体管(2SC2458),其工作点(发射极电流 I_E 和集电极-发射极间电压 V_{CE})和电压放大度也相同,然而,f_{ch} 则扩展到两倍以上。共射极放大电路的 f_{ch} 为 3.98MHz。

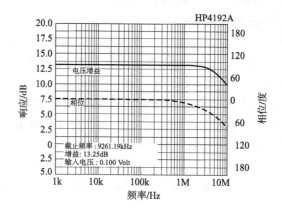

图 6.4　进行实验的共基极电路的频率特性

（电路的放大倍数为 13.25dB(4.95 倍)，截止频率扩展到 9.26MHz，比共发射极电路要频带宽）

还有一点，图 6.5 是图 6.2 电路中晶体管 2SC2458 用高频晶体管 2SC2668（f_T＝550MHz）代替之后的频率特性。除晶体管之外，其他的电路常数都完全相同。

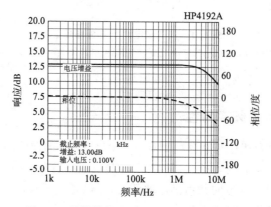

图 6.5　晶体管换成 2SC2668 后的频率特性

（2SC2668 比最初使用的 f_T 要高，是为高频用而制作的。电路的截止频率为 10MHz以上）

f_{ch} 在 10MHz 以上，由曲线不能读出。但由电压放大倍数的曲线进行推测，可达十几兆赫[兹]。此时，如与共射极放大电路进行比较，则 f_{ch} 扩展两倍以上（共发射极放大电路的 f_{ch} 为 6.6MHz）。

在图 6.6 中,表示图 6.2 电路在低频范围的频率特性。低频域截止频率 f_{CL} 约为 34Hz,它与用式 6.7 计算出的 C_1 与输入阻抗形成的高通滤波器的截止频率(32Hz)几乎一致。

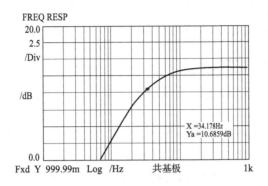

图 6.6　低频范围的频率特性

(低频的截止频率是由输入侧的耦合电容与输入阻抗形成的高通滤波器所决定的)

6.3.3　频率特性好的理由

与共发射极电路相比较,通常共基极电路的频率特性要好些。图 6.7 是考虑到晶体管内部存在的电阻和电容成分而画出的共基极放大电路。若单纯地考虑,由于同相放大,晶体管本身的输入电容 C_{i} 为 $(A_{\mathrm{v}}-1)$ 倍之后的 C_{ce} 与 C_{be} 之和(在 C_{ce} 的两端加上 v_{i} 的 $(A_{\mathrm{v}}-1)$ 倍的电压,所以发射极看到的电容由于密勒效应成为 $(A_{\mathrm{v}}-1)$ 倍?)。如图 6.6 所示,可以认为发射极电阻 R_{E} 与 C_{i} 形成低通滤波器。

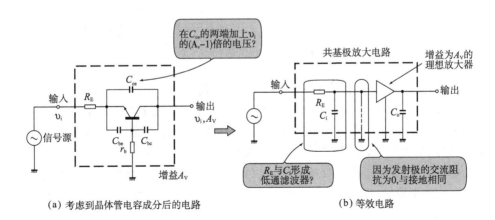

(a) 考虑到晶体管电容成分后的电路　　　　　　　　(b) 等效电路

图 6.7　使共基极电路的高频域特性下降的因素

(虽然基极交流接地,没有由于密勒效应而 C_{i} 增大,是宽带特性)

如照片 6.3 所示,尽管输入了信号,但在发射极上没有出现信号波形。由此可以认为,发射极等效于交流接地(例如,使用 OP 放大器的反转放大器的假想接地点是同样的状态)。

因此,发射极在交流上与 GND 一样,如图 6.7 所示,即使在发射极-GND 之间连接电容成分 C_i,也没有与 R_E 形成低通滤波器。

6.3.4 输入电容 C_i 的影响

在此,为了确认共基极的工作,如图 6.8 所示,在发射极-GND 间接上 $10\mu F$ 的电容来看一下。

照片 6.8 是图 6.8 电路上加了 1kHz、$1V_{p-p}$ 的正弦波时的输入输出波形。如果晶体管的输入电容与 R_E 形成低通滤波器,则发射极上连接的 $10\mu F$ 电容与 R_E 应该形成低通滤波器。该低通滤波器的截止频率为 $16Hz(=1/(2\pi\times10\mu F\times1k\Omega))$,所以,1kHz 的输入信号被充分的衰减,应该不出现输出信号。

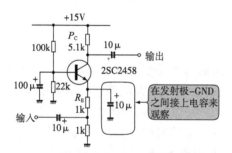

图 6.8 在发射极-GND 间接电容
(由于基极交流接地,应该与发射极接上电容一样,这是证明这一点的实验)

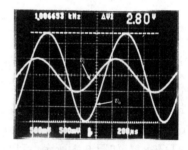

照片 6.8 在发射极-GND 间接上 $10\mu F$ 电容后的波形($200\mu s/div$,$0.5V/div$)
(即使将发射极用电容接地,也出现输出 v_o。虽然放大倍数下降,且相位也有偏离)

但是,如照片所示,在输出端输出 $2.8V_{p-p}$ 的信号(实际上,发射极阻抗不为 0,所以本来的输出电平为 $5V_{p-p}$,而成为 $2.8V_{p-p}$,在输入输出上产生相位差)。

由此可以知道,在共基极放大电路中,由于发射极交流接地,晶体管的输入电容不能与 R_E 形成低通滤波器。为此,与共射极电路相比较,共基极电路的频率特性变好。还有,如果进引相反的考虑,也可说成是,共基极电路的频率特性是晶体管自身的频率特性,而共射极电路由于在输入侧形成的低通滤波器,自身的频率特性被破坏。

6.3.5　噪声及谐波失真率

将图 6.2 进行实验的电路输入端与 GND 短路来测量时,输出端的噪声谱在图 6.9 中示出。在几千赫兹附近的值为 $-137\sim138\mathrm{dB}\cdot\mathrm{V}(\approx0.14\sim0.13\mu\mathrm{V})$。增益也是一样的,其特性几乎与第 2 章共发射极电路的噪声谱相同。

在图 6.10 中,表示总谐波失真率 THD 与输出电压的关系曲线。它也与第 2 章的共射极电路的值几乎相等。

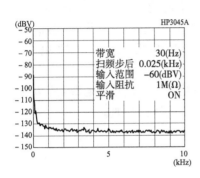

图 6.9　共基极电路的噪声特性
（与共发射极电路同等的噪声特性,为 135dB 的低噪声）

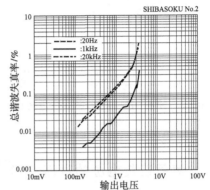

图 6.10　总谐波失真率与输出电压的关系
（该特性也几乎与共发射极电路的情况相同。作为声频放大用完全没有问题）

6.4　共基极电路的应用电路

6.4.1　使用 PNP 晶体管的共基极放大电路

图 6.11 是使用 PNP 晶体管、电压增益为 20dB 的共基极放大电路。PNP 晶体管的发射极电流由于电流方向是流进器件的,所以如图所示,发射极为正电源一侧。但是,仅仅是电流的方向不同,而基本电路结构则与图 6.2 完全没有什么变化。

因此,电路的设计方法也完全相同。

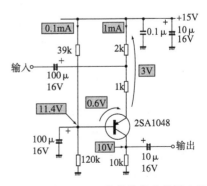

图 6.11　使用 PNP 晶体管的共基极电路

6.4.2　使用 NPN 晶体管与负电源的共基极放大电路

图 6.12 是使用 NPN 晶体管与负电源的,电压增益为 14dB(5 倍)的共基极放

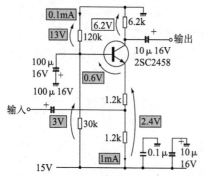

大电路。在只有负电源时,就为这样的电路。

即使使用负电源,其基本的电路结构也完全没有什么变化。与使用正电源时不同的地方是正电源为 GND,GND 成为负电源。因此,电路的设计方法也与使用正电源的电路完全相同。

但是,因为使用负电源,所以必须十分注意电解电容的极性。

图 6.12　使用 NPN 晶体管与负电源的共基极电路

6.4.3　使用正负电源的共基极放大电路

图 6.13 是使用正负两个电源的、电压增益为 10dB 的共基极放大电路。

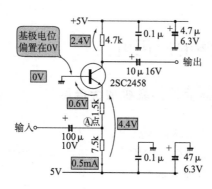

图 6.13　使用正负电源的共基极电路

与共发射极电路和射极跟随器等一样,采用正负电源可以将基极偏置在 0V 来使用(即使基极为 0V,也可以使发射极电阻产生压降,而使发射极电流流动)。所以该电路将基极直接接 GND(这是真正的基极接地?!),而不要基极偏置电路,为此电路变得简单。

如该电路所示,基极没有加入限制电流的电阻。但是,不必担心,因为即使将

晶体管的基极接 GND(电源),在晶体管上流进基极的电流也被发射极电流限制在某个值(发射极电流的 $1/h_{FE}$)。

还有,在共发射极电路和射极跟随器中,使用正负电源,使基极电位为 0。由此,可以去掉输入侧的耦合电容。但是,在共发射极电路中,即使基极为 0V,实际上能加入信号的地点(图 6.13 的 A 点)的电位不为 0,所以不能取消耦合电容。

在使用正负电源时,必须注意耦合电容的极性(显然,电位高的一侧为正极)。

关于电路各部分参数的求法,由于仅是基极电位为 0V,所以与通常的共基极电路完全相同。

6.4.4　直至数百兆赫[兹]的高频宽带放大电路

图 6.14 是直至数百兆赫[兹]都有响应的高频宽带放大电路。该电路可以直接用在 UHF 频带的升压放大器中(对接收天线输出的微弱电平信号进行放大到所需电平的放大器)。

该电路的第 1 个特点是基极偏置电压是二极管的两个正向压降来产生的。基极电位固定在一定的直流电压上时,使用二极管和齐纳二极管等稳压元件是非常方便的。如果使用稳压元件,即使电源电压稍稍发生变化,因所产生的电压是稳定的,所以电路将稳定地进行工作。

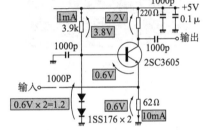

图 6.14　高频宽带放大电路

在图 6.14 的电路中,是利用两个二极管(1SS176)的正向压降,在晶体管的基极上加上约 1.2V 的偏压。

该电路的第 2 个特点是直接将信号输入到发射极(虽然是通过电容器)。如图所示,通常的共基极放大电路是在晶体管的发射极加上电阻 R_E 来决定电路的增益($A_V = R_C/R_E$)。然而图 6.14 的电路没有 R_E,电压增益值是由所用的晶体管的 h_{FE} 来决定的(由所用晶体管能够实现的最大增益)。在图 6.14 中,因为使用 2SC3605 所谓高频特性良好的器件,所以在数百兆赫[兹]下能够得到 12~13dB 的增益。

但是,如该电路所示,当信号直接输入到发射极时,电路的输入阻抗变得有些不可思议。

图 6.2 电路的输入阻抗为 R_E 与 R_3 并联连接的值。这是因为它与晶体管的发射极接地的情况相同,就是说,发射极的阻抗为 0Ω。这样一来,信号直接输入到发射极的(图 6.14 电路所示)输入阻抗应该为 0Ω。输入阻抗为 0Ω,即使输入信号也不产生电压,这就会产生一个疑问,是否得不到输出?

发射极的阻抗如果确实为 0Ω,确实是不能得到输出信号。但实际晶体管在共射极使用时的发射极阻抗是数 Ω 左右。因此,如图 6.14 所示,即使信号直接输入到发射极,电路也工作。

在此,为了慎重起见,对图 6.14 电路的输入阻抗进行一下测量。

用第 2 章图 2.14 所示的同样方法,令输入信号 v_s 为 1kHz、$80mV_{p-p}$,$R_S = 7.5\Omega$,v_s 与 v_i 的波形表示在照片 6.9 中。v_i 是 $40mV_{p-p}$,为 v_s 的 1/2,所以知道,该电路的输入阻抗 Z_i 等于 R_S,为 7.5Ω。

照片 6.10 是条件与照片 6.9 相同、且信号频率为 10MHz 时的波形。

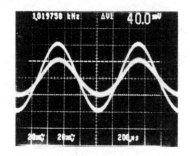

照片 **6.9**　低频范围($f=1kHz$)的输入
阻抗测定($200\mu s/div$,$20mV/div$)

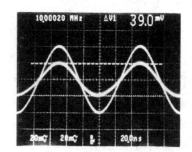

照片 **6.10**　高频范围($f=10MHz$)的
输入阻抗的测定($20\mu s/div$,$20mV/div$)

因为 v_i 为 $39mV_{p-p}$,可知 Z_i 仍为 7.5Ω 左右。

这样的共发射极电路的发射极阻抗,在频率从低频直至高频范围都为数欧的值。所以,如该电路所示,可以将信号直接输入到发射极上。

但是,直接输入到发射极方式的共基极电路,由于电路的输入阻抗为数欧那样低的值,所以它通常是难于使用的。为此,除了在高频范围,不再使用这个电路。

在高频电路中,由于整体的电路阻抗都低,所以输入阻抗低并不是太大的问题。在输入端与发射极间插入电阻,电路的增益就下降,因此仍使用图 6.14 那样的将信号直接输入到发射极方式的共基极电路。

电路的设计方法与通常的共基极放大电路相同。但因为没有插入发射极电阻,所以电压增益由所用的晶体管来决定。还有,由于必须在高频范围进行工作,所以发射极电流稍稍设定得大一些(通常,发射极电流流得越多,频率特性变得就越好)。

耦合电容、基极接地电容和电源的旁路电容等,由于处理的频率很高,所以使用数值小的(在图 6.14 中,用 1000pF)。关于电容器的品种,使用的是陶瓷电容。由于电解电容和薄膜电容在高频范围的阻抗不变低,所以不在高频范围段使用。

很显然,由于处理的频率很高,所以在电路装配时必须留神。

6.4.5 150MHz 频带调谐放大电路

图 6.15 是对 150MHz 频带信号进行放大的调谐放大电路。主要用在无线电收发两用机和 FM 接收机的前置放大电路。

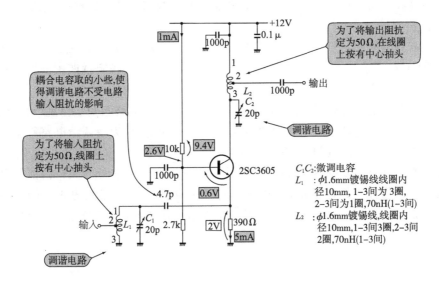

图 6.15 150MHz 频带调谐放大电路

共基极电路也与共发射极电路一样,将阻抗随频率而变化的负载接在集电极上,就可以使增益具有频率特性。图 6.15 的电路的集电极负载是用 LC 调谐电路(并联谐振电路:在交流上来看,由于电源与 GND 是一样的,所以成为 L_2 与 C_2 并联连接的谐振电路)。

由此,在调谐频率(谐振频率)处,电路的负载阻抗为无限大,增益为最大。在调谐频率以外的频率处,负载阻抗变小。增益也变小。所以,电路的增益具有仅对调谐频率的信号进行选择性放大的特性。

进而,在图 6.15 中,为了提高电路的选择性,在输入部分也加入调谐电路 L_1 和 C_1,仅选择调谐频率的信号进行输入。显然,调谐频率与 L_2,C_2 的调谐电路相符合。

该电路的调谐频率 f_0 可由下式求得:

$$f_0 = \frac{1}{2\pi\sqrt{LC}} \quad \text{(Hz)}$$

由该式可知,为了将图 6.15 电路调谐到 150MHz,而 $L_1 = L_2 = 70\text{nH}$,可以调整 $C_1 = C_2 \approx 15\text{pF}$。

　　但是。在实际电路中,由于加上晶体管的输入输出电容和布线的杂散电容等,C_1,C_2都为 10pF 左右的值。

　　然而,在图 6.15 的电路中,在调谐电路的线圈上没有抽头引出输出端,这是由于为了取得阻抗匹配,将电路的输入输出阻抗设定在 50Ω 的缘故。

　　在高频电路传输信号时,为了不使传输线具有频率特性,采用称为阻抗匹配的方法。

　　在高频电路中,进行匹配用的阻抗统一为 50Ω(在图像信号系统为 75Ω),所以在 150MHz 下图 6.15 电路输入输出阻抗设定为 50Ω。关于阻抗匹配问题将在第 7 章中进行说明。

　　除了调谐电路之外,设计方法完全与通常的共基极电路相同。但是,输入侧的调谐电路与晶体管的发射极耦合电容采用非常小的电容,为使调谐电路不至于受到共基极电路输入阻抗的影响(在图 6.15 中,用4.7pF)。

　　还有一点要加以说明,所用的晶体管必须选择在放大信号的频带内能得到足够大增益的器件。具体地讲,可以选择在晶体管数据表上记载的正向转移导纳 $|Y_{fs}|$ 或者正向转移增益 $|S_{21e}|^2$(二者均是表示器件增益的参数)比所希望的增益大的器件。

第 **7** 章　视频选择器的设计和制作

　　本章对共基极电路和射极跟随器进行实验。希望使用晶体管的电路中,如电路采用 IC,无论如何也不是一个很好的电路。例如,从 VTR 和电视机出来的视频信号等是能否使用 OP 放大器的极其危险的频带。

　　在那样的频率场合,使用晶体管或 FET 就没有问题。在这里,使用在晶体管电路中也是高频特性良好的共基极放大电路来试作视频信号的转换器。

7.1　视频信号的转换

7.1.1　视频信号的性质

　　VTR 和电视机出来的视频信号——通常是 NTSC 混合信号,如图 7.1 所示,是非常复杂的波形。频谱表示在图 7.1(b)中。观察频谱可知,它具有从 DC 电平开始的超过 4MHz 的频带。

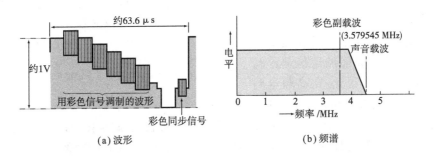

(a) 波形　　　　　　　　　　　(b) 频谱

图 7.1　图像信号(NTSC 制式)

(在 VTR 和电视中使用的信号做成这种形式。包含有表示亮度的辉度信号与表示颜色的彩色信号。彩色信号的 R、G、B 的各自成分作为色差信号而编进去)

　　因此,在处理这个频带信号时,用只有 1MHz 带宽的通用 OP 放大器,频率特性就显得不够了。

　　最近,频率特性直至视频信号频带的 OP 放大器也有出售,但在价格上不如通用 OP 放大器那样便宜。

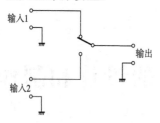

图 7.2　低频信号的转换

（是选择 1 还是选择 2 的电路，在 DC～低频
信号的情况下，什么也不考虑，用画面那样
的开关就可以很好地进行转换）

增大开环增益（负反馈前的放大度）
的方法，在加了负反馈之后的输出
阻抗可以变得非常小。因此，这样
的信号传输方法是非常让人得
意的。

　　但是在高频放大器中，由于开
环增益低，也没有很好的加负反馈，
所以不能将输出阻抗做小到可以忽
略的程度。关于输入阻抗也是一样
的，在高频范围，输入阻抗不可能做
得很大。

　　还有，如输入输出阻抗随频率
而变化，则在电路间的连接部分就
具有频率特性。因此，在高频电路
中，是用一定的输出阻抗（当然理想

在低频信号的情况下，如图 7.2 所示，
能简单地转换信号，但在高频、视频信号等
看重阻抗匹配的线路中，就不能这样做。

7.1.2　何谓阻抗匹配

　　如图 7.3 所示，低频电路信号的传输
基本上是由低阻抗发送出去、再由高阻抗
来接收。这是由于难于受噪声和交流声影
响的缘故。

　　在 OP 放大器等低频放大器中，以预先

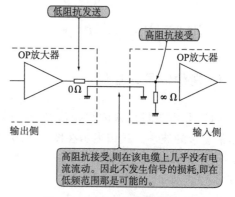

图 7.3　低频电路的信号传输

（在直流～低频信号的传输中，如果使用 OP 放大器，
则可进行失真或者损耗小的信号传输。但是在防止
噪声的意义上，使用屏蔽电缆是非常重要的）

的是电阻成分）进行发送、用一定的输入阻抗进行接收，以此来作为信号的传送。

　　通常，在高频电路中，该输入输出阻抗的值定为 50Ω，或者 75Ω（放像机中是 75Ω）。

　　为此，输出部分与输入部分的距离较远时（例如，机器之间的连接等），传送信
号线路的特性阻抗（由分布参数引起的线路固有的阻抗）与输入输出阻抗要进行匹
配。这就称为阻抗匹配（调整）。

　　如果不进行阻抗匹配，则在线路上会发生驻波，发送功率的一部分会返回来
（称为反射），传输线路因而具有频率特性。因此，在高频电路中进行电路间或机器
间的连接时，必须用电缆连接，电缆的特性阻抗与输入输出阻抗相等。例如，将视

频信号在机器间进行连接时,必须用特性
阻抗为 75Ω 的同轴电缆。

　　在图 7.4 中,表示输入输出阻抗及传
输线的阻抗取得匹配时机器间相互连接的
示意图。

　　视频信号是具有超过 4MHz 频带的
高频信号。为此,在传送视频信号时,要进
行阻抗匹配。

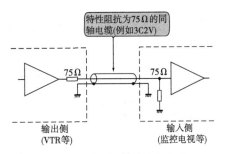

图 7.4　视频信号的传输

(在包括视频信号的高频信号的传输中,损耗
姑且不论,如果不将传输线路及发送接受的
阻抗预先作成一定,则产生失真,虽然损耗可
以恢复,但失真不能恢复,所以阻抗匹配问题
是非常重要的)

7.1.3　对视频信号进行开关时

　　图 7.5 是仅仅用机械开关制作的视频
信号转换器。对于没有选到的信号,如果
开路,则不能取得匹配,所以用 75Ω 电阻
进行端接。

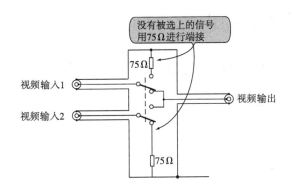

图 7.5　仅用机械开关制作的视频信号变换器

(视频信号至关重要的是必须处理 4MHz 以上的频谱。如此,信号的电缆、接头开关
等所具有的阻抗如不一样,就产生失真。变换器部分的阻抗匹配也不可欠缺)

　　但是,即使进行这样的连接,在机械开关部分也没有取得很好的阻抗匹配。在
输入数增加时,电路变得非常复杂。

　　因此,在想制作视频选择器时,可考虑如图 7.6 所示的电路,将各自的视频输
入端用 75Ω 进行端接,使阻抗取得匹配。然后,将已选择的信号用输入阻抗高的
视频信号放大器进行接收,进行阻抗变换之后,再用 75Ω 的输出阻抗在输出
端输出。

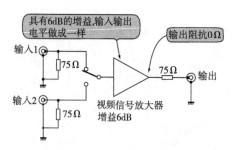

图 7.6 使用放大器的视频信号转换器
(在视频选择器中,为了阻抗匹配,将输入阻抗统一为 75Ω,则在前后的输出阻抗间信号电平下降 1/2。为此,用视频放大器进行 6dB(2 倍)的放大)

这样做的话,能够正确得到视频信号的输入输出阻抗匹配。并且,即使增加输入数,也仅增加开关的接点数而电路不会变得复杂。但是,输入信号被发送该信号的机器输出阻抗(75Ω)与该变换器的输入阻抗(75Ω)所分压,所以振幅变为 1/2。因此,有必要制作一个具有 6dB(2 倍)的电压放大度的视频信号放大器,使得输入输出端的视频信号电平相一致。因此,图 7.6 电路中使用的视频信号放大器必须是**同相**放大器。这是由于视频信号将黑白电平分配给直流电平,如果波形反转,则颜色的明暗发生反转的缘故(画面变得很奇怪……)。

7.2 视频放大器的设计

7.2.1 共基极电路＋射极跟随器

图 7.7 表示视频转换器的电路图。照片 7.1 是用图 7.7 电路实际制作的照片。

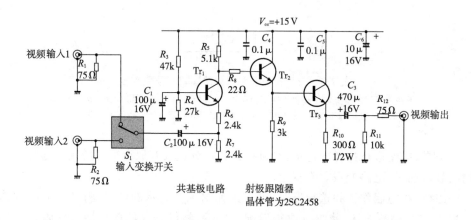

图 7.7 设计出来的视频选择器电路
(视频开关本身是机械开关。在机械开关之后,用共基极电路进行放大,用射极跟随器进行输出。为了将射极跟随器做成 75Ω 的输出阻抗,在输出级插入 75Ω 串联电阻)

照片 7.1 制作完成的视频选择器的外形

（即使是视频选择器也用机械开关进行变换，所用的元件也是一般的。在阻抗匹配
之后进行 6dB 的放大）

图 7.8 表示视频放大器的框图。输入信号是用频率特性良好的共基极放大电路进行 6dB 的放大，其后通过二级射极跟随器进行阻抗变换（将输出阻抗变低），然后将视频信号进行输出。

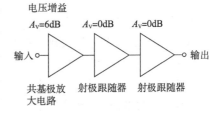

图 7.8 视频信号放大器的框图

（在晶体管多级连接使用时，各级起着什么样的作用难以明白。为此，如该图那样，常常制成电平图）

在电压放大部分，如果使用共发射极放大电路也可以。但是用共发射极放大电路，却很难将频率特性做好，又由于是反相放大器等原因，在此采用共基极放大电路。

在输出端必须提供比较大的电流，故将二级射极跟随器串联连接起来。

只有一级射极跟随器时，由于输出电流较大，基极不可忽略，即由于从共基极放大电路取出射极跟随器的基极电流变大，会使得频率特性变坏。采用两级时，第一级射极跟随器的基极电流可以忽略不计。

放大电路中使用的晶体管，全部使用一般放大用的晶体管，即 2SC2458（在视频电路中，这种程度的特性已经足够）。

7.2.2 各部分直流电位的设定

图 7.9 表示放大电路的电位关系。如图 7.1(a) 所示，视频信号是用 75Ω 的电阻来端接，振幅为 $1V_{p-p}$ 左右。因此，放大器的电源电压为数伏特就足够，但是由于是挪用 OP 放大器的电源，所以这里采用＋15V。

各部分的电压和电流分配是由 $1V_{p-p}$ 的输入信号不被切去来决定的（要注意，在共基极放大电路的输出中，$1V_{p-p}$ 的信号被放大成 2 倍为 $2V_{p-p}$）。

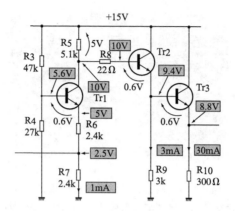

图 7.9　各部分的直流电位

（该图是决定晶体管的工作点、求各个电阻值用的。如果设晶体管的 V_{BE} 为 0.6V 及
知道欧姆定律，就能求出各部分的直流电位）

　　设第一级的共基极放大电路(Tr_1)的发射极电流为 1mA，发射极电位为＋5V，
$R_6=R_7=2.4\text{k}\Omega$。决定放大倍数的集电极电阻 R_5 设定为 5.1kΩ，故这部分的电压
放大倍数为 2.1 倍($=R_5/R_6$)。

　　因为设 $R_6=R_7=2.4\text{k}\Omega$，所以该电路的输入阻抗为 1.2kΩ($=R_6 /\!/ R_7$)。因
此，在图 7.7 的电路中，该输入阻抗并联地连接到被选定的视频信号的端子电阻上
(75Ω)。所以，由输入端看到的电路，输入阻抗不是 75Ω，而是 70.6Ω($=75$
$/\!/1.2\text{k}\Omega$)。

　　在这种程度的失配(不匹配)中，不会产生太大的影响。

　　第二级的射极跟随器(Tr_2)是将 Tr_1 的集电极电位直接地作为基极偏置电压。
因此，Tr_2 的发射极电位是要比 Tr_1 的集电极电位低 0.6V($=Tr_2$ 的 V_{BE})的 9.4V。

　　R_8 是将 Tr_1 的集电极与 Tr_2 的基极进行隔离而防止振荡用的电阻(如果电阻值
不是太大，对直流电位关系无影响)。

　　Tr_2 的发射极电流为 Tr_3 的发射极电流的 1/10，即设定在 3mA 左右。因此，取
$R_9=3\text{k}\Omega(\approx9.4\text{V}/3\text{mA})$。

　　Tr_3 的基极偏置电压也照样使用 Tr_2 的发射极电位。为此，Tr_3 的发射极电位
也是要比 Tr_2 的发射极电位低 0.6V 的 8.8V。

　　Tr_3 上流过的电流是由从哪个输出端取出电流来决定的。

　　如图 7.10 所示，由放大电路的输出看到的阻抗为 150Ω($=75\Omega+75\Omega$)。由于
在这里输出 $2\text{V}_{\text{p-p}}$ 的信号，所以在放大器的输出端流过 $13.3\text{mA}_{\text{peak}}$ 的电流。

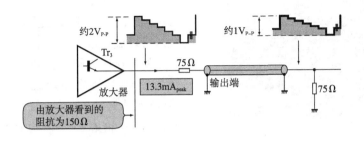

图 7.10 放大器提供给输出端的电流

(这是为了求 Tr_3 的输出电流的图。由于供给负载 150Ω 2V_{p-p} 的信号,有必要使 13. 3mA 以上的电流流动)

电阻负载的射极跟随器的空载电流必须为最大输出电流的 2 倍(参考第 3 章),所以 Tr_3 的发射极电流设定在 30mA。因此,取 $R_{10}=300Ω(\approx8.8V/30mA)$。

还有,电阻 R_{10} 的消耗功率在无负载时为 0.26W($\approx8.8V\times30mA$),所以必须使用功率容量为 1/2W 的电阻。因为,通常希望在电阻的功率容量额定值的 1/2 以下来使用。

7.2.3 增大耦合电容的容量

视频信号中也包括直流成分,如果可能也想将直流成分进行放大。但在图 7.7 的电路中,不能将直流成分进行放大。所以预先要将输入输出耦合电容产生的高通滤波器的截止频进行充分降低(降到数赫以下)。

在这里,因为设 $C_2=100\mu F$,所以在输入侧形成的高通滤波器的截止频率为 1.3Hz(放大电路的输入阻抗为 1.2kΩ)。

在输出侧,C_3 与由放大器看到的负载阻抗 150Ω(75Ω+75Ω)形成高通滤波器。在此因设 $C_3=470\mu F$,所以截止频率为 2.3Hz。

因为负载电阻为 150Ω 是那么的小,所以要降低截止频率,则无论如何要增大耦合电容的容量。

R_{11} 是对 C_3 的电荷进行放电用的电阻,设定在数千欧至数十千欧就可以。如果没有 R_{11},则接上电缆时,因滞留在 C_3 上的电荷要进行放电,会有瞬间很大电流流过。

7.2.4 观察对矩形波的响应

照片 7.2 是表示输入 1MHz、1V_{p-p} 的矩形波输入信号时的输出波形(输出端开路)。

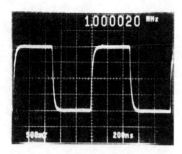

照片 7.2　输入 1MHz 矩形波后的输出波形
（制作完成的视频信号放大器的频率特性简单地扩展到高频范围，即使对于矩形波也作出漂亮的响应）

该电路基本上是共基极的一级放大器（因为没有射极跟随器进行电压放大），所以成为这样非常整齐的响应波形。

如果在放大器的振幅频率特性中有峰和尖端时，则在矩形波响应中产生振动（波形的振动）。视频信号通过这样的放大器，其轮廓被奇怪地强调，画面变得粗糙。

相反，如果放大器的频率特性没有扩展，则矩形响应的上升边和下降边变钝，使画面的轮廓变得模糊。

7.2.5　频率特性与群延迟特性

在图 7.11 中，表示制作完成的电路的振幅频率特性与群延迟特性。

因为该电路使用了共基极放大电路，所以即使用通用晶体管 2SC2458，截止频率也达到 6.3MHz，频率特性得到很好的扩展。放大倍数也如设定的那样为 6dB。

所谓群延迟特性（Group Delay，以下称为 GD），是将相位特性用频率进行微分后的特性（在实际测量时，是进行差分）。是哪些相位是直线变化的进行观察后所得到的特性。

如果 GD 是平坦的，则矩形波就能不失真地通过（如照片 7.2）。在进行处理如图像信号那样含有

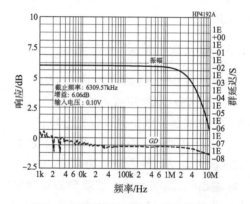

图 7.11　振幅频率特性与群延迟特性
（这是共基极电路的威力，高频特性扩展到直至截止频率 6.3MHz。所用的晶体管为通用的 2SC2458，群延迟特性 GD 也是平坦的）

许多矩形波信号的电路中，GD 的平坦性是非常重要的特性。

由该 GD 直到数兆赫附近都是平坦的可知，矩形波通过时的失真也很少（在低频范围，GD 变乱是由于侧量系统的问题，与电路性能无关）。

在图 7.12 中，表示低频范围的振幅频率特性。低频截止频率约为 1.4Hz。由于是在输出端没有接负载时进行测量的，所以该测量显示出共基极放大电路的输入侧形成的高通滤波器（由 C_2 与 $R_6 /\!/ R_7$ 构成的）的特性。

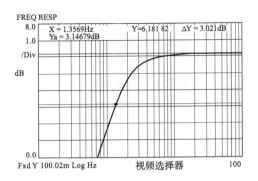

图 7.12 低频的振幅频率特性

（低频截止频率约 1.4Hz。这是由 C_2, $R_6 /\!/ R_7$ 产生的输入级的高通滤波器本身的特性）

7.2.6 晶体管改用高频晶体管

顺便地将 Tr_1 改用为高频放大晶体管 2SC2668 后的频率特性表示在图 7.13中。

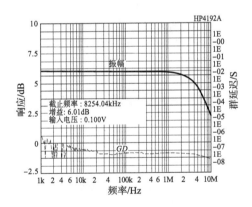

图 7.13 使用晶体管 2SC2668 后的振幅频率特性和群延迟特性

（为了验证图 7.11 的特性，在高频范围有多大程度的扩展，将通用晶体管 2SC2458 换成高频晶体管 2SC2668，带宽由 6.3MHz 扩展到 8.2MHz）

由于 2SC2668 的 f_T 高，振幅频率特性的截止频率约为 8.3MHz。

但是，由图可见，其差别也非常小，即使用 2SC2458，性能也是能够满足的。有兴趣的读者可以将 2SC2458，与 2SC2668 换成其他的晶体管来观察一下画面的质量，是一件很有趣的事情。

在笔者的监控器中，2SC2458 与 2SC2668 的差别是不大明显的。

7.2.7　视频选择器的应用

该电路不是如图 7.7 所示的仅有双输入,而是增加变换开关的接点数,可以变换更多的视频信号。

如果增加输入变换开关的数目,声音信号也同时进行变换,则可以作为图 7.14所示的 AV 选择器来使用。

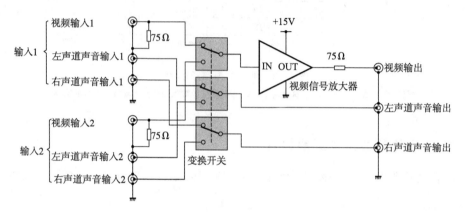

图 7.14　AV 选择器

(声频信号直接用开关进行变换也没有问题,该结构是双系统的 AV 选择器,在声频
应用上是立体声。但要十分注意布线)

还有,在这里将设计的视频放大器(如图 7.15 所示)进行连接,则成为视频信号的分配器。

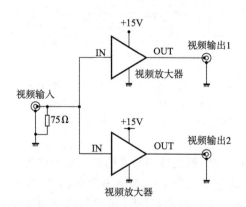

图 7.15　视频信号分配器

(将图 7.7 制作的视频放大器部分准备上两个系统,则就成为视频分配器,这种结构
如有必要可以构成许多系统)

7.3 视频选择器的应用电路

7.3.1 使用 PNP 晶体管的射极跟随器

图 7.16 是电压增益为 6dB 的视频信号放大电路。该电路的射极跟随器的一部分是用 PNP 晶体管制作的。

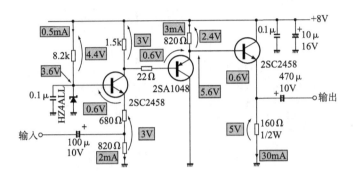

图 7.16 使用 PNP 晶体管的射极跟随器的电路

将晶体管许多级以直接连接——没有加入耦合电容而进行放大级间的耦合——不断地进行连接时,由于交替地使用 NPN 晶体管和 PNP 晶体管,就能够防止偏置和直流电位关系偏向 GND 侧或者偏向电源一侧。

特别在电源电压低的电路中,由于交替地使用 NPN 与 PNP,就能够有效地利用电源。

图 7.16 电路的初级是 NPN 的共基极电路,第 2 级是 PNP 的射极跟随器,第 3 级是 NPN 的射极跟随器,这就是交替地使用晶体管的例子。

电路的设计方法几乎与图 7.7 所示的电路相同。但是第 2 级的射极跟随器,因为使用 PNP 晶体管,所以晶体管的发射极与发射极负载电阻为正电源侧。但是只是晶体管变成 PNP,所以与射极跟随器的设计方法没有什么不同。

还有,共基极电路的偏置电路是使用齐纳二极管来产生必要的基极电位(在图 7.16 电路中,为 3.6V)。如该电路所示,在基极偏置电路中使用稳压元件,即使电源电压发生变动,也能够经常得到稳定的基极偏置电压,使得晶体管的发射极电流一定,电路的工作就稳定。

选择齐纳二极管的方法,即选择产生 +0.6V 电压的元件就可以,+0.6V 电压是想加在 Tr_1 的发射极电阻上的电压(在图中为 3V+0.6V=3.6V)。

如图所示,仅用电阻产生基极偏置电压时,有必要用大容量的电容器将基极接地,但如图 7.16 所示,使用稳压元件时,就没有必要使用这么大电容量的电容器(在图 7.16 中为 0.1μF)。

7.3.2　以 5V 电源进行工作的视频选择器

图 7.17 是用 5V 单电源进行工作的、电压增益为 6dB 的图像信号放大电路。

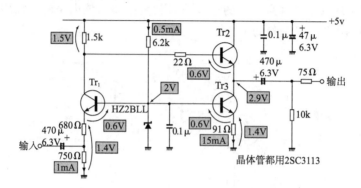

图 7.17　用 5V 电源进行工作的电路

电路的构成与图 7.7 一样,初级使用 NPN 晶体管的共基极电路。但在射极跟随器级,使用超 β 晶体管,因从初级吸取不太多的电流,所以用单电路的射极跟随器就足够了(图 7.7 和图 7.16 中,是两个射极跟随器级联连接的)。

为了减少流过射极跟随器的空载电流,使得电路为低消耗功率,在射极跟随器中采用稳流负载。这样一来,就能够将稳流负载上设定的电流全部地从负载中吸取,所以没有必要像使用电阻负载那样,预先让超过必要的空载电流流动。

在进行设计如该电路所示的电源电压比较低的电路时,要注意各部分的直流电压分配,必须确保必要的最大输出电压。

在图 7.17 的电路中,Tr_1 的基极偏置电路中是用齐纳二极管 HZ2BLL(日立)产生较低的 2V 偏置电压。为此,Tr_1 的发射极电位是 1.4V(＝2V－0.6V),电源-发射极间的电压为 3.6V(＝5V－1.4V)。此时,由 Tr_1 的集电极能取出最大 $3.6V_{p-p}$ 的振幅,所以能够取出具有容限的 $2V_{p-p}$ 的视频信号(在 6dB 放大后)。

射极跟随器的稳流负载 Tr_3 的基极偏置电压,采取与初级的共基极电路 Tr_1 的偏置电路共用的简单电路。

稳流电路的设定电流,取比从负载吸取的最大电流稍大的值就可以。在这里,取作 15mA(由图 7.10 最大吸取电流必须是 13.3mA)。

为了减少射极跟随器的级数,Tr_2 采用超 β 晶体管 2SC3113,Tr_1 与 Tr_3 用通用晶体管就足够了。但在此使用与 Tr_2 一样的 2SC3113。为此,就能减少在 Tr_1 与 Tr_3 的偏置电路上流动的电流(图 7.17 电路中为 0.5mA)。

第 **8** 章 渥尔曼电路的设计

本章对频率特性良好的电路进行实验。从至今进行的实验可知,要想改善放大电路的频率特性,就应使用共基极放大电路。

然而,这些电路频率特性好的代价是输入阻抗变低,因而具有难于使用的缺点(但在高频电路中不能说都是缺点)。

刚好有克服这个缺点的办法,这就是所谓的渥尔曼电路。

8.1 观察渥尔曼电路的波形

8.1.1 何谓渥尔曼电路

图 8.1 是将晶体管或 FET 纵向堆积起来(将下面器件的集电极(或者漏极)与上面器件的发射极(或者源极)连接起来),将上面器件的基极(或者栅极)交流接地。所谓渥尔曼(Cascode)电路,就是将这样连接的晶体管(或 FET)看作一个器件、并以发射极(或源极)接地来使用的电路。

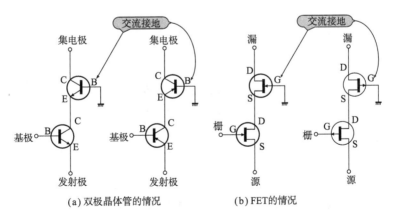

(a) 双极晶体管的情况　　　　　　　(b) FET的情况

图 8.1 渥尔曼连接

(将两个晶体管或 FET 纵向重叠,上面器件的基极或栅极交流接地,即成为渥尔曼连接。上面是晶体管,下面是 FET,或者反过来的组合也是很有趣的,(显然进行工作)这不是一般的)

在图 8.2 中,表示使用晶体管的渥尔曼电路。在该图中,下面器件是共发射极电路本身,上面器件因为是基极交流接地,所以是共基极电路样子的电路。

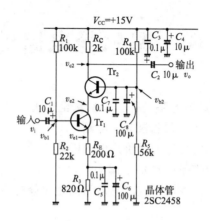

图 8.2　渥尔曼放大电路

(与共发射极放大电路相比,仅增加了一个晶体管与其偏置电路部分。但是,由于增加了元件,频率特性变得相当好)

然而,共发射极电路的集电极与共基极电路的发射极紧挨在一起能很好地进行工作吗? 还有,如图 8.3 所示,共发射极电路与共基极电路级联连接的电路在工作上有什么区别呢?

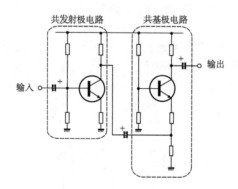

图 8.3　共发射极电路＋共基极电路

(与渥尔曼电路一样,在共发射极电路的后面级联上共基极电路来试一下,该电路与渥尔曼电路也进行同样的工作)

让我们来观察各部分的工作情形,对渥尔曼电路的工作进行讨论。

8.1.2　与共发射极电路一样

照片 8.1 是图 8.2 电路在通用印制板上组装成的电路。

照片 8.1　在通用印制板上组装的渥尔曼电路

(在装配元件时，首先要像电路图那样，将配置元件看一下。如果是完全照电路图来
选取元件，就应该达到电路性能。另外，在检查电路时，也容易清楚)

照片 8.2 是在图 8.2 电路中，输入 1kHz、$0.5V_{p-p}$ 的正弦波时的输出波形。由输出信号 v_o 为 $4.6V_{p-p}$ 可知，该电路的电压放大倍数 A_v 为 9.2 倍(≈ 19.3dB)。另外，输入输出间的相位差为 $180°$，即为反相。

仅从输入信号与输出信号来看，该电路与共发射极放大电路完全没有区别。

照片 8.3 是输入信号 v_i 与 Tr_1 的基极电位 v_{b1} 的波形。在 R_1 与 R_2 产生的 2.5V 的基极偏置电压上，重叠上交流成分。

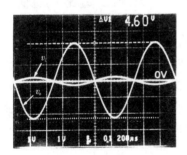

照片 8.2　v_i 与 v_o 的波形
(1V/div，$200\mu s$/div)

($v_i = 0.5V_{p-p}$，$v_o = 4.6V_{p-p}$，所以电压增益为 9.2
倍(19.3dB)。输入输出相位是反相。仅看输入
输出信号，就与共发射极电路完全相同)

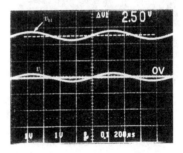

照片 8.3　v_i 与 v_{b1} 的波形
(1V/div，$200\mu s$/div)

(Tr_1 的基极电压是由 R_1 与 R_2 产生的 2.5V 的
基极偏压上叠加上通过 C_1 而来的交流成分 v_i)

　　照片 8.4 是 v_{b1} 与 Tr_1 的发射极电位 v_{e1} 的波形。v_{e1} 与 v_{b1} 的交流成分相同（v_i 本身），它仅仅比基极低 $0.66V（＝V_{BE}）$。

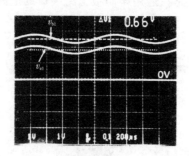

照片 8.4　v_{b1} 与 v_{e1} 的波形（1V/div,200μs/div）
v_{e1} 比 v_{b1} 要低 $V_{BE}＝0.66V$ 的直流电位。v_{e1} 的交流成分是 v_i 本身）

　　到现在为止的各部分工作波形也与共射极放大电路完全一样。

8.1.3　增益为 0 的共发射极电路

　　照片 8.5 是 v_{e1} 与 Tr_2 的发射极电位 v_{e2}（＝Tr_2 的集电极电位），Tr_2 的基极电位 v_{b2} 的波形。

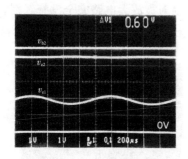

照片 8.5　v_{e1} 与 v_{e2}、v_{b2} 的波形（1V/div, 200μs/div）
（由于 Tr_2 的基极用 C_7、C_8 接地，所以 v_{b2} 是直流。所以 v_{e2} 也是比 v_{be} 低 $V_{BE}＝0.6V$ 的直流电位，在 Tr_1 的集电极（＝Tr_2 的发射极）不出现交流成分！！ 这就是渥尔曼电路的秘密）

　　Tr_2 的基极加了约 5.2V 的直流偏置，由 C_7 与 C_8 进行交流接地，所以，V_{b2} 为直流。

　　晶体管的发射极电位比基极电位要低 $V_{BE}＝0.6～0.7V$。所以 v_{e2} 比 v_{b2} 也低 V_{BE} 的直流电位。

　　进而，因 Tr_2 的发射极与 Tr_1 的集电极相连接，所以 Tr_2 的集电极电位也是不含交流成分的直流成分。

　　在 Tr_1 的集电极（＝Tr_2 的发射极）上，尽管流过交流电流，也不发生电压变化，所以与交流接地一样。

　　在共发射极放大电路中，将基极出现的交流成分进行电压放大之后，在集电极上产生放大的交流电压（成为输出信号），但是在渥尔曼电路中，尽管以共发射极电路进行工作，但在下面的晶体管集电极上不产生交流成分。

总之,渥尔曼电路的下面晶体管可以认为是电压增益为 0 的共发射极放大电路(可以认为集电极接地,即集电极电阻为0Ω,所以增益为 0)。

8.1.4 不发生密勒效应

如在第 2 章介绍,共发射极电路的输入电容 C_i 为基极-发射极间电容 C_{be} 与由于密勒效应而乘上(A_v+1)后的基极-集电极间电容 C_{be} 之和。

但是,如图 8.4 所示,渥尔曼电路的共发射极电路,由于 $A_v=0$,C_i 仅为 C_{be} 与 C_{bc} 之和,没有发生共发射极电路避免不了的密勒效应。因此,在渥尔曼电路的共发射极电路中(下面的晶体管),没有因密勒效应而使频率特性变坏。

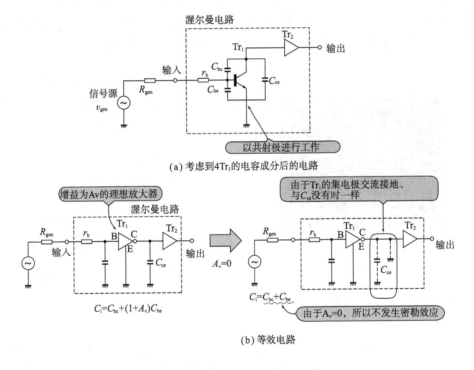

(a) 考虑到4Tr₁的电容成分后的电路

(b) 等效电路

图 8.4 渥尔曼电路的输入电容

(考虑到 Tr₁ 各端子间的电容与基极串联电阻 r_b,则渥尔曼电路就如图(a)所示。如果是普通的共发射极电路,可以见到由密勒效应引起的 C_{bc} 增大了$(1+A_v)$倍。但在渥尔曼电路中,Tr₁ 的 $A_v=0$,所以输入电容 C_i 为 $C_{bc}+C_{be}$,还有,由于 Tr₁ 的集电极交流接地,所以,也与没有 C_{ce} 的情况一样)

所以,该渥尔曼电路中的共发射极电路是 $A_v=0$,可以认为作为放大电路是完全不起作用的。但是,如照片 8.4 所示,在发射极上出现与输入信号 v_i 相同的交流成分,由于 v_i 直接地加在发射极电阻 R_E 上(因 R_3 被 C_5 与 C_6 交流接地),所以共发射极电路作为由 v_i 使发射极电流变化的可变电流源而进行工作。

8.1.5 可变电流源十共基极电路＝渥尔曼电路

照片 8.6 是 Tr_1 的发射极电位 v_{e1} 与 Tr_2 的集电极电位 v_{c2} 的波形。仅看这个波形,就知道是共发射极电路的发射极与集电极的波形。但是,Tr_2 的基极接地与发射极上没有产生交流电压,所以,Tr_2 是作为共基极放大电路而进行工作的。Tr_2 的集电极电流的变化量由 R_C 变成电压的缘故,可以认为电路的总增益是由该共基极电路产生的。

总之,渥尔曼电路如图 8.5 所示,可以认为是将输入电压变换成电流的可变电流源和频率特性良好的共基极放大电路(Tr_2)合并在一起的电路。所以它具有输入阻抗与共发射极电路一样,而频率特性与共基极电路相同的性能。

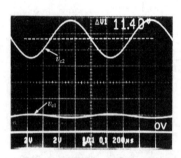

照片 8.6 v_{e1} 与 v_{c2} 的波形
(2V/div,200μs/div)

(在 Tr_2 的发射极上没有出现交流成分(v_{e2}),但在 Tr_2 的集电极上出现 v_{e1} 的交流成分乘上 A_v 倍后的波形 v_{c2})

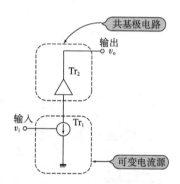

图 8.5 渥尔曼电路

(所谓渥尔曼电路是用输入信号 v_i 进行控制的可变电流源与频率特性良好的共基极电路合在一起的电路)

因此,如图 8.3 所示,仅仅将共发射极电路与共基极电路串联连接而成的电路,在工作和性能上都会是完全不同(图 8.3 电路的频率特性与共发射极电路一样)。

照片 8.7 是 Tr_2 的集电极电位 v_{c2} 与输出信号 v_o 的波形。v_{c2} 的直流成分被耦合电容 C_2 切去,仅将交流成分 v_o 取出。

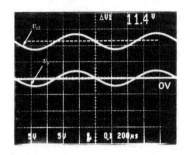

照片 8.7 v_{c2} 与 v_o 的波形($5\mathrm{V/div}, 200\mu\mathrm{s/div}$)

(共基极电路(Tr_2)的输出 v_{c2},是用 C_2 截去直流,并以 0V 为中心振动的交流信号 V_o)

8.2 设计渥尔曼电路

现在,让我们实际地来进行渥尔曼电路的设计。下表表示的是电路的设计规格。

渥尔曼电路的设计规格

电压增益	10 倍(20dB)左右
最大输出电压	$5\mathrm{V_{p\text{-}p}}$
频率特性	在高频端尽可能地扩展
输入阻抗	$10\mathrm{k}\Omega$ 以上
输出阻抗	任意

要设计完成后的电压增益是 20dB,频率特性尽可能的扩展,并且输入阻抗为 $10\mathrm{k}\Omega$ 以上,能满足这样"贪婪"的规格的电路就是渥尔曼电路。

8.2.1 渥尔曼电路的放大倍数

在求出电路各部分的常数之前,先求图 8.2 电路的交流放大倍数。

由照片 8.4 可知,在 Tr_1 的发射极上出现与输入信号 v_i 完全相同的交流成分。该交流成分全部加在 R_E 上,所以(R_3 被 C_5 与 C_6 旁路)由 v_i 引起的 Tr_1 的发射极电流 i_{e1} 的交流成分 Δi_{e1} 为:

$$\Delta i_{e1} = \frac{v_i}{R_E} \tag{8.1}$$

如略去晶体管的基极电流,则 Tr_1 的发射极电流 i_{e1} 与 Tr_2 的集电极电流 i_{c2} 是

同一数值,所以,Δi_{e1} 与 Tr_2 的集电极电流的交流变化量 Δi_{c2} 也是同一数值($\Delta i_{c2} = \Delta i_{e1}$)。$Tr_2$ 的集电极电位 v_{c2} 交流变化量 Δv_{c2} 是由 Δi_{c2} 产生在 R_C 上的压降,因此,

$$\Delta v_{c2} = \Delta i_{c2} \cdot R_C = \Delta i_{e1} \cdot R_C$$

$$= \frac{v_i}{R_E} \cdot R_C \tag{8.2}$$

　　如照片 8.7 所示,输出信号 v_o 是将 v_{c2} 的直流成分切去之后的值,为 Δv_{c2} 的本身值,即

$$v_o = \Delta v_{c2} = \frac{v_i}{R_E} \cdot R_C \tag{8.3}$$

　　由式(8.3)可以求出该电路的交流电压增益 A_v 为:

$$A_v = \frac{v_o}{v_i} = \frac{R_C}{R_E} \tag{8.4}$$

　　该式与在第 2 章进行实验的共发射极放大电路的情况是完全相同的形式。由此可知,A_v 与 h_{FE} 和 R_3 的值无关。

　　对渥尔曼电路交流放大倍数的求法汇总在图 8.6 中。

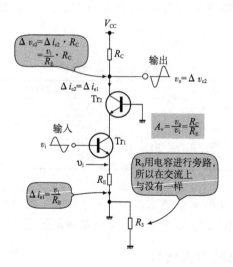

图 8.6　求交流电压增益等效电路

(在 Tr_1 的发射极出现的交流成分与输入信号 v_i 相等,如设 Tr_1 的发射极电流与 Tr_2 的集电极电流相等,则 R_C 与 R_E 之比为电压放大度。这与共射极电路完全相同)

8.2.2　决定电源电压

　　可以将共发射极电路时的电源电压取为比最大输出电压(峰-峰值)＋发射极电阻上的压降(1V 以上)稍大些的值。但是在渥尔曼电路中,还必须考虑到加在图 8.2 Tr_1(下面晶体管)的集电极-发射极间的电压。通常,Tr_1 的集电极-发射极间电

压 V_{CE1} 有必要在 2V 以上(理由后述)。

在该电路中,设发射极侧电阻(R_E+R_3)的压降为 2V,Tr_1 的 V_{CE1} 为 3V。因此,最大输出电压为 5V_{p-p},所以,电源电压必须在 10V(=2V+3V+5V_{p-p})以上。这里取 V_{CC}=15V。

8.2.3　晶体管的选择

对于 Tr_1 和 Tr_2 品种的选择,是从集电极-基极间的最大额定值 V_{CBO} 与集电极-发射极间的最大额定值 V_{CEO}——在该电路中为 15V 以上的器件中挑选的(实际上,Tr_2 的发射极电位要比电源电压低,Tr_1 与 Tr_2 的 V_{CBO},V_{CEO} 的耐压都没有必要达到电源电压)。

显然,如果使用特征频率 f_T(h_{FE} 为 1 时的频率)高的晶体管,似乎就能改善电路的高频特性。但是设计规格只是尽可能地改善频率特性,所以在这里,Tr_1,Tr_2 都采用通用小信号晶体管 2SC2458(东芝),因此来证实一下"通用品"的实力。

直流电流放大系数 h_{FE} 的档次与电路性能没有太大关系(参考式(8.4)),任何一档都可以。这里使用 GR 档。

8.2.4　工作点要考虑到输出电容 C_{ob}

下面来决定工作点,首先来考虑加在 Tr_1 的集电极-发射极间的电压 V_{CE}。

在前面所使用的晶体管与这里的 2SC2458 不同。图 8.7 表示的是通用低频放大晶体管 2SC2785(NEC)在共基极时的输出电容 C_{ob} 与基极-集电极间电压 V_{CB} 的曲线图。C_{ob} 相当于图 8.4 的基极-集电极间电容 C_{bc}。观察该图可知,V_{CB} 越小,C_{ob} 变得越大。

通常二极管的 PN 结在 OFF 时(反偏置时)的端子间电容与端子电压成反比,如果将 C_{ob} 认为是在基极-集电极间存在的二极管(参考第 2 章的图 2.2)的端子间电容,则该图的曲线就可以理解了。

在共发射极电路中,由于密勒效应,C_{ob} 乘上增益之后的值成为输入电容,所以 C_{ob} 应该是越小越好。即使在不发生密勒效应的渥尔曼电路中,C_{ob} 仍然应取

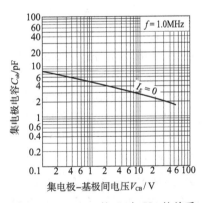

图 8.7　2SC2785 的 C_{ob} 与 V_{CB} 的关系
(共基极电路的输出电容 C_{ob},即相当于基极-集电极间电容 C_{bc} 与基极-集电极间电压 V_{CB} 成反比,V_{CB} 在 1V 以下则 C_{ob} 变大,使电路的频率特性变坏。其他种类的晶体管可以说也是一样的)

得很小。

观察图 8.7,由于 V_{CB} 在 1V 以下,C_{ob} 刚好变大,而在实际电路中,V_{CB} 也刚好想取 1V 以上。

由于发射极电位比基极仅低 $V_{BE}=0.6V$,为了使 V_{CB} 为 1V 以上。所以集电极-发射极间电压 V_{CE} 必须为 1.6V($=1V+0.6V$)以上。

总之,为了使晶体管的 C_{ob} 不太增大,有必要将 V_{CE} 设定在约 2V($\approx 1.6V$)以上。

如果能给出 2SC2458 的 C_{ob} 对 V_{CB} 的曲线就更好了,但是没有相应的数据在数据表中列出,所以在此仅表示出相同性能的 2SC2785 的数据。晶体管的品种不同,当然 C_{ob} 的值也不同,但基本的考虑方法却是完全相同的。

由于上述的理由,这里(如前所述)将 Tr_1 的集电极-发射极间电压 V_{CE1} 设定在 3V。

关于晶体管的集电极电流,由于 Tr_1 的集电极与 Tr_2 的发射极相连接,在 Tr_1 与 Tr_2 上流过同样的集电极电流($\approx$ 发射极电流)。

集电极电流的范围是 0.1mA 至数毫安,在这里,取 Tr_1 与 Tr_2 的集电极电流为 2mA 来试一下。

8.2.5 决定增益的 R_E、R_3 与 R_2

在决定 Tr_1 发射极电流的电阻 R_E+R_3 上所加的电压已经确定为 2V,所以为了使发射极电流为 2mA,则

$$R_E+R_3 = \frac{2V}{2mA} = 1k\Omega$$

R_C 的值由式(8.4)将 R_E+R_3 的值乘上增益而得出。这样一来,在该电路,由于增益为 10 倍,所以 $R_C=10k\Omega$。然而,Tr_2 的集电极电流为 2mA,所以 R_C 的压降为 20V($=2mA\times 10k\Omega$),超过电源电压。因此电路不工作。

在该电路中采取这样的方式,是为先决定 R_C 的值之后,将 Tr_1 的发射极侧电阻分成 R_E 与 R_3,再用电容器将 R_3 旁路,由此而获得必要的增益(与图 2.22(b)相同)。

由于 R_E+R_3 的压降为 2V,Tr_1 的集电极-发射极间电压 V_{CE1} 为 3V,所以 Tr_2 的发射极直流电位 V_{E2} 为 5V($=2V+3V$)。

因此,取 R_C 的值为 $R_C=2k\Omega$,使由 R_C 压降决定的 Tr_2 的集电极直流电位 V_{C2}(11V)处于电源电压(15V)与 V_{E2}(5V)的中间。

照片 8.8 是输出约 $6V_{p-p}$ 输出信号时的 Tr_2 集电极电位 V_{C2} 的波形。在实际电路中,集电极电流值比 2mA 要小,所以 Tr_2 的集电极直流电位 V_{CE} 为 11.4V,然而,充分满足最大输出电压 $5V_{p-p}$ 的设计规格(如果稍稍增大输出,则受电源电压的影响,波形被切去)。

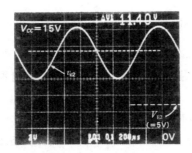

照片 8.8 $v_o \approx 6V_{p-p}$ 时的 v_{c2} 的波形

（由 R_C 的压降决定的 Tr_2 的集电极直流电位 v_{c2} 为 11.4V，因此，即使有约 6V_{p-p} 的交流成分输出也不发生切去现象。因为最大输出电压的设计规格为 5V_{p-p}，所以可以使用该电路）

这样，R_C 的压降是 4V（$=2mA \times 2k\Omega$），V_{C2} 为 11V。就是说，在理论上应该可得到 $\pm 4V$——即 8V_{p-p} 的最大输出电压。

因为 $R_C=2k\Omega$，$A_v=10$，所以 R_E 的值由式(8.4)可得为：

$$R_E = \frac{R_C}{A_v} = \frac{2k\Omega}{10} = 200\Omega$$

进而，由于 $R_E + R_3 = 1k\Omega$，所以 R_3 为：

$$R_3 = 1k\Omega - R_E = 1k\Omega - 200\Omega \approx 820\Omega$$

符合 $E24$ 系列的值。

8.2.6 设计偏置电路之前

由于 $V_{BE}=0.6V$，所以为了将 Tr_1 的发射极直流电位（$R_E + R_3$ 上的压降）取为 2V，Tr_1 的基极电位必须取作 2.6V（$=2V+0.6V$）。

此时，Tr_1 的基极电位是电源电压用 R_1 与 R_2 进行分压后的电位。所以 R_2 的压降取作 2.6V，R_1 的压降取为 12.4V（$=15V-2.6V$）就可以。

在晶体管的基极上流过的基极电流是集电极电流的 $1/h_{FE}$，假定 $h_{FE}=200$，则 Tr_1 的基极电流为 0.01mA。

在偏置电路 R_1，R_2 中，有必要让其预先流过使该基极电流可以忽略的足够大的电流（如在偏置电路中流过的电流小，则由于基极电流的影响，基极偏置电压，即基极的直流电位偏离设定值很大）。

8.2.7 决定 R_1 与 R_2

在这里，所谓"足够大"认为是 10 倍以上，设在 R_1 与 R_2 上流过0.1mA。因此，R_1 与 R_2 为：

$$R_1 = \frac{12.4V}{0.1mA} = 124k\Omega$$

$$R_2 = \frac{2.6\text{V}}{0.1\text{mA}} = 26\text{k}\Omega$$

但是,该电阻值不在 E24 系列数列的电阻中。在不改变 R_1 与 R_2 之比的情况下,从 E24 系列中选择电阻值(如比值一改变,则基极偏置电压就改变)取为 $R_1 = 100\text{k}\Omega$,$R_2 = 22\text{k}\Omega$。

然而,在设计规格中,有输入阻抗是 $10\text{k}\Omega$ 以上的规定。如认为电源的交流阻抗为 0,则渥尔曼电路的输入阻抗为 R_1 与 R_2 的并联连接的值(这与共发射极电路一样)。因此,该电路的输入阻抗为 $18\text{k}\Omega (=100\text{k}//22\text{k}\Omega)$,满足设计规格要求。

8.2.8　决定 R_4 与 R_5

下面来求 Tr_2 的基极偏置电路 R_4 与 R_5 的数值。

Tr_1 的发射极电位是 2V,在 Tr_1 的集电极-发射极加上 3V 的电压,所以 Tr_2 的发射极电位取为 5V,Tr_2 的基极电位必须取 $5.6\text{V}(=5\text{V}+0.6\text{V})$。

Tr_2 的基极电位是将电源电压用 R_4 与 R_5 进行分压后的值。如果 R_5 的压降取为 5.6V,则 R_4 的压降可以取为 9.4V。

Tr_1 与 Tr_2 的集电极电流是相同的,与 Tr_1 一样,Tr_2 的基极电流也是 0.01mA,可以取在 R_4 与 R_5 上流动的电流为其 10 倍,即 0.1mA。

因此,R_4 与 R_5 的值为:

$$R_4 = \frac{9.4\text{V}}{0.1\text{mA}} = 94\text{k}\Omega$$

$$R_5 = \frac{5.6\text{V}}{0.1\text{mA}} = 56\text{k}\Omega$$

这个电阻值符合 E24 系列,取 $R_4 = 100\text{k}\Omega$,$R_5 = 56\text{k}\Omega$

上述的直流电位关系表示在图8.8中。

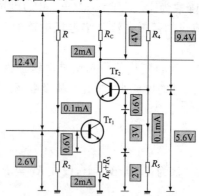

图 8.8　渥尔曼电路的直流电位关系

(如设晶体管的基极-发射极间电压 $V_{BE} = 0.6\text{V}$,其后仅使用欧姆定律就能够计算出电位关系)

实际的直流电位,如在照片 8.3～8.6 中知道的那样,与图 8.8 稍有不同,但是这种程度的误差对性能完全没有影响。

8.2.9 决定电容 C_1～C_8

C_1 与 C_2 是将直流电压切去的耦合电容。在这里取 $C_1=C_2=10\mu$F。

因此,C_1 与电路的输入阻抗($=R_1 /\!/ R_2=18$kΩ)形成高通滤波器的截止频率 f_{cl} 为:

$$f_{cl}=\frac{1}{2\pi CR}=\frac{1}{2\pi\times 10\mu F\times 18k\Omega}=0.9 \text{ Hz} \tag{8.5}$$

C_3 与 C_4 是电源的去耦电容器,取 $C_3=0.1\mu$F,$C_4=10\mu$F。

C_5 与 C_6 是交流旁路电容器(称为旁路电容)。在该电路的情况下,C_5+C_6 的交流阻抗相对于 R_E 来说是十分小的,就是说,有必要充分增大 C_5+C_6 的电容值(理由将在后面叙述测量频率特性时详述)。

在这里,取 $C_5=0.1\mu$F,$C_6=100\mu$F。旁路电容分为小电容 C_5 与大电容 C_6。与电源的旁路电容一样,希望从低频到高频范围确实对 R_3 进行旁路,故做成双通道结构。

C_7 与 C_8 是为了将共基极电路晶体管 Tr_2 的基极进行交流接地的电容器。在这里取 $C_7=0.1\mu$F,$C_8=100\mu$F。分成小电容和大电容的理由与上述 C_5 与 C_6 相同。

8.3 渥尔曼电路的性能

8.3.1 测量输入阻抗

照片 8.9 是用图 2.14 的方法,设信号源电压 $v_s=0.5$ V$_{p\text{-}p}$(频率为 1kHz)、串联电阻 $R_S=18$kΩ 时的 v_s 与电路的输入信号 v_i 的波形。

$v_i=0.25$V$_{p\text{-}p}$,是 v_s 的 1/2,由此可以知道输入阻抗 Z_i 与 R_S 的值相等,就是说 $Z_i=18$kΩ。如前所述,该值是 R_1 与 R_2 并联连接的电阻值本身。

渥尔曼电路与单个共发射极电路相比较,输入阻抗可以提到这样高。

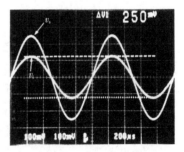

照片 8.9 输入阻抗的测定

(0.1 V/div,200μs/div)

(在输入端上串联接入电阻 $R_S=18$kΩ,将信号源电压 v_S 与电路的输入信号 v_i 进行比较。由于 v_i 为 v_s 的 1/2,所以输入阻抗与 R_S 一样为 18kΩ。渥尔曼电路的输入阻抗如传闻的那样高)

8.3.2　测量输出阻抗

照片 8.10 是设输入信号 $v_i = 0.5V_{p\text{-}p}$

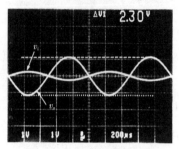

照片 8.10　输出阻抗的测定

(1V/div,200μs/div)

(在输出端接上 2kΩ 的负载电阻来测定输出电压 v_o，因为输出电压为无负载时(照片8.2)的1/2,所以,输出阻抗与负载一样为2kΩ。即使是渥尔曼电路,输出阻抗为集电极电阻本身的值)

(1kHz)、在输出端连接 $R_L = 2k\Omega$ 负载时的输入输出波形。输出信号 v_o 是 $2.3V_{p\text{-}p}$,为无负载时的1/2(无负载时如照片 8.2 所示,为 $v_o = 4.6V_{p\text{-}p}$)。

由此可知,输出阻抗 Z_o 是与 R_L 一样的值,就是说,$Z_o = 2k\Omega$,是集电极电阻 R_C 值的本身。

渥尔曼电路的输出阻抗也与共发射极电路和共基极电路一样为相当大的值(Tr_2 是共基极进行工作的,所以是当然的事情)。

因此,在输出信号长距离传输时,渥尔曼电路也如图 8.9 所示,必须连接上射极跟随器,或者用 FET 的源输出器来降低输出

阻抗。如不这样做,输出阻抗与杂散电容形成的低通滤波器,就不会产生渥尔曼电路本来的频率特性。因此必须加以注意。

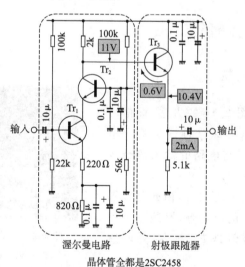

渥尔曼电路　　　　射极跟随器

晶体管全都是2SC2458

图 8.9　渥尔曼电路＋射极跟随器

(由于渥尔曼电路的输出阻抗高,在进行输出信号传输时,就不能利用渥尔曼电路本来的频率特性。此时,与输出阻抗低的射极跟随器合在一起。这样一来就完美了)

8.3.3 放大度与频率特性

图 8.10 表示的是低频范围(0.1Hz～1kHz)下的电压增益的频率特性。

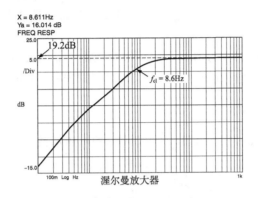

图 8.10 实验电路低频范围的频率特性

(电路的电压增益约 19.2dB,低频的截止频率 f_{cl} 为 8.6Hz,与 C_1 与电路的输入阻抗组成的高通滤波器的截止频率 0.9Hz 不同)

设计出的电路电压增益 A_v 在 1kHz 点上约为 19.2dB,即为 9.1 倍,比设计值的 A_v=10 要低 10%。这是由于 Tr_1 的发射极上产生与输入信号 v_i 完全相同的信号,即认为 V_{BE} 经常是一定值来求出式(8.4)的缘故。

实际上,随输入信号的大小,即集电极电流的大小,V_{BE} 的值发生微小的变化。设定值与实测值的误差是 10% 左右,即使由式(8.4)来求增益也是非常实用的。

观察图 8.10 可知,低频截止频率 f_{cl} 为 8.6Hz,它与由式(8.5)计算的 C_1 和输入阻抗形成的高通滤波器的截止频率 0.9Hz 相差一个数量级。

原因是 R_E 与 C_6 形成高通滤波器的缘故。加在 Tr_1 发射极上的电阻 R_3 用 C_5+C_6 进行旁路,所以在高频范围,发射极电阻就为 R_E 本身。但在低频范围,相对于 R_E 来讲,C_5+C_6 的阻抗不能忽略,加在 Tr_1 发射极上的电阻是要比 R_E 大的值。

因此,在低频范围,与由式(8.4)求得的 R_E 值变大是一样的理由,电压增益下降。

在该电路中,R_E 与 C_6(C_5 是小电容,可以略去)形成的高通滤波器的截止频率 f_{cl} 为与图 8.10 f_{cl} 的实测值(8.6Hz)几乎一致。

$$f_{cl}=\frac{1}{2\pi CR}$$

$$=\frac{1}{2\pi\times100\mu\mathrm{F}\times200\Omega}=8\,\mathrm{Hz}$$

因此,如该电路所示,将发射极侧的电阻分成 R_E 与 R_3 来设定增益时,如果不预先将旁路电容的容量做得足够大(相对于 R_E),低频截止频率就会变高。

显然,这种情况不仅是渥尔曼电路,对于共发射极电路或者源极接地(FET)电路也是同样的。

顺便提一下,图 8.10 的增益曲线在低频范围不是直线地下降,在 0.9Hz 处变"软",这是由于 C_1 与输入阻抗形成高通滤波器的"先兆"所引起的。

8.3.4　注意高频端特性

图 8.11 是高频范围(100kHz~100MHz)的电压增益与相位的频率特性。

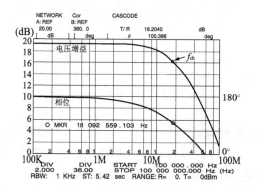

图 8.11　实验电路高频范围的频率特性

(高频截止频率 f_{ch} 为 18MHz,即使用通用晶体管,如果使用渥尔曼电路,高频特性会变得相当好)

由该图可知,高频域的截止频率 f_{ch} 约为 18MHz。将它与单纯的共发射极电路的频率特性作一比较来看。

图 8.12 是用图 8.2 的电路,将 Tr_2 去掉,在 Tr_2 的集电极-发射极间进行短路的电路。该电路仅仅是共发射极电路。

图 8.13 是图 8.12 电路的频率特性。f_{ch} 从 18MHz 下降到12.8MHz(显然增益也一样)。渥尔曼电路对频率特性的贡献是很大的。

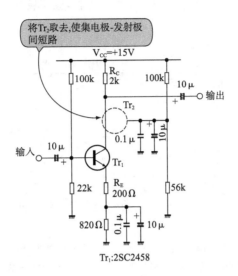

图 8.12　共发射极放大电路

（为了与渥尔曼电路进行频率特性的比较，将 Tr₂ 去掉变成共发射极电路。电路的电压增益与渥尔曼电路一样（$A_v = R_C/R_E$)）

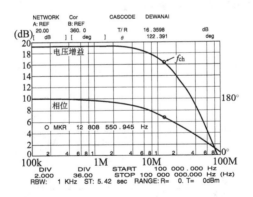

图 8.13　共发射极电路高频范围的频率特性

（将渥尔曼电路上侧的晶体管 Tr₂ 去掉，只是共发射极电路时的频率特性。f_{ch} 从 18MHz 下降到 12.8MHz。渥尔曼电路的作用就明显了）

8.3.5　频率特性由哪个晶体管决定

图 8.14 是在 Tr₁ 与 Tr₂ 上用截止频率 $f_T = 550$MHz 的高频放大晶体管、

2SC2668(东芝)来代替 2SC2458 时的频率特性(2SC2458 的 f_T 为 80MHz)的。f_{ch} 为 21.9MHz,显然不知,如果使用 f_T 高的晶体管,频率特性仅扩展斗这种程度。

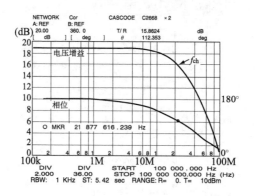

图 8.14 Tr$_1$＝Tr$_2$＝2SC2668 时的频率特性

(使用高频晶体管,则频率特性进一步变好,f_T＝550MHz 是太好了)

那么,在 Tr$_1$ 与 Tr$_2$ 中哪个是决定频率特性的晶体管呢?进行实验来观察。

图 8.15 是 Tr$_1$ 为 2SC2668、Tr$_2$ 为 2SC2458 的频率特性;相反,图8.16是 Tr$_1$ 为 2SC2458、Tr$_2$ 为 2SC2668 的频率特性。

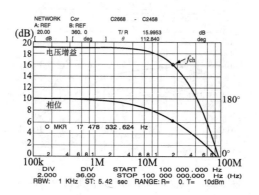

图 8.15 Tr$_1$＝2SC2668,Tr$_2$＝2SC2458 时的频率特性

(该实测数据几乎与图 8.11 相同)

图 8.15 的 f_{ch} 几乎与两个晶体管都使用 2SC2458 的图 8.11 相同,为 17.5MHz。图 8.16 的 f_{ch} 几乎与两个晶体管都使用 2SC2668 的图 8.14 相同,为

22.3MHz。也就是说，在 Tr_2 使用的晶体管的性能直接地体现出来了。

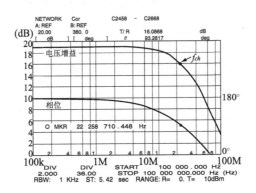

图 8.16 $Tr_1 = 2SC2458$，$Tr_2 = 2SC2668$ 时的频率特性

（该实测数据与 $Tr_1 = Tr_2 = 2SC2668$ 的数据图 8.14 几乎相同）

如在前面已说过的那样，Tr_1 的电压增益为 0，所以对电路整体的频率特性完全没有影响。

因此，为了进一步提高渥尔曼电路的频率特性，在共基极电路侧的晶体管（图 8.2 的 Tr_2）选用 f_T 高的器件，而在共发射极侧的晶体管（图 8.2 的 Tr_1）选用任意的晶体管都可以（用通用晶体管就足够）。

8.3.6 观察噪声特性

图 8.17 是将图 8.2 电路的输入端与 GND 短路测出的输出端的噪声频谱。

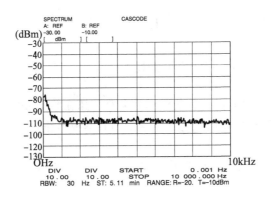

图 8.17 渥尔曼电路的噪声特性

（噪声曲线的底部为 -100dBm 即 $2.2\mu V$，作为增益为 20dB 的放大器，这是很好的数值）

该图的纵轴单位为 dBm。dBm 是以 1mW 为基准,它作为 0dBm 来表示的单位。通常,电路的特性阻抗为 50Ω,所以 0dBm 相当于 $0.22\mathrm{V}(=\sqrt{1\mathrm{mW}\times 50\Omega}$,根据 $P=V^2/R)$。因此,将图 8.17 的噪声底部,即 100dBm 换算成电压值则为 $2.2\mu\mathrm{V}$,作为噪声电平可以说是相当低的值。

图 8.18 是图 8.12 的共发射极电路的噪声频谱。图 8.17 与图 8.18 几乎具有相同的特性。

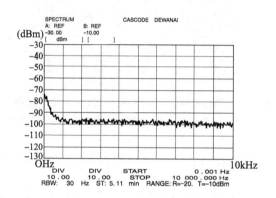

图 8.18　共发射极电路的噪声特性

(这是将渥尔曼电路上侧的晶体管 Tr_2 去掉,仅仅是共发射极电路的噪声特性。该数据完全与图 8.17 的渥尔曼电路相同。渥尔曼电路对噪声没有贡献)

无论如何,渥尔曼电路的影响仅仅是输入阻抗与频率特性,而对噪声完全没有关系。

8.4　渥尔曼电路的应用电路

8.4.1　使用 PNP 晶体管的渥尔曼电路

图 8.19 是使用 PNP 晶体管的渥尔曼电路。如在共发射极电路部分使用 PNP 晶体管,则在共发射极电路的集电极侧连接的共基极电路也必须使用这种 PNP 晶体管。

显然,即使使用 PNP 晶体管,由于是渥尔曼电路,所以可以得到与共基极使用时相同的频率特性。

电路的设计方法完全与使用 NPN 晶体管时相同。但是,因为使用 PNP 晶体管,共发射极电路部分成为正电源侧,而共基极电路部分成为 GND 侧。

为了能与图 8.2 所示的电路相比较,图 8.19 的电路常数完全与图8.2的一样。

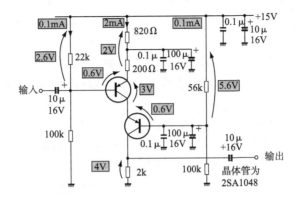

图 8.19 使用 PNP 晶体管的渥尔曼电路

8.4.2 图像信号放大电路

图 8.20 是将渥尔曼电路用在放大部分的增益为 6dB 的图像信号放大电路。

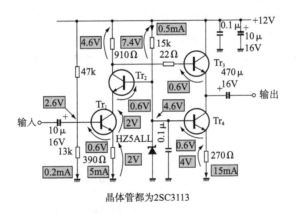

图 8.20 图像信号放大电路

因为渥尔曼电路能得到与共基极电路相同的频率特性,所以能够处理图像信号那样的高频信号。但是,渥尔曼电路的输入输出的相位旋转 180°(参见照片 8.2),所以,当放大图像信号时,则黑白(明暗)反转,必须加以注意。

电路的设计方法与通常的渥尔曼电路相同。但是图 8.20 的电路是处理图像信号,所以将渥尔曼电路的发射极电流取为 5mA 稍大一些,使频率特性更提高一些(通常,晶体管流过大一些的发射极电流,则频率特性变好)。

　　还有,在渥尔曼电路的基极偏置电路中,使用齐纳二极管。对于齐纳二极管,选择在 Tr₂ 的基极上产生必要电压的器件。在图 8.20 中使用产生 4.6V 的 Hz5ALL(日立)。

　　进而,在射极跟随器部分,用恒流负载。显然,这是因为在无信号时的发射极电流少,抑制了电路的发热的原因(在电阻负载的射极跟随器中,必须使大量的发射极电流流动)。

　　对于晶体管的品种,全部选择超 β 晶体管 2SC3113。为了只采用一级射极跟随器的缘故,Tr₃ 必须选用 h_{FE} 大的超 β 晶体管。但是,其他的晶体管采用通用晶体管是可以的。在该电路中,为了使晶体管的品种一致(便于收集晶体管和制作方便),都使用 2SC3113。为此,Tr₁ 与 Tr₂,Tr₄ 的偏置电路里的电流设定得比较小一些。

　　然而,使用共基极电路的图像信号放大器,由于电路的输入阻抗比较低,如想直到低频范围都进行放大,则如第 7 章所示,输入侧的耦合电容要取比较大些的值(因为耦合电容与输入阻抗形成高通滤波器的缘故)。

　　但是,在渥尔曼电路中能够将输入阻抗提高到比较高(与共发射极电路一样),所以能够减少耦合电容。

　　图 8.20 电路的输入阻抗约为 10kΩ(＝47kΩ∥13kΩ),所以用 10μF 的耦合电容就能将截止频率降到 1.6Hz(≈1/(2π×10μF×10kΩ))。图 7.7 电路的输入阻抗为 1.2kΩ,所以使用 100μF 大的耦合电容(该电路截止频率为 1.3Hz)。

8.4.3　渥尔曼自举电路

　　图 8.21 表示的是渥尔曼自举电路。

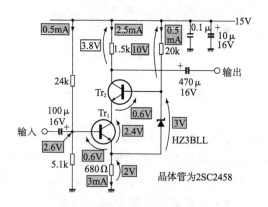

图 8.21　渥尔曼自举电路

所谓自举(Bootstrap)就是"长筒靴后面连接的皮纽"的意思。在穿长筒靴时，由自身将这个 Bootstrap 提拉起来穿的。在电子电路中，将"由自身的力量干些什么，或者将自身抬高"的电路称为自举电路。

那么，图 8.21 的哪个地方是自举的地方呢？就是 Tr_2 基极偏置电路齐纳二极管的阳极接在 Tr_1 的发射极的地方。

如果是通常的渥尔曼电路，齐纳二极管的阳极是接在 GND。此时，当输入信号时，Tr_1 的发射极电位发生变化，Tr_1 的集电极电位却被 Tr_2 的发射极固定在确定的值上(因为 Tr_2 的基极电位被齐纳二极管固定)。这样一来，Tr_1 集电极-发射极间的电压随输入信号而经常变化(变化量与输入信号的振幅相同)。

这样，晶体管 Tr_1 的集电极-发射极间电压经常发生变化，就是晶体管 Tr_1 的工作点(电压的工作点)经常变化，所以由输入端见到的器件的电容和 h_{FE} 等也发生了微妙的变化。

然而，如图 8.21 那样，加上自举电路，则 Tr_1 的集电极-发射极间电压就能够经常保持一定。

该电路的工作原理是这样的。Tr_1 的发射极电位随输入信号而变化，则由于齐纳二极管的阳极接在 Tr_1 的发射极，所以 Tr_2 的基极电位也发生同样的变化(Tr_2 的基极电位经常为高电位，它比 Tr_1 的发射极电位高出齐纳二极管的压降的值)。当 Tr_2 的基极电位发生变化，则同时地 Tr_2 的发射极电位也发生变动以保持 V_{BE} 的电位，结果，Tr_1 的集电极-发射极间的电压经常保持一定。在图 8.21 的电路中，使用 3V 的齐纳二极管，所以 Tr_1 的集电极-发射极间电压与输入信号无关而经常保持在2.4V($=3V-0.6V$)上。

这就是说，该电路由自己本身的输出(Tr_1 的发射极)将自身的工作点经常保持一定而提高了其特性。

这样，如果能将共发射极电路侧晶体管的集电极-发射极间电压做成一定值，则就能固定电路的工作点，进而使输入信号变大时的频率特性和输入输出间的直线性变好，直至高频范围电路都稳定地进行工作。因此，在高频放大电路和 OP 放大器的内部经常使用渥尔曼自举电路。

关于电路的设计方法没有什么特殊的地方，因为该电路仅仅是将渥尔曼电路的共基极电路侧晶体管的基极偏置电路接在共射极侧晶体管的发射极上，用输入信号来改变共基极电路侧晶体管的基极电位(顺便提一下，代替齐纳二极管使用几个二极管，利用其正向压降也是可以的)。

对于齐纳二极管，选择产生想加在 Tr_1 的集电极-发射极间的电压(图 8.21 电路为 2.4V)和 Tr_2 的 V_{BE}($\approx0.6V$)电压的器件。

齐纳二极管上流过的电流是由齐纳二极管的阴极与电源间的电流限制电阻来

决定的(图 8.21 中为 20kΩ)。在实际电路中,确定偏置电路上想流动的电流,然后由加在电流限制电阻上的电压来倒过来计算电阻。在图 8.21 电路中,齐纳二极管上流动的电流设定为 0.5mA,加在电流限制电阻上的电压为 10V(＝15V－2V－3V),所以电阻值设定为 20kΩ(＝10V/0.5mA)。

在计算电路的直流电位关系时,必须注意的是在齐纳二极管上流动的电流,它直接在 Tr₁ 的发射极电阻上流动。

因此,Tr₁ 的集电极电流(≈Tr₂ 的集电极电流)比发射极电流仅少由偏置电路流进来的量。具体地讲,在图 8.3 的电路中,Tr₁ 的发射极电流设定为 3mA,集电极电流比这个值仅少偏置电路电流 0.5mA,即为2.5mA。

如果注意到上述各点,以后就能够采用通常渥尔曼电路的设计方法来进行设计了。

第**9**章　负反馈放大电路的设计

本章对增益大的二级耦合电路进行实验。用一只晶体管制作放大电路的电压增益(无论如何努力)达到 $40\sim60dB$ 就很不错了。且在极度地提高增益时,因 h_{FE} 的分散性电路的最大增益是由 h_{FE} 决定的,故导致电路的放大度的分散性也很大。

因此,考虑到稳定度,采用一只晶体管放大电路的电压增益一般希望在 20dB 以下来使用。

那么,为了进一步提高晶体管放大电路的电压增益,应该如何做呢?

9.1　观察负反馈放大电路的波形

9.1.1　如何获得大的电压放大倍数

第一种方法可以考虑如图 9.1 所示的那样,将决定增益的放大器级联起来,这个方法简单明快,效果很好。但是,总的频率特性都不如每个放大器的频率特性;然而总的噪声却为每个放大器的噪声之和,是一个非常大的值。

第二种方法如图 9.2 所示,是将增益调节到最大的放大器级联起来,从输出向输入加上负反馈(Negative Feedback,NFB)。加上负反馈后,就有放大度稳定、频率特性变好、噪声不增加等优点。

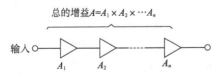

图 9.1　获得大的增益的方法之一

(为了增大放大电路的增益,只要将决定增益的放大器级联即可。此时,总的增益由各放大器的增益决定)

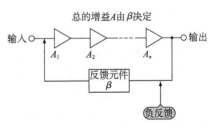

图 9.2　获得大的增益的方法之二

(将每一个放大器的增益调到最大,从输出端将信号返到输入部分,即负反馈。电路的总的增益与每个放大器的增益无关,仅由调节反馈量的反馈元件 β 所决定)

因此,负反馈不仅在放大电路(特别在 OP 放大器中,如没有负馈是不能想像的),而且在系统控制等方面都有着广泛的应用领域。

在本章中,对属于第二种方法的在两级耦合电路中加有负反馈的放大电路进行实验,以便加深对负反馈的理解。

9.1.2 100 倍的放大器

图 9.3 表示这次进行实验的负反馈放大电路。该电路将 NPN 晶体管的共发射极放大电路与 PNP 晶体管的共发射极放大电路串联连接,用电阻 R_f 将反馈从电路的输出加到初级 NPN 晶体管的发射极上。

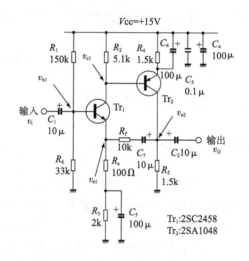

图 9.3　负反馈放大电路

(将 NPN 晶体管的共发射极电路与 PNP 晶体管的共发射极电路级联起来。这是由
输出向初级的发射极用 R_f 加上负反馈后的放大器。加上负反馈有些什么好处呢)

照片 9.1 是将图 9.3 的电路在通用印制板上装配后的线路板。在该电路上加入 $1kHz$、$50mV_{p\text{-}p}$ 的正弦波时的输入输出波形表示在照片 9.2 中。

看一下照片就知道,输出信号 v_o 的振幅为 $4.7V_{p\text{-}p}$,所以图 9.3 电路的电压增益 A_v 为 94(=39.5dB)。另外,由于输入输出间相位为 0°(同相),所以是增益约 100 倍的同相放大器。

照片 9.3 是 Tr_1 的基极电位 v_{b1} 与 Tr_1 的发射极电位 v_{e1} 的波形。v_{b1} 是在 2.65V 的基极偏置电压上重叠通过 C_1 来到的 $50mV_{p\text{-}p}$ 的交流输入信号 v_i。

照片 9.1　在通用印制板上组装的实验电路

（即使加负反馈，元件数也不一定那么多。该电路中，仅在普通的共发射极二级放大器上增加一只反馈元件的电阻与一个电容）

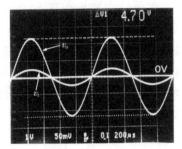

照片 9.2　输入信号 v_i 与输出信号 v_o 的波形

（v_i：50mv/div，v_o：1V/div，200μs/div）

（$v_i = 50\text{mV}_{\text{p-p}}$，$v_o = 4.7\text{V}_{\text{p-p}}$，所以电压增益为 94 倍。输入输出是同相，相位差为 0°，即是同相放大器）

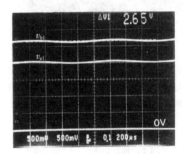

照片 9.3　v_{b1} 与 v_{e1} 的波形

（0.5V/div，200μs/div）

（Tr_1 的基极电位 v_{b1} 是在 2.65V 的直流偏置上叠加上交流成分 v_i。Tr_1 的发射极电位 v_{e1} 比 v_{b1} 要低，$v_{\text{BE}} \approx 0.6\text{V}$）

v_{e1} 的交流成分与 v_{b1} 相同，直流电位是仅比 v_{b1} 低 V_{BE}（0.6～0.7V）。

由于 v_{b1} 与 v_{e1} 交流成分的电平很小，所以照片 9.4 是仅将其交流成分放大之后的波形。可以看出 v_{e1} 的交流成分与 v_{b1} 相同，就是说，v_{e1} 是与 v_i 相同，为 50mV$_{\text{p-p}}$ 的正弦波。

至此的所有波形均与共射极放大电路完全相同。

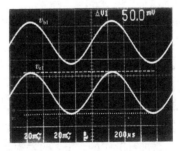

照片 9.4　v_{b1} 与 v_{e1} 的交流成分扩大之后的波形（20mV/div，200μs/div）

（仅将照片 9.3 的交流成分进行了扩大。v_{b1} 与 v_{e1} 都是交流成分为 50mV$_{\text{p-p}}$ 且与 v_i 完全相同的波形）

9.1.3　Tr$_1$ 的工作有些奇怪

照片 9.5 是 Tr$_1$ 的发射极电位 v_{e1} 与集电极电位 v_{c1} 的波形。但是,无论哪个波形都是使用示波器的 AC 输入仅对交流成分进行观察。然而,有些什么奇怪的地方呢?

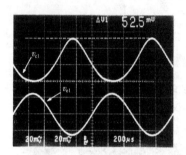

照片 9.5　v_{e1} 与 v_{c1} 的波形

（20mV/div, 200μs/div）

（如果是共发射极电路,v_{c1} 应该是 v_{e1} 乘上增益后的波形。但是 Tr$_1$ 的工作不合乎逻辑）

在共发射极放大电路中,集电极的波形是发射极的波形乘上增益。例如,Tr$_1$ 是共发射极电路,其电压增益 A_v 为 51（$= R_2/R_S$ $=5.1$kΩ/100Ω）。所以,v_{c1} 应该是 50mV$_{p\text{-}p}$ 的 51 倍,即 2.5V$_{p\text{-}p}$ 的信号。

然而,在该电路中却出现了 52.5mV 且稍有失真的正弦波信号。

其秘密在于从输出端用 R_f 与 C_7 将信号返回到 Tr$_1$ 的发射极的负反馈。无论如何,对于 Tr$_1$ 来说,作为共发射极放大电路是不合乎逻辑的。

9.1.4　Tr$_2$ 的工作

照片 9.6 是 Tr$_1$ 的集电极电位 v_{c1}（与 Tr$_2$ 的基极电位相同）与 Tr$_2$ 的集电极电位 v_{c2} 的波形（仅对交流成分进行观察）。

v_{c2} 为 4.7V$_{p\text{-}p}$,是与照片 9.2 的 v_o 完全相同的波形。由此可知,由 C_2 将直流成分切去后的 v_{c2} 就为 v_o 本身。

进而,由于 v_{c1} 直接输入到 Tr$_2$ 的基极,所以 Tr$_2$ 产生的电压增益为 89.5（$=4.7$V$_{p\text{-}p}$/ 52.5mV$_{p\text{-}p}$）（由于 v_{c1} 的波形稍有失真,用峰-峰值求得的增益并不太准确）。

Tr$_2$ 的输入是基极,输出是集电极。放大的基准是发射极,所以也可以认为它是以共发射极放大电路进行工作的。Tr$_2$ 的发射极电阻 R_4 被 C_6 旁路,所以 Tr$_2$ 的发射极电阻交流接地,因此,Tr$_2$ 的电压增益应该为该晶体管所能产生的最大值,几乎与 h_{FE} 的值相同。

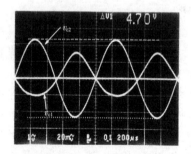

照片 9.6　v_{c1} 与 v_{c2} 的波形

（v_{c1}：20mV/div, v_{c2}:1V/div, 200μs/div）

（在 Tr$_2$ 中,基极电位 v_{c1} 乘上增益后的波形为 v_{c2},与 Tr$_1$ 不同,作为共发射极电路是合乎逻辑的）

实际电压增益也是 89.5 倍,为晶体管的 h_{FE} 的近似值。与 Tr_1 不同,对于 Tr_2 来说,作为共射极放大电路是合乎逻辑的。

9.2 负反馈放大电路的原理

下面,参考前面电路各部分的工作波形,对该电路的工作原理作进一步地研究。

9.2.1 放大级的电流分配

首先,由照片 9.4 可知,Tr_1 的发射极交流成分 v_{e1} 与输入信号 v_i 完全相同。因此,Tr_1 的发射极电阻 R_S 上流动的交流电流 i_s 为:

$$i_s = \frac{v_i}{R_S} \tag{9.1}$$

R_3 由 C_5 旁路,可以认为交流接地。

由于该 i_s 仅由 v_i 决定,所以完全与输出信号 v_o 的大小无关。这就能明了图 9.3 电路工作的关键点。

那么,在照片 9.2 例子的实验电路中,当加入 $v_i = 50\text{mV}_{p-p}$ 的正弦波时,i_s 的具体值为:

$$i_s = \frac{v_i}{R_S} = \frac{50\text{mV}_{p-p}}{100\Omega} = 0.5\text{mA}$$

然而,如果交流地来看图 9.3 的电路,则可以改画成图 9.4。在该图中,由于流过反馈电阻 R_f 的电流 i_f 为电阻上所加的电压 $(v_o - v_i)$ 除以电阻值,所以 i_f 为:

$$i_f = \frac{v_o - v_i}{R_f} \tag{9.2}$$

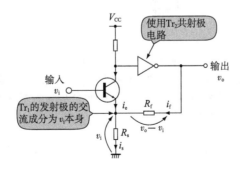

图 9.4 实验电路的交流等效电路

(对于图 9.3 的电路,如果交流地来看,可以简化成这样的电路,即将 Tr_1 的发射极的交流成分认为是 v_i,由此就能求出 i_s 和 i_f。)

而 $v_i = 50mV_{p-p}$ 时,如照片 9.2 所示,$v_o = 4.7V_{p-p}$,所以 i_f 为:

$$i_f = \frac{4.7V_{p-p} - 50mV_{p-p}}{10k\Omega} = 0.465 \text{ mA}$$

这样,i_f 几乎等于 i_s 的值,但是欠缺 0.035mA($= 0.5 - 0.465$),该欠缺部分是由 Tr_1 的发射极流到 R_S 上的电流 i_e。

9.2.2　加上负反馈

在对照片 9.5 与照片 9.6 进行观察时,虽然在前面的说明中可以看出 Tr_2 作为共发射极放大电路是合乎逻辑的。虽然 Tr_1 看起来不合乎逻辑,但是,可以很自然地认为 Tr_1 也恰好将输入电压放大了增益倍。Tr_1 将输入电压放大增益倍的结果是照片 9.5 的 $v_{c1} = 52.5mV_{p-p}$。

加负反馈并不降低电路内放大器的增益,而是在外表上减少放大电路的输入电压或者输入电流,使得整体的增益变小。

在该电路,如果没有加负反馈,则 i_s 都是从 Tr_1 流来的。然而,加了负反馈,如图 9.5 所示,从输出端通过 R_f,以 i_f 的形式提供 i_s 的大部分电流,所以欠缺量很少的电流 i_e 是由 Tr_1 流进的。

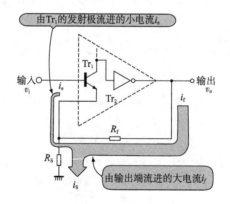

图 9.5　i_i 与 i_e 的关系

(如果不加负反馈,在 R_S 上流动的电流 i_s 都应该从 Tr_1 提供,由于 R_f 而加上负反馈,所以 i_s 的大部分为反馈电流 i_f。由输出信号减小了本身的输入,总的增益得到控制,这就是负反馈的原理)

这里是关键点。将该很少的电流 i_e,以 Tr_1、Tr_2 原来的增益倍放大之后,成为输出电压 v_o。

总之,所谓负反馈电路,可以说是将输出电压或者输出电流返回到输入部分,在外观上减少自己本身的输入电压或者输入电流来控制电路整体增益的电路。

9.2.3 确实是负反馈吗

然而,如将 Tr_1 的发射极电位 v_{e1} 与输出电压 v_o 的相位作一比较,由于 v_{e1} 的交流成分与 v_i 相同,则如照片 9.2 所示,v_{e1} 与 v_i 是同相的(相位差为 0)。

所谓"负反馈"是将反相的信号返回(笔者在学校是这样教的),而正反馈会引起振荡。实际电路如照片 9.2 所示,没有发生振荡,是作为放大电路工作的,所以可以肯定它是负反馈。

此时,考虑不以电压而以电流来工作。

如果输入信号 v_i 是一定值,R_s 上流动的电流 i_s 为 v_i/R_s 也是一定值的交流电流,则如图 9.6 所示,可以认为 R_s 是恒流源。

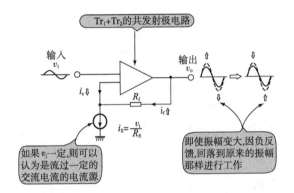

图 9.6 负反馈工作

(在 v_i 为一定的状态,如将 v_o 稍稍增大,则 i_f 增加。由于 i_s 是保持一定的,所以 i_e 减少。放大电路的输入信号 i_e 减少,v_o 也减少,由于加负反馈的原因,回落到原来的振幅)

在该状态下,假设输出电压 v_o 因某种原因而稍稍增大。v_o 增大,则 R_f 上流动的电流 i_f 增加,但是 i_s 与 v_o 没有关系而为一定值,所以,i_e 减少了仅仅是 i_f 增加的量。i_e 减少就如同放大电路的输入信号变小,所以 v_o 进一步减少,回落到原来的振幅。

相反,v_o 变小时,由于 i_f 减少,i_e 增加,导致 v_o 增加,仍然回落到原来的振幅。

这样,图 9.6 的电路是以 v_o 保持一定值那样进行工作的,所以可以认为仍然加了负反馈。

9.2.4 求电路的增益

那么,依照求图 9.4 的 i_e 值的方法,来求一下该电路的增益。

　　如图 9.7 所示,考虑一下去掉负反馈的状态。图 9.3 电路的输出阻抗几乎为 0Ω(原因后述),为使由 Tr_1 的发射极见到的电阻在加上反馈时和去掉反馈时相一致,将 R_f 的输出端接地。

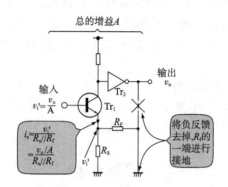

图 9.7　去掉负反馈后的情况

(将 R_f 的一端接地,去掉负反馈。在该电路中,v_o 与加负反馈时的值一样时,Tr_1 的发射极电流 i_e 与加负反馈时的值相同)

　　此时,如设 Tr_1 与 Tr_2 串联连接时的总增益为 A,则 Tr_1 基极的输入电压 v_i' 为:

$$v_i' = \frac{v_o}{A}$$

　　在晶体管的发射极出现的交流成分与基极的交流成分相同。故 Tr_1 的发射极电位也为 v_i'。

　　另一方面,由于 R_f 的一端接地,所以从 Tr_1 的发射极看到的电阻为 R_s 与 R_f 并联的值 $R_s /\!/ R_f$。因此,Tr_1 的发射电流 i_e(显然是交流成分)是发射极电位除以电阻的值,即

$$i_e = \frac{v_i'}{R_s /\!/ R_f} = \frac{v_o/A}{R_s /\!/ R_f} = \frac{v_o}{A} \cdot \frac{R_s + R_f}{R_s \cdot R_f} \tag{9.3}$$

　　加了负反馈时,由于 Tr_1 与 Tr_2 是以原来的增益进行工作,所以由式(9.3)求得的电流 i_e 也可以认为在 Tr_1 的发射极上流动。

　　还有,如图 9.5 所示,由于将 i_f 与 i_e 相加后的电流为 i_s,所以

$$i_s = i_f + i_e \tag{9.4}$$

的关系成立。

　　将式(9.1)式(9.2)式(9.3)代入式(9.4),则有

$$\frac{v_i}{R_s} = \frac{v_o - v_i}{R_f} + \frac{v_o}{A} \cdot \frac{R_s + R_t}{R_s \cdot R_f} \tag{9.5}$$

求解该式,则为

$$\frac{v_o}{v_i} = \frac{A}{1 + \dfrac{R_s}{R_s + R_f}A} \tag{9.6}$$

总之,加上负反馈后,图 9.3 电路总的交流电压增益 A_v 可由没有加负反馈时的电路增益 A(称为裸增益或者开环增益)及 R_s、R_f 来确定。

在这里,对式(9.6)的分子分母用 A 来除,则

$$A_v = \frac{v_o}{v_i} = \frac{1}{\dfrac{1}{A} + \dfrac{R_s}{R_s + R_f}} \tag{9.7}$$

如果 A 十分大,即 $1/A \approx 0$,则式(9.7)可以简化为

$$A_v \approx \frac{R_s + R_f}{R_s} \tag{9.8}$$

在图 9.3 电路中,$R_s = 100\Omega$,$R_f = 100\mathrm{k}\Omega$。所以 $A_v = 101$,与由照片 9.2 求得的电压增益 97 几乎相一致。由式(9.8)求得的增益与实际的增益(由式(9.6)求得)的误差为 10% 以下,因此式(9.8)是非常实用的。

9.2.5 反馈电路的重要式子

在这里,令式(9.6)的 $R_f/(R_s + R_f)$ 为 β,则 A_v 可以表示为:

$$A_v = \frac{A}{1 + \beta A} \tag{9.9}$$

该 β 称为反馈率,它表示有多少输出返回到输入的比率。

出于更简单地考虑,可以认为 β 是裸增益 A 为无限大时电路设定增益的倒数(由式(9.8)可知,$\beta = 1/A_v$)。

式(9.9)是非常重要的式子,它表示加反馈时的增益 A_v 与电路的裸增益 A 的关系。它不仅运用于在这里进行实验的电路,而且对使用 OP 放大器的负反馈电路等所有的反馈电路都能适用(也能够使用到振荡电路那样的正反馈电路中)。

在本章进行实验的电路中,由式(9.8)简单求得的增益($=101$)与照片 9.2 求得的实际增益($=97$)也有差别。在今后的计算中,应当先测量电路的裸增益,然后由式(9.9)来进行正确的计算。

9.3 设计负反馈放大电路

本节将对图 9.3 负反馈放大电路进行实际设计。下表表示的是电路的设计规格。

负反馈放大电路的设计规格

电压增益	100 倍(40dB)
最大输出电压	$5V_{p\text{-}p}$
频率特性	—
输入输出阻抗	—

在这个简单规格中,除了对电压增益与最大输出电压有具体要求以外,对其他指标无任何要求。

9.3.1　电源周围的设计与晶体管的选择

即使是使用两只晶体管的负反馈放大电路,其电源电压也完全与共发射极放大电路时一样,取比最大输出电压(峰-峰值)与发射极上的压降(1V 以上)的和还稍大一些的值。因此,该电路的电源电压 V_{ec} 有必要取在 6V 以上($=5V_{p\text{-}p}+1V$),在这里取 15V。

因为电源电压是 15V,在 Tr_1、Tr_2 的集电极-基极间和集电极-发射极间有可能加上最大达 15V 的电压。所以,必须选择集电极-基极间最大额定值 V_{CBO} 与集电极-基极间最大额定值 V_{CEO} 在 15V 以上的晶体管。

因此,Tr_1 选用常规的通用小信号晶体管 2SC2458(东芝),而 Tr_2 就选用 2SC2458 的互补对——性能相似、极性相反的一对晶体管 2SA1048(东芝)。

表 9.1 表示的是 2SA1048 的电特性。显然使用 Tr_1,Tr_2 任何档次的 h_{FE} 都可以。在这里使用 GR 档。

表 9.1　2SA1048 的特性

(2SC2458 的互补对,是典型的 PNP 型通用小信号晶体管)

(a)**最大规格**(T_a=25℃)

项　目	符　号	规　格	单位
集电极-基极间电压	V_{CBO}	−50	V
集电极-发射极间电压	V_{CEO}	−50	V
发射极-基极间电压	V_{EBO}	−5	V
集电极电流	I_C	−150	mA
基极电流	I_B	−50	mA
集电极损耗	P_C	200	mW
结温	T_j	125	℃
储存温度	T_{stg}	-55～125	℃

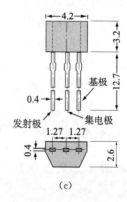

(c)

(b)**电特性**($T_a=25℃$)

项 目	符 号	测 试 条 件	最小	标准	最大	单位
集电极截止电流	I_{CBO}	$V_{CB}=-50V,I_E=0$	—	—	-0.1	μA
发射极截止电流	I_{EBO}	$V_{EB}=-5V,I_C=0$	—	—	-0.1	μA
直流电流放大系数	h_{FE}(注)	$V_{CE}=-6V,I_C=-2mA$	70	—	400	
集电极-发射极间饱和电压	$V_{CE(sat)}$	$I_C=-100mA,I_B=-10mA$	—	-0.1	-0.3	V
转移频率	f_T	$V_{CE}=-10V,I_C=-1mA$	80	—	—	MHz
集电极输出电容	C_{ob}	$V_{CB}=-10V,I_E=0,f=1MHz$	—	4	7	pF
噪声指数	NF	$V_{CE}=-6V,I_C=-0.1mA,f=1kHz,R_g=10k\Omega$	—	1.0	10	dB

注:h_{FE}分类 O:70~140,Y:120~240,GR:200~400

另外,对于 Tr_2 虽然使用了 Tr_1 的互补对的晶体管,但是完全没有必要是对管。仅在通用 PNP 型晶体管的意义上,选用了 2SA1048。对于这样的电路,无论哪种 PNP 晶体管都应该工作。

9.3.2 NPN 与 PNP 进行组合的理由

在前述中,Tr_2 是 PNP 型晶体管,当然也使用 NPN 晶体管。此时的电路如图 9.8所示。

但是,将多级同极性的晶体管级联起来时,由于偏置电压的极性相同,在直流电位关系上变得难办(不能取得最大输出电压),所以,通常如果初级是 NPN,则次级为 PNP,再下一级为 NPN⋯⋯,交替地将极性不同的晶体管组合起来使用。

关于 Tr_1、Tr_2 的集电极电流,如在最大额定值以下,无论数毫安都可以,但是在紧靠近额定值的附近来使用并不太好。

现在重新回到图 9.3,设 Tr_1 的集电极电流 Ic_1 刚好为 1mA,Tr_2 的集电极电流 Ic_2(考虑到由输出端取出电流)取得稍为大一些为 3mA(Tr_2 的集电极电流

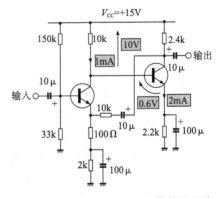

图 9.8 将第 2 级用 NPN 晶体管的电路

(图 9.3 电路的第 2 级使用 PNP 型晶体管,但是也可以使用 NPN 来组装电路。但是,由于直流电位关系变得麻烦,所以 NPN 与 PNP 交替地使用只是理论上的事)

的一部分成为由输出端供给负载的电流)。

9.3.3　决定 $R_S + R_3$ 与 R_2

在决定 Tr_1 发射极电流 I_E 的电阻 $R_S + R_3$ 上,设所加的电压为 2V(如不在 1V 以上,则发射极电流的温度稳定性变坏)。

如果略去晶体管的基极电流,则 $I_E = I_{C1}$,所以为了使 $I_{E1} = I_{C1} = 1mA$,故有

$$R_S + R_3 = \frac{2V}{1mA} = 2k\Omega$$

R_2 的值取得越大,Tr_1 的共发射极电路的增益就越大(因为共发射极电路的增益为集电极电阻÷发射极电阻)。

由式(9.7)可知,电路的裸增益越大,由式(9.8)所求得的增益越接近于由式(9.7)求得的值。因此,需尽可能地提高 R_2 来增加裸增益。

然而,Tr_2 的基极是直接连接到 Tr_1 的集电极上的,所以增大 R_2,R_2 上的压降也变大,Tr_2 的集电极电位过于接近 GND 侧,不能取出最大输出电压。

因此,在这里取 R_2 的电压降 $I_{C1} \cdot R_2$ 为 5V。这样,Tr_2 的发射极与 GND 间的电压为 10V,在理论上能够取出 $10V_{p-p}$ 的最大输出电压。因此,R_2 的值为:

$$R_2 = \frac{5V}{I_{C1}} = \frac{5V}{1mA} \approx 5.1k\Omega(符合 E24 系列的值)$$

9.3.4　决定 R_4 与 R_5

$R_2 = 5.1k\Omega$,R_2 的压降为 5.1V。这个 5.1V 加在 Tr_2 的基极与电源之间,故令 $V_{BE} = 0.6V$,则加在 R_4 上的电压为 4.5V(=5.1V−0.6V)。

设 Tr_2 集电极电流 I_{C2} 为 3mA,因 $I_{C2} \approx I_{E2}$,则

$$R_4 = \frac{4.5V}{I_{C2}} = \frac{4.5V}{3mA} = 1.5k\Omega$$

R_5 是决定 Tr_2 增益的电阻,因为 R_4 被 C_6 旁路,所以无论取多大,Tr_2 都是最大增益(显然,Tr_2 增益的增大是由于提高了裸增益使得式(9.7)≈式(9.8)的缘故)。所以,在决定 R_5 的值时,没有必要考虑 Tr_2 的增益,仅考虑满足最大输出电压就可以。

Tr_2 的发射极电位是 10.5V(=$V_{CC} - I_{E2} \cdot R_4$ =(15V−3mA×1.5kΩ)),所以为了使输出振幅更大,取 R_5 的压降为 5V。因此 R_5 的值

$$R_5 = \frac{5V}{I_{C2}} = \frac{5V}{3mA} \approx 1.5k\Omega$$

R_5 的压降,即 Tr_2 的集电极电位几乎取为 Tr_2 的发射极电位(10.5V)与 GND

的中间值 5V。所以能得到 $10V_{p-p}$ 的最大输出电压(上下各偏离 5V),充分满足设计规格。

另外,就满足设计规格而言,没有必要特别设定在上述的中间电位。

决定 Tr_1 的集电极电阻 R_2 时,没有考虑 Tr_1 的最大输出电压,从照片 9.5 可知,这是由于集电极出现的信号振幅太小的缘故。在 Tr_2 的情况下,就不能这样,因为集电极信号直接地成为输出信号。

9.3.5 决定 R_f、R_s 与 R_3

R_f 是决定电路增益的重要反馈电阻。R_f 的值因为与电路的输出阻抗有关系,所以不能取得太小(R_f 接在输出端,从放大器来看与负载一样)。

如该电路所示,在共发射极电路集电极直接作为输出的电路结构情况下,R_f 的范围是数千至数十千欧。这里取 $R_f = 10k\Omega$。

由设计规格可知,电路的增益必须是 100 倍,将式(9.8)进行变形为:

$$R_s = \frac{R_f}{A_v - 1} = \frac{10k\Omega}{100 - 1} \approx 100\Omega$$

为了使 Tr_1 的发射极电流为 1mA,必须取 $R_s + R_3 = 2k\Omega$。所以,R_3 为:

$$R_3 = 2k\Omega - R_s = 2k\Omega - 100\Omega \approx 2k\Omega$$

9.3.6 决定偏置电路 R_1 与 R_6

因为 $V_{BE} = 0.6V$,所以为了使 Tr_1 的发射极直流电位($R_s + R_3$ 的压降)为 2V,Tr_1 的基极电位必须取 2.6V。

由于 Tr_1 的基极电位是由电源电压用 R_1 与 R_6 进行分压之后的电压,所以取 R_6 的压降为 2.6V,R_1 的压降为 12.4V($= 15V - 2.6V$)就可以了。

对于 R_1 与 R_6,为了略去基极电流的影响,在 R_1 与 R_6 上希望流过基极电流 10 倍的电流,所以 R_1 与 R_6 上流过的电流取为 0.1mA(设 h_{FE} 为 100,则 Tr_1 的基极电流为 1mA/100 $=$ 0.01mA)。

所以,它们的值分别为:

$$R_1 = \frac{12.4V}{0.1mA} = 124k\Omega$$

$$R_6 = \frac{2.6V}{0.1mA} = 26k\Omega$$

在不改变 R_1 与 R_6 之比的前提下,从 E24 系列中选择电阻值,则取为 $R_1 = 150k\Omega$,$R_6 = 33k\Omega$(与第 8 章的渥尔曼电路稍有不同)。

上面求得的直流电位关系表示在图 9.9 中。

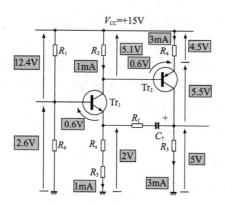

图 9.9　设计出的电路的直流电位关系

（为了计算直流电压与电流，令 $V_{BE}=0.6$V 就可以。决定该电路的电位的关键是 R_2 的压降不要太大。如不是这样则 Tr_2 的最大输出电压就变小）

9.3.7　决定电容 $C_1 \sim C_4$

C_1 与 C_2 是将直流电压切去的耦合电容。这里取 $C_1=C_2=10\mu$F。

因此，C_1 与电路的输入电阻（$=R_1 /\!/ R_0=27$kΩ）形成高通滤波器的截止频率 f_{cl1} 为：

$$f_{cl1}=\frac{1}{2\pi CR}=\frac{1}{2\pi \times 10\mu F \times 27k\Omega}$$
$$=0.6\text{Hz}$$

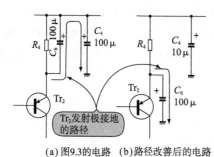

(a) 图9.3的电路　(b) 路径改善后的电路

图 9.10　C_4 与 C_6 的关系

（在图(a)中，Tr_2 发射极接地的路径是串联地通过 C_6 与 C_4，所以有必要加大 C_4 的值。在图(b)，由于 C_6 直接接地，Tr_2 的发射极接地路径没有经过 C_4，所以 C_4 的值小也可以）

C_3 与 C_4 是电源的去耦电容，取 $C_3=0.1\mu$F，$C_4=100\mu$F。C_4 不是取常用的 10μF，而是取大的 100μF，这是由于用 C_6 将 R_4 与电源旁路的缘故。

虽然认为电源的电阻与 GND 一样，C_4 应该对电源进行旁路，但是对于 GND 来说，如图 9.10(a)所示，C_6 与 C_4 串联接地，所以 C_4 的值必须要比 C_6 的值大些，或者至少是相同的电容量。

为此，C_4 与 C_6 都取 100μF。顺便地说一下 C_6，如图 9.10(b)那样来连接的话，则 C_6 直接接在 GND 上，所以即使 C_4 的值小些也可以。

但是，在低频电路中，增大 C_4 的值是常识。所以,经常使用图 9.10(a) 的方法(若采用图 9.10(b) 方法,则 C_6 必须是大容量且耐压高的电容器)。

9.3.8 决定电容 $C_5 \sim C_7$

C_5 是使 $\mathrm{Tr_1}$ 的交流发射极电阻成为 R_s 本身值,对 R_3 进行旁路的旁路电容。

在渥尔曼电路那一章中已说明过,C_5 与 R_s 形成高通滤波器。为了降低截止率,必须充分减低 R_s 的交流阻抗。这里取 C_5 为 $100\mu\mathrm{F}$ 稍大的值。

因此,C_5 与 R_s 形成的高通滤波器的截止频率 f_{cl2} 为:

$$f_{cl2} = \frac{1}{2\pi CR} = \frac{1}{2\pi \times 100\mu\mathrm{F} \times 100\Omega} = 16\,\mathrm{Hz}$$

C_6 是为了充分提高 $\mathrm{Tr_2}$ 的增益,将 R_4 旁路使得 $\mathrm{Tr_2}$ 交流发射极电阻为 0Ω 的旁路电容。仍然要选相对于 R_4 的交流阻抗非常小的值,所以在这里与 C_5 一样,取 $C_b = 100\mu\mathrm{F}$ 的稍大一些的值。

C_7 是将 $\mathrm{Tr_2}$ 的集电极直流部分切断,仅让交流成分通过 R_f 进行反馈用的电容器。相对于 R_f,其交流阻抗要非常低。这里取 $C_7 = 10\mu\mathrm{F}$。

9.4 负反馈放大电路的性能

9.4.1 测量输入阻抗

照片 9.7 是利用第 2 章图 2.14 所示的方法,表示 v_s 与电路输入信号 v_i 的波形,其中,信号源电压 $v_s = 50\mathrm{mV_{p-p}}$,串联电阻(即信号源电阻)$R_s = 27\mathrm{k}\Omega$。

从 $v_i = 25\mathrm{mV_{p-p}}$ 为 v_s 的 1/2 可知,输入阻抗 Z_i 与 R_S 相同,为 $27\mathrm{k}\Omega$。

该值是 R_1 与 R_6 并联连接的值,与没有加负反馈的普通共发射极放大电路的结果完全相同。

如该电路所示,从输出端加反馈到输入端晶体管($\mathrm{Tr_1}$)发射极的电路中可以知道,加反馈也好,不加反馈也好,输入阻抗都没有变化。但是,随着加反馈的方法不同,输入阻抗有所变化。

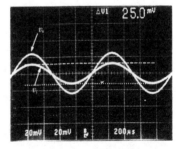

照片 9.7 输入阻抗的测定

$(20\mathrm{mV/div}, 200\mu\mathrm{s/div})$

(在输入端插入串联电阻 $R_S = 27\mathrm{k}\Omega$,对信号源电压 v_s 与电路的输入信号 v_i 进行比较。由于 v_i 为 v_s 的 1/2,所以输入阻抗与 R_S 相同,为 $27\mathrm{k}\Omega$,即使加负反馈,输入阻抗也没有变化)

9.4.2 测量输出阻抗

照片 9.8(a)是无负载、输入信号 $v_i = 10\text{mV}_{\text{p-p}}$ 时的输入输出波形。照片 9.8(b)同样是 $v_i = 10\text{mV}_{\text{p-p}}$，输出端有 $R_1 = 1.5\text{k}\Omega$ 负载时的输入输出波形。

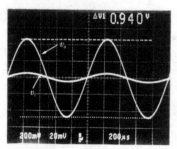 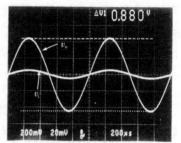

(a) 无负载时的输入输出波形
(v_i:20mV/div, v_o:200mV/div,200 μ s/div)
(b) R_2=1.5kΩ时的输入输出波形
(v_i:20mV/div, v_o:200mV/div,200 μ s/div)

照片 9.8　输出阻抗的测定

(无负载时的输出电压与接有负载时的输出电压进行比较，由电压下降量计算出输出阻抗 Z_o。结果 $Z_o = 102\Omega$。如果不加负反馈，Z_o 应是 R_s 本身值 1.5kΩ。这就是负反馈的贡献)

如图 9.11 所示，接有负载时，电压的下降量可以认为是由于输出阻抗 Z_o 所产生的，则该电路的输出阻抗为 $Z_o = 102\Omega$。

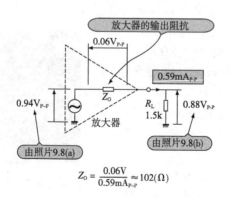

$$Z_o = \frac{0.06\text{V}}{0.59\text{mA}_{\text{P-P}}} \approx 102(\Omega)$$

图 9.11　实验电路的输出阻抗的求法

(根据无负载时的输出电压与接有负载时的输出电压，就能求得电路的输出阻抗。
该电路的输出阻抗为 102Ω，是非常小的值)

共发射极电路的输出阻抗为集电极电阻值的本身，但是当加上负反馈时，这种电路的输出阻抗大大地下降。

那么,加上负反馈,输出阻抗下降了多少呢? 输出阻抗仅仅下降了这么一部分,即加上反馈后的最终增益,也称为闭环增益与裸增益之差。

例如,在没有加负反馈时的 Z_o 为 $10\text{k}\Omega$,裸增益为 60dB,加了反馈后增益为 20dB 的电路中,Z_o 为 $-40\text{dB}(=20\text{dB}-60\text{dB})$,即 Z_o 为没有加反馈时的 $1/100(=-40\text{dB})$ 即 100Ω。

这是负反馈的最大优点。所以,突然地增大裸增益,而又加上负反馈的话,输出阻抗能够大大地下降。

相反,想增大闭环增益时,如果没有预先某种程度地增加裸增益,输出阻抗不可能下降,这种情况要加以注意。

9.4.3　放大度与频率特性

图 9.12 表示的是低频($1\sim10\text{kHz}$)范围内电压增益的频率特性。

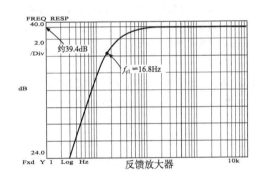

图 9.12　实验电路低频范围的频率特性

(电路的电压放大度约 39.4dB,低频截止频率 f_{cl} 为 16.8Hz。这是 R_S 与 C_S 形成的高通滤波器的截止频率本身的值)

当对设计出的电路进行正确的电压增益测量时,在 10kHz 的点处,电压增压约为 39.4dB,即 93.3 倍,比设计值的 101 倍约低 8%。这是由于假定电路的裸增益十分大,而使用式(9.8)进行计算的缘故。

观察图 9.12 可知,低频截止频率 f_{cl1} 为 16.8Hz。这与用式(9.11)计算的 R_S 与 C_5 形成的高通滤波器的截止频率 $f_{cl2}=16\text{Hz}$ 几乎完全一致。

用式(9.10)求得的 C_1 与输入阻抗形成的高通滤波器的截止频率 f_{cl1} 要比 f_{cl2} 低一个数量级,在这个图上不能看到。

9.4.4　正确的裸增益

如前面规定的那样,让我们对裸增益进行测量,然后代入式(9.6),对电路正确的增益进行一下计算。

图 9.13 是去掉负反馈之后的频率特性(将图 9.3 的 R_f 的输出端一侧,如图 9.7那样接到 GND 上)。

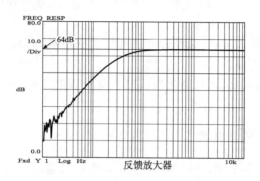

图 9.13　去掉负反馈后的电路的频率特性

(去掉负反馈后的增益即裸增益为 64dB,是较大的值。闭环增益约 40dB,所以差 24dB 转到负反馈,就带来各种好处)

由该图可知,这是没有加负反馈时的增益,即裸增益约为 64dB(1585 倍)。将该裸增益应用到式(9.6),来计算电路的正确的增益,则为

$$A_v = \cfrac{A}{1 + \cfrac{R_S}{R_S + R_f} A} = \cfrac{1585}{1 + \cfrac{100\Omega}{100\Omega + 10k\Omega} \times 1585}$$

$$= 94.9 \text{ 倍}$$

$$= 39.5\text{dB}$$

与实测值的 39.4dB(即 93.3 倍)几乎一致。使用式(9.6)来考虑裸增益,就能够正确地计算增益。

9.4.5　高频范围的特性

图 9.14 是高频范围(100kHz~100MHz)的电压增益与相位的频率特性。

从该图可知,高频截止频率 f_{ch} 约为 3.3MHz。尽管电压增益也获得近 40dB,而频率特性却一直很好地扩展到高频范围。

为了将该特性与没有加负反馈的电路作比较,与图 9.3 一样,使用晶体管组成如图 9.15 所示的电路,即将增益为 20dB 的共发射极放大电路两级级联起来的电路。

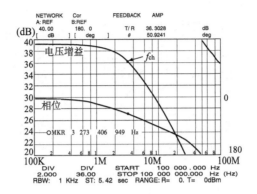

图 9.14　实验电路的高频范围的频率特性

（高频截止频率 f_{ch} 约为 3.3MHz，获得 40dB 左右的增益是很好的值）

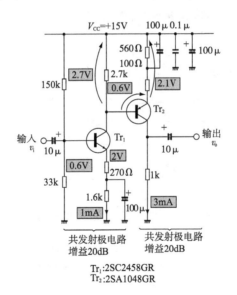

图 9.15　将共发射极电路两级级联后的电路

（制作这样的电路来看一下，将增益为 20dB 的共发射极电路两级级联（总的增益为
20＋20＝40dB）。与加上负反馈的电路相比较，频率特性是怎么样的）

图 9.16 是图 9.15 电路的频率特性。f_{ch} 约为 800kHz，与图 9.14 相比较，约为
1/4。可知，加上负反馈也能改善频率特性。这也是负反馈的优点之一。

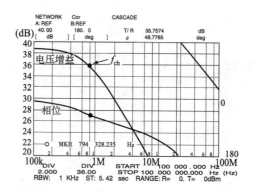

图 9.16　图 9.15 电路的频率特性

（没有加上总的负反馈，共发射极电路两级级联后的电路的 f_{ch} 为 800kHz，与图 9.14 相比约为 1/4。加上负反馈也能改善频率特性）

　　图 9.17 是由图 9.3 改进后的电路，改变 R_f 的值，分别将闭环增益减少为 40dB、30dB 和 20dB 时，得到电压增益的频率特性。

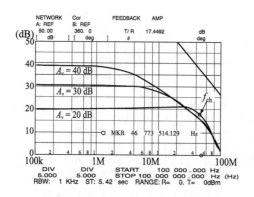

图 9.17　在实验电路，改变增益后的频率特性

（将闭环增益变小，则高频特性不断扩展，在 Av＝20dB 时，扩展到 $f_{ch} \approx 46.8$MHz）

　　由此可知，闭环增益越小，越能扩展高频特性。特别要指出，在 A_v＝20dB 时，在特性上稍稍出现峰，f_{ch} 扩展到约 46.8MHz。尽管 Tr_1 和 Tr_2 使用的是通用的一般型晶体管，但负反馈的威力还是非常明显地显现出来。

9.4.6　观察噪声特性

　　图 9.18 是输出端的噪声频谱，它是将图 9.3 电路的输入端与 GND 短路后测出的。与在第 8 章测得的渥尔曼电路的噪声频谱（第 8 章的图 8.17）相比较，噪声

要多出 20dB。这是由于图 9.3 电路的增益是 40dB,刚好比渥尔曼电路的增益大 20dB 的缘故。

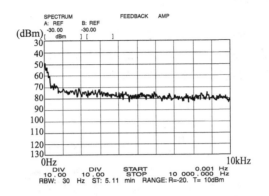

图 9.18 负反馈放大电路的噪声特性

(噪声曲线的底部为−80dBm,稍大一些,这是由于电压增益为 40dB 的缘故)

图 9.19 是在图 9.3 电路中,改变 R_f 的值,分别将闭环增益减少至 40dB、30dB 和 20dB 时的噪声频谱(注意,纵轴与图 9.18 不同)。

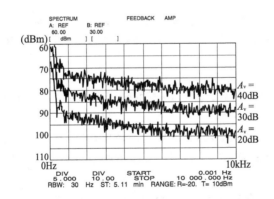

图 9.19 改变增益后的噪声特性

(闭环增益每减少 10dB,噪声也各变小 10dB。这是由于闭环增益减少的量成为负反馈增加的量的缘故。负反馈也改善噪声特性)

由此可知,当增益各减少 10dB 时,噪声刚好各减少 10dB。可以这样认为,当闭环增益变小(由于裸增益是一定的)时,该减少的量正好等于负反馈的增加量,因此,能够改善噪声特性。

这就是说,加上负反馈也可以改善噪声特性。

9.4.7　总谐波失真率

总谐波失真率与输出电压的关系曲线表示在图 9.20 中(信号频率为 1kHz)。该曲线与图 2.25 的共发射极放大电路的曲线相比,要好两个数量级。这是由于负反馈也能改善电路的直线性,即失真率的缘故。

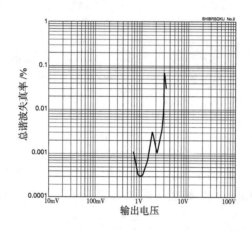

图 9.20　总谐波失真率与输出电压的关系

(与在第 2 章实验的共发射极电路相比,失真率要好两个数量级。这也是借助于负反馈的"力量")

虽然,输出信号的失真变得很好,但电路内的波形,如照片 9.6 观察到的那样是有些失真的。

可以这样认为,输出波形(Tr₂ 的集电极输出)的失真因负反馈而得到改善是由于产生一个失真,该失真与在 Tr₂ 本身产生的失真成分相反,又抵消了 Tr₂ 产生的失真。

在电路内产生一个与本身失真的相反成分来破坏失真,真像是生物免疫系统一样。

图 9.21 是在图 9.3 电路中,将 R_f 的值变为 5kΩ,使闭环增益为 34dB(＝50 倍)时的总谐波失真率的特性。由于闭环增益下降了 6dB,这部分量转移到负反馈,所以总谐波失真率下降了 6dB,即失真率应该是 1/2。将图 9.21 与图 9.20 相比较可知,虽然在所有的点上,失真率不能改善 6dB,但是总体上失真率得到了改善。

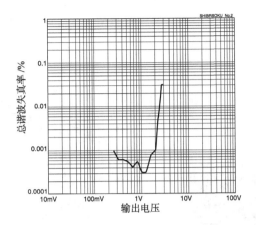

图 9.21 闭环增益下降 6dB 后的总谐波失真率

（由于闭环增益下降 6dB，这部分增加到负反馈量，与图 9.20 相比，失真率进一步得到改善）

根据这种增加负反馈量改善失真率的理由，在 HiFi(High Fidelity，高保真)声频放大器中，将裸增益做到非常高，几乎将其全部转换成负反馈，由此而得到超低失真特性(也有失真率为 0.0001% 的放大器)。

9.4.8 将 Tr_1 换成 FET

在图 9.3 的电路中，Tr_1 和 Tr_2 使用的都是双极型晶体管，但是 Tr_1 也常有使用 FET 的(过去录音机用的 R1AA 平衡放大器和音调控制电路就是使用这种晶体管的电路)。

由于 FET 的栅极上几乎没有电流流动，所以可以增大偏置电路的电阻，结果就能够增大电路的输入阻抗。因此，对阻抗大的信号源，例如麦克风和录音机拾音头等的输出进行放大时发挥作用。

与双极型晶体管相比，FET 的增益低，使用 FET 电路的裸增益也很低。与使用双极型晶体管的电路相比，使用 FET 的电路，闭环增益相同(负反馈量变小的原因)，但在输出阻抗、频率特性、噪声和失真等能用负反馈改善的所有特性方面都会变得差。

照片 9.9 是图 9.3 电路的 Tr_1 换成通用小信号 JFET 2SK330Y 后的输入输出波形(输入信号与照片 9.2 相同，为 $v_i = 50\text{mV}_{\text{p-p}}$)。由于输出信号为 $3.9\text{V}_{\text{p-p}}$，电压增益为 78 倍，即 37.8dB，所以与照片 9.2 相比可知，增益降得相当低。

其原因是由于 FET 的增益低，使电路的裸增益下降，进而引起负反馈量变小。

图 9.22 是在初级使用了 FET 的双管负反馈放大电路。该电路使用正负电

源。将偏置电路简化为一个电阻。取该电阻值为 $2.2M\Omega$,将电路的输入阻抗设定在非常高的值上。

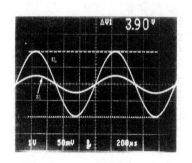

照片9.9　将 Tr_1 换成 2SK330 后的
输入输出波形

(v_i:50mV/div,v_0:1V/div,200μs/div)在图 9.3 电路中,将晶体管 Tr_1 2SC2458 换成 JFET2SK330,由于 FET 的增益小,所以减少负反馈量,这样闭环境益就变小)

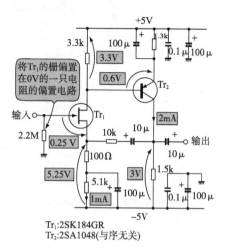

Tr_1:2SK184GR
Tr_2:2SA1048(与序无关)

图9.22　在初级使用 FET 的双管负
反馈放大电路

(在初级使用 FET 就能增大偏置电路的阻抗。在该电路中,使用正负电源,对 FET 的偏置电路进一步简化为一只电阻。输入阻抗为 $2.2M\Omega$。但是 FET 单管的增益很小,所以必须注意负反馈小)

由于设 FET 的栅偏置电压为 0V(用 $2.2M\Omega$ 的电阻接地,所以栅的直流电位为 0V),所以取消了输入部分的耦合电容。

电路的输入阻抗如此之高,即使信号源阻抗高到某种程度也没有关系。但是,因为在初级使用 FET,裸增益变低,所以在噪声和失真率等方面或许会有些不利影响。

9.5　负反馈放大电路的应用电路

9.5.1　低噪声放大电路

图 9.23 是电压增益为 30dB 的低噪声放大电路。与通用 OP 放大器相比,噪声要低 10~20dB,所以可以直接用于将话筒来的信号进行放大的话筒放大器,对模拟录音机来的信号进行拾音的 MC 拾音器用的前置放大器(对 RIAA 平衡放大器必要的信号电平进行放大),以及各种传感器的前置放大器等。

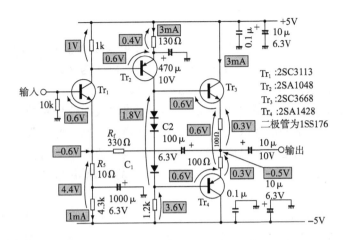

图 9.23 低噪声放大电路

该电路的特点是使用正负双电源而不需要输入侧的耦合电容；为了降低反馈电路的阻抗，增加了推挽发射极跟随器，从该发射极跟随器输出，把负反馈加到初级的发射极上。

之所以要降低反馈电路的阻抗，是为了使电路低噪声化。顺便提一下，电路的低噪声化有以下三种方法：

① 使用低噪声的放大器件（晶体管，FET，OP 放大器等）。这是显而易见的重要方法。

② 为了减少由电阻产生的热噪声，电路要进行低阻抗化。无源元件电阻也产生称为热噪声的噪声。电阻值越高，热噪声越大（温度越高，热噪声也越大）。为此，如果电路进行低阻抗化，就成为低噪声电路。

③ 为了减少噪声的总功率，将频带变窄。从晶体管、FET 和 OP 放大器等有源元件产生各种噪声。但是，在这些噪声中，在频带上均匀分布的噪声（热噪声、散粒噪声等）可以通过限制电路频带宽度的方法来减少噪声的总量。

在图 9.23 的电路中，使用上述②提到的方法，降低反馈电路的电阻值，以减少来自反馈电路电阻本身产生的热噪声。

电路的设计方法基本上与图 9.3 所示电路相同。

关于各部分的直流电位，由于 Tr_1 的基极用 $10k\Omega$ 电阻对地进行偏置（Tr_1 的基极电位设定为 0V），Tr_1 的发射极电位为 $-0.6V$。如注意到这一点来进行设计就可以了。

还有，推挽发射极跟随器的偏置电压利用的是在 Tr_2 的集电极上插入的 3 个二极管的正向压降。为此，在 Tr_3 与 Tr_4 的基极-基极间加上 $1.8V(=0.6V×3)$，所以在 Tr_3 与 Tr_4 的发射极-发射极间加上 $0.6V$ 即 $1.8V$ 减去各自晶体管的 V_{BE} 之后的电压(＝1.8V－0.6V－0.6V)。

因此,改变 Tr_3 与 Tr_4 的发射极电阻值,就能够设定无信号时流动的发射极电流的希望值。在该电路中,因为希望设定的发射极电流为 3mA,所以 Tr_3 与 Tr_4 的发射极电阻分别取为 $100\Omega(＝(0.6V/3mA)/2)$。

在电阻负载发射极跟随器的情况下,必须预先增大无信号时的发射极电流(电流被发射极电阻所限制的缘故)。但在该电路那样的推挽发射极跟随器的情况下,由于不存在限制输出电流的电阻,所以不管输出电流的大小如何,无信号时的发射极电流不一定为这种程度的大小(在图 9.23 的电路中为 3mA,通常为 1 至数毫安)。

如前面已说过那样,反馈电路的电阻 R_f 与 R_s,其电阻值越低,噪声就越小。当从放大器的输出端看去,R_f 为负载(因为 R_f 上流动的电流是从输出端提供的),R_f 的值取得太小,则输出端提供的电流变得过大。发射极跟随器不能够驱动 R_f。

因此,R_f 的值是由发射极跟随器能提供的最大电流与最大输出电压来决定的(如输出电压变大,则 R_f 上流动的电流也变大)。

通常在图 9.23 电路中使用的推挽发射极跟随器的最大输出电流为±数十毫安(随发射极电阻的值和使用的晶体管 h_{FE} 等而变化)。

在图 9.23 中,若最大输出电流取为 ±20mA,最大输出电压取为 ±3V。则 R_f 必须取 $150\Omega(＝3V/20mA)$ 以上的值。在这里稍留一些富裕量,取为 $R_f＝330\Omega$。

另一方面,电路的增益由 R_s 与 R_f 决定,所以设 $R_s＝10\Omega$,电压增益就设定为 $30dB(\approx 20\log((10\Omega＋330\Omega)/10\Omega))$。

然而,如该电路所示,当 R_f 和 R_s 的值小时,就必须增大 C_1 和 C_2 的值。这是由于 R_s 和 C_1 形成的低通滤波器,R_f 与 C_2 形成高通滤波器的截止频率变高,不能够对低频信号以设定的增益进行放大的缘故。在图 9.23 中,设 $C_1＝1000\mu F$,$C_2＝100\mu F$,截止频率是非常低的(各自的截止频率为 $1/(2\pi C_1 R_s)$,$1/(2\pi C_2 R_f)$)。

为了进一步对该电路进行低噪声化,可以对初级的 Tr_1 用 2SC1844(NEC)和 2SC3329(东芝)等的低噪声晶体管来代替(前面已说过的低噪声化方法之①)。

但是,为了 100% 的发挥低噪声晶体管的性能,发射极电流的设定值是很重要的。查看一下数据手册,将发射极电流设定在噪声指数 NF(Noise Figure 表示在该器件中发生噪声数量的一个参量)最小的电流值就可以(晶体管的噪声指数也受信号源电阻值的影响)。

9.5.2　低频端增强电路

图 9.24 是在立体声音质控制电路等使用的低频端增强电路。图中的开关接到 FLAT 侧时,则是电压增益为 6dB 的放大电路;当开关接到 BOOST 侧时,则低

频范围增益提升到12dB。为此,如在该电路上通过音乐信号时,则能听到低频范围被加强了的声音。

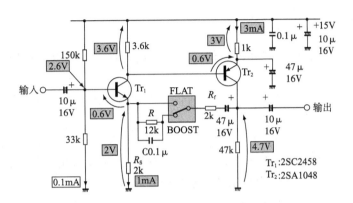

图 9.24　低频端增强电路

在负反馈电路的反馈元件上组合电容来使用,能够使电路的增益具有频率特性。

在图 9.24 的电路中,反馈电阻的一部分并联连接上电容,由此,在高频时减少了反馈电阻值,而在低频时,增大了反馈电阻值。其结果如图 9.25 所示,在低频范围电压增益的频率特性得到提升。

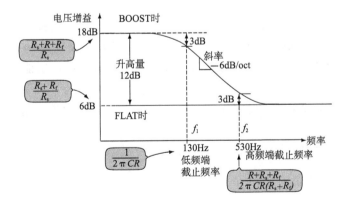

图 9.25　图 9.24 电路的频率特性

图 9.24 电路的电压增益 A_v 可由下式求得:

$$A_v = \frac{R_s + Z_f}{R_s}$$

式中

$$Z_f = \left(R // \frac{1}{j\omega C} \right) + R_f$$

基本上与式(9.8)形式相同。但由于在反馈元件上加上电容的缘故,使 Z_f 变得稍为复杂。

一看图 9.24 的电路就明白,在直流范围内,C 的阻抗为无限大,$Z_f = R + R_f$;当频率变高时,C 的阻抗变为 0,$Z_f = R_f$。

因此,如图 9.25 那样,在低频范围 $A_v = (R_s + R + R_f)/R_s$,在高频范围 $A_v = (R_s + R_f)/R_s$。还有关于电压增益的各截止频率,由于变得稍为复杂,在此就不进行计算。然而,用图 9.25 中表示的式子是能够求得的。

关于反馈元件的具体求法,首先是决定高频范围的增益(＝FLAT 时的增益)与低频范围提升后的增益,然后依次求出 R_s,R,R_f。

接着,由希望设定的低频截止频率 f_1 或者高频截止频率 f_2 的值倒推出 C 的值就可以了(如截止频率 f_1 一确定,则另一个 f_2 也就确定)。

在图 9.24 的电路中,设计成平坦时的增益为 6dB,提升时的增益为 18dB,$f_2 =$ 500Hz(由于电容器不是刚好的值,$f_2 = 530$Hz)。

电路本身的设计方法完全与图 9.3 所示的电路相同。

9.5.3　高频端增强电路

图 9.26 是在立体声音质控制电路等方面使用的高频端增强电路。图中的开关接到 FLAT 侧时,则是电压增益为 6dB 的放大电路;开关接到 BOOST 侧时,则将高频范围增益提升到 12dB。为此,该电路通过音乐信号时,则能听到高频范围被加强的声音。

图 9.24 的低频端增强电路在频率低的范围增益变大,而该电路则是在高频范围增益变大。

图 9.26 电路的电压增益 A_v 可由下式求得:

$$A_v = \frac{Z_s + R_f}{Z_s}$$

式中,

$$Z_s = \left(R // \frac{1}{j\omega C} \right) + R_s$$

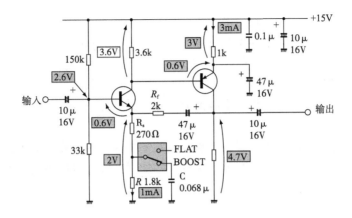

图 9.26 高频端增强电路

基本上与式(9.8)相同,但由于发射极电阻的一部分并联连接上电容,所以 Z_f 变得稍为复杂。

在直流范围,由于 C 的阻抗为无限大,所以 $Z_s = R + R_s$,频率变高,C 的阻抗为 0,所以 $Z_s = R_s$,这直接由电路图就可以知道。为此,如图9.27所示,在低频范围 $A_v = (R + R_s + R_f)/(R + R_s)$,在高频范围 $A_v = (R_s + R_f)/R_s$。

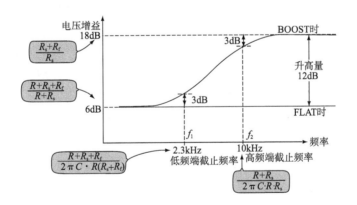

图 9.27 图 9.26 电路的频率特性

还有,与低频增强电路一样,关于该电路电压增益的各个截止频率,由于稍许复杂,在这里就不进行计算,但是能用图 9.27 中所示的式子来求得。

关于反馈元件的具体求法,首先决定低频范围的增益(=FLAT 时的增益)和将高频范围提升后的增益,然后相继求出 R, R_s, R_f。其后由希望设定的截止频率 f_1 或者 f_2 的值倒算出 C 的值。

在图 9.26 的电路中,设计成 FLAT 时的增益为 6dB,BOOST 时的增益为 18dB,f_1＝2kHz(由于电容器不是刚好的值,f_1 为 2.3kHz)。显然不只是 f_1,而对 f_2 设定之后来求 C 也是可以的。

电路本身的设计方法与图 9.3 所示的电路完全相同。

这样,利用反馈元件上组合电容的方法,负反馈电路能够实现各种各样的频率特性。

还有,代替电容器使用电感也能够控制频率特性。但是在低频电路中,制作损失少的理想电感是非常困难的(外形也变大),所以在实际电路中,在低频电路上不大采用组合电感的方法。

第 **10** 章 直流稳定电源的 设计与制作

本章继续对共发射极电路和射极跟随器进行实验。提到直流电源,人们就会立刻想起照片 10.1 那样的三端稳定器。所谓三端稳定器,与晶体管一样有三个端头,只要加上整流后的直流电压就输出规定的直流电压,是非常便利的 IC。但输出电压是固定的。能够方便买到的稳定器是输出电压为 5V、12V、15V 和 24V,输出电流直至 1A 的 IC。

因此,若希望得到超过上述范围的高电压或大电流的电源时,就要用分立电路来制作它。虽然高电压、大

照片 10.1 最常用的电源 IC-三端稳定器
(与晶体管一样有 3 个端头。如果是 5V、12V、15V 和 24V 的 DC 稳定电源,只要准备整流电路与该 IC 即可)

电流的电源也逐步地进行了集成化,然而用分立电路来设计电源的机会仍然很多。

这一章,以加了负反馈的电源电路为实例,来设计制作输出电压在3~15V范围可变的、称为串通型的直流稳定电源。

10.1 稳定电源的结构

10.1.1 射极跟随器

图 10.1 表示的是简单的串通型直流电源。实际上,这个电路是在射极跟随器的基础上输入直流电压的结构。

该电路称为串通型的理由是,控制输出电压用的晶体管,在电源与负载之间是串联连接的。

该电路的输出电压 V_o 是仅比基极电位低一个晶体管基极-发射极间电压 V_{BE}($=0.6\sim0.7$V)的低电压。进而,如在第 3 章已叙述过的那样,射极跟随器的输出

阻抗是非常低的,所以,即使取出发射极电流(负载电流),输出电压也几乎保持稳定值。

图 10.2 是图 10.1 的具体电路图。由于射极跟随器的基极电位是用齐纳二极管固定在 5.6V 的,所以输出电压约为 5V(＝5.6V—0.6V)。还有,在该电路中,为了消除齐纳二极的噪声,在齐纳二极管上并联接上 10μF 的电容器。

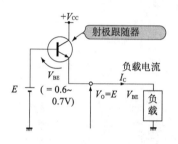

图 10.1   串通型直流电源

(即使负载变动,而输出电压值几乎不变。这是射极跟随器的特点。因此,在基极上加上一定电压,则输出电压也稳定)

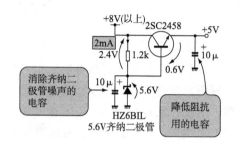

图 10.2   简易直流电源电路

(将图 10.1 做成实际电路。如将 5.6V 的齐纳二极管与射极跟随器相组合,输出电压为 5.0V,如挑选齐纳二极管,就能得到任意的输出电压)

图 10.2 电路可以作为在负载电流小时(数十毫安以下)的简易电源电路来使用。

还有,即使说射极跟随器的输出阻抗非常低,也仍有数欧左右的值。所以在大负载电流流过时,输出电压就要下降。

10.1.2   用负反馈对输出电压进行稳定化

解决因负载变动引起输出电压变动的电路是图 10.3 所示的负反馈型直流电源电路。该电路是将输出电压 V_O 与基准电压 V_R 作比较,然后将其差再次返回到射极跟随器的基极(负反馈)。

现在,假设输出电压 V_O 比基准电压 V_R 稍低,其差为 (V_R-V_O),则射极跟随器的基极电位仅提高 (V_R-V_O),V_O 立刻变得与 V_R 相等。

这样,由于负载电流的变动而产生输出电压的变化,因负反馈而得到补正,从而能够经常保持一定值的输出电压。

负反馈型直流电源可采用 OP 放大器,直接按图 10.3 框图所示电路来实现。如图 10.4 所示,作为误差放大器用一只晶体管的共发射极放大电路也能够简单的组成。

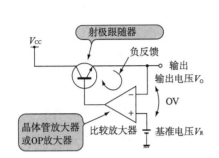

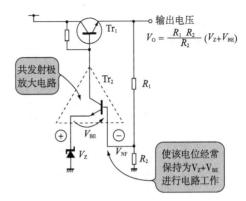

$$V_O = \frac{R_1 R_2}{R_2}(V_Z + V_{BE})$$

图 10.3 反馈型直流电源

(如加上负反馈,不管比较放大器处于什么状况,都起着输出电压 V_O=基准电压 V_R 的作用。进而驱动射极跟随器。即使负载发生变动,输出电压都不发生变化)

图 10.4 由晶体管组成的
负反馈型直流电源

(将图 10.3 的比较放大器做成共发射极放大电路,就成为这种结构。共发射极晶体管控制射极跟随器使得 $V_{NF}=(V_Z+V_{BE})$)

在图 10.4 的电路中,Tr_2 的基极相当于图 10.3 的比较放大器的(-)端,发射极相当于(+)端。

输出电压 V_O 由 R_1 与 R_2 进行分压,然后加到 Tr_2 的基极上。Tr_2 的发射极上连接的齐纳二极管的压降 V_Z,加上 Tr_2 的基极-发射极间的压降 V_{BE} 的值成为该电路的基准电压。

因此,在该电路中,Tr_2 的基极电位(即将 V_O 用 R_1 与 R_2 进行分压后的值)经常为 V_Z+V_{BE} 控制输出电压。

此时的 V_O 值是 Tr_2 的基极电位乘以 $(R_1+R_2)/R_2$ 的值,所以 V_O 为:

$$V_O = \frac{R_1+R_2}{R_2} \cdot (V_Z + V_{BE}) \tag{10.1}$$

10.2 可变电压电源的设计

10.2.1 电路的结构

制作电源的主要规格表示如下所示:

直流电源电路的设计规格

输出电压	3~15V,用电位器来调节
输出电流	500mA(在输出电压 15V 时)

按这个规格设计的直流电源电路表示在图 10.5 中。照片 10.2 是图 10.5 电路实际制作后的结果。

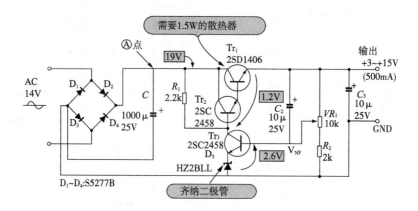

图 10.5　设计成的电压可变电源
(由于输出电压是可变的,故可作为实验用电源。AC14V 可以由变压器得到,也可以由 AC15V 的变压器得到)

由于该电路的负载电流最大到 500mA,所以将射极跟随器部分进行达林顿连接。这是由于用小的基极电流可控制大的负载电流的缘故。

将输出电压进行反馈的电阻使用可变电阻,就能对输出电压进行调节(在图 10.4 中,改变 R_1 与 R_2 之比也是一样的)。

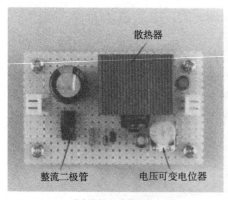

(a)从顶上看外观

(b)从侧面看外观

照片 10.2　制作完成的电源电路
(二极管由于是实验用的,所以印制板上使用的是小型电压可变电位器。实际上,是用螺丝固定在面板上。散热器是电源电路的象征)

10.2.2　选择输出晶体管

对于射极跟随器部分的晶体管 Tr_1,由于流过 500mA 的负载电流及交流整流后的电压为 19V(后述),所以选择具有 $I_C>500mA$,$V_{CBO}=V_{CEO}>19V$ 最大额定值的晶体管。

在这里,选择低频功率放大晶体管 2SD1406(东芝)。这与声频放大器中所用的晶体管相同,其特性表示在表 4.2 中。

还有,输出电压是 15V、500mA 的集电极电流流动时的 Tr_1 的集电极-发射极间电压为 4V(=19V−15V),可以算出发生 2W(=500mA×4V)的热损耗。在实际电路中,图 10.5Ⓐ点的电压为脉动电压(峰值为 19V),所以 Tr_1 的热损耗为 1.5W 左右。

因此,在 Tr_1 上有必要安装 1.5W 的散热器。在该电路中,Tr_1 用的散热器是 MC24L20(ryosan)(与照片 10.2 同样大小的散热器,不管那种都可以)。

但是,在电源输出电压下降时,Tr_1 的集电极-发射间电压变大,所以即使取出相同的输出电流,Tr_1 的热损耗也变大。

在输出电压设定在 3V 时,为了抑制 Tr_1 的热损耗在 1.5W 以下,输出电流必须限制在 100mA 以下。换言之,如果安装散热量为 7W 的散热器,即使输出电压为 3V,电路也能取出 500mA 的电流。

10.2.3　其他控制用的晶体管

对于驱动输出晶体管 Tr_1 的 Tr_2,由流过最大 8.3mA 的集电极电流(= 500mA/60,即最大负载电流被 Tr_1 的 h_{FE} 的最小值来除)及集电极上加上与 Tr_1 相同的电压,选择 $I_C>8.3mA$,$V_{CBO}=V_{CEO}>19V$ 的最大额定值的晶体管。这里选择同样的 2SC2458。

在输出电压为 3V(最低值)时,能流过最大的集电极电流(由于 R_1 的电压降为最大)。此时,Tr_3 的集电极电位为 4.2V(=3V+Tr_1 与 Tr_2 的 V_{BE}),所以 R_1 的压降为 14.8V(=19V−4.2V)。Tr_3 的集电极电流(即 R_1 上流动的电流)为 6.7mA (=14.8V/2.2kΩ)。

还有,在输出电压为 15V 时,Tr_3 的集电极电位为 16.2V(=15V+(Tr_1 与 Tr_2 的 V_{BE}))。

因此,对于 Tr_3,要选择 $I_C>6.7mA$,$V_{CBO}=V_{CEO}>16.2V$ 的最大额定值的晶体管。这里选择与 Tr_2 一样的 2SC2458。

10.2.4　误差放大器的设计

对于 Tr_2,最大 0.1mA 的基极电流是必需的(≈500mA/60/70,即最大输出电

流被 Tr_1 与 Tr_2 的 h_{FE} 最低值除）。

该电流是由共发射极放大器（Tr_2）的负载电阻 R_1 提供给 Tr_2 基极的。所以，R_1 的值太大，则不能给 Tr_2 提供基极电流。

在输出电压 15V 时，R_1 的压降为 2.8V（2.8V＝19V－15V－1.2V）。为了流过 0.1mA 以上的电流，R_1 必须在 28kΩ 以下。这里设定为它的 1/10，即 R_1＝2.2kΩ（设定得太小，电流就浪费了）。

如图 10.6 所示，VR_1 的滑动头位置放在最上端时（图 10.6(a)），输出电压为最小值，这个值为 D_5 的压降 V_2 加上 $Tr_3 V_{BE}$ 的值。

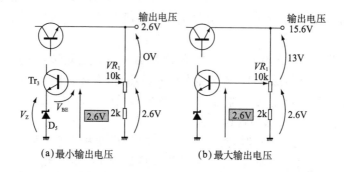

图 10.6　电位器滑动头的位置与输出电压的关系

（表示电位器的可变范围的考虑方法。Tr_3 的基极电位为 2.6V，即使旋转电位器也不变化，这是关键。旋转电位器，则改变反馈量）

最小输出电压由设计规格可知必须为 3V，所以对于 D_5，使用齐纳电压为 2V 的齐纳二极管 HZ2BLL（日立）。

还有，如图 10.7(a) 所示，也可以用三个串联连接的硅二极管代替齐纳二极管。进而，如图 10.7(b) 所示，去掉齐纳二极管，仅用 Tr_3 的 V_{BE} 作基准电压也能工作。但是，这两种电路的输出电压的温度稳定性和负载电流引起的电压下降率等性能都会变差。

VR_1 是改变反馈到误差放大器的电压，进而调整输出电压的可变电阻。但是，该电阻值取得过大，则不能提供 Tr_3 的基极电流；如果过小，则无用电流变大。这里，取 VR_1＝10kΩ。

如图 10.6(b) 所示，R_2 的作用是当 VR_1 的滑动头位置在最下端时，使得输出电压不要过大。为了使最大输出电压为 15V 以上，R_2 必须小于 2.1kΩ（15V＝(10kΩ＋R_2)/R_2×2.6V）。因此取 R_2＝2kΩ。

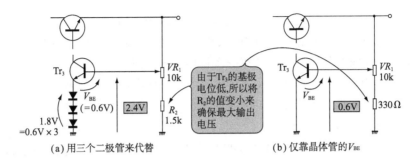

（a）用三个二极管来代替   （b）仅靠晶体管的 V_{BE}

图 10.7　齐纳二极管的代用品

（齐纳二极管只要是基准电压不随环境变化的电压源就可以。在普通的硅 PN 结中，可以成为 0.6V 的基准电压，但温度特性为 −2.3mV/℃，这一点要引起注意）

10.2.5　稳定工作用的电容器

C_2 是减少输出端与 Tr_3 之间的交流阻抗（将 VR_1 交流地短路）、稳定地加负反馈而使用的电容器。C_2 的值如果在几微发以上，则不管多大都可以。不过，过大也是浪费的。

在这里，取 $C_2 = 10\mu F$。即使没有 C_2，电路也工作，但是为了保证稳定度和性能，这是个绝对必要的电容器。

C_3 是为减少输出端的交流输出阻抗而使用的电容器。由于电源电路加上负反馈而使输出阻抗下降，所以 C_3 本来是不必要的，但在没有充分加反馈的高频范围，为了降低输出阻抗，也接上 1～10μF 左右的电容器。在该电路中，取 $C_3 = 10\mu F$。

10.2.6　整流电路的设计

在电源电路中，虽然进行电压稳定化的部分早已消失，但是从交流（AC）得到直流（DC）电压的整流电路是非常重要的。

首先，在 Tr_1 的集电极（Ⓐ点）必要的电压为 16.5V。这是输出电压的最大值 15V 加上 Tr_1 与 Tr_2 的 V_{BE}（≈0.6V）和 Tr_2 的基极电流流过 R_1 所产生的压降的值（16.5V≈15V+0.6V×2+2.2kΩ×0.1mA）。

但是，如图 10.8 所示，该值不是波纹的最大值，而是表示Ⓐ点波纹的最低值，必须在 16.5V 以上。

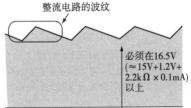

整流电路的波纹

必须在16.5V（≈15V+1.2V+2.2kΩ×0.1mA）以上

图 10.8　Ⓐ点（Tr_1 的集电极）必需的电压

（在串通型直流电源中，重要的是确保串通用晶体管的 V_{CE}（集电极-发射极间电位）。通常必须设定在比最大输出电压高 1.5V。特别要注意波纹）

在整流电路中,设定波纹的最大值是一件简单的事情(最大值为输入交流电压的峰值减去二极管上的压降),波纹的最小值则由输入的交流电压、滤波电容器的值、变压器的线圈电阻以及负载电流等多种因素来决定。

在该电路中,设输入电压为 $14V_{AC}$ 用四个二极管进行全波整流。

因此,波纹的最大值是输入电压的峰值减去两个二极管上的压降,所以约为 $19V(\approx 14V \times \sqrt{2} - 0.6V \times 2)$。

对于整流二极管 $D_1 \sim D_4$,选择关断时的耐压为 20V 以上,能流过正向电流为 500mA(最大负载电流)以上的器件。在这里,使用 100V 耐压,1A 的普及型塑封 S5277(B)(东芝)。

对波纹进行滤波的电容器 C_1,取为 $100\mu F$。滤波电容器的数值越大,波纹就越小。

10.3　可变电压电源的性能

10.3.1　输出电压/输出电流特性

图 10.9 表示的是输出电压与输出电流的曲线图(输出电压在无负载时,已调整到 15.00V)。

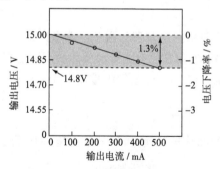

图 10.9　电源电路的输出电压与
输出电流的特性

(输出电流有 500mA 的变化,电压变化(下降)0.2V。将它进行微分,即为输出阻抗 0.4Ω。虽然比使用 IC 时要差,但作为电源都是合格的)

在 500mA 输出电流流动时,输出电压为 14.8V,要比此时的无负载电压(15V)低 0.2V(1.3%)。因此,对该电源的等效输出阻抗进行计算,则为 $0.4\Omega(=0.2V/500mA)$。

由于射极跟随器的输出阻抗为数欧,可以知道,如该电路所示,加上负反馈就能够大大地减少电源的输出阻抗。

还有,想超过这个负载稳定度时,有必要提高放大电路的增益(提高裸增益就增大负反馈量,由此能够更加降低输出阻抗)。

10.3.2　波纹与输出噪声

照片 10.3 表示输出电压 $V_O=5V$,输出电流 $I_O=100mA$(输出端接 50Ω 的负载)时,Ⓐ点(Tr_1 的集电极)与输出端的波形。

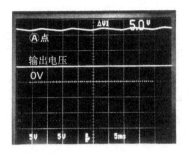

照片 10.3 输出电压 5V 时的输出波形
与 Tr₁ 集电极的波形（5V/div,5ms/div）
（输出完全是直流。Tr₁ 集电极波形Ⓐ点的电压约 17V,可知是在 17V 上重叠波纹）

在Ⓐ点的波形之中,可以看到交流输入整流之后的波纹。但电源电路的输出波形,则为没有波纹的直流电压。

图 10.10 与图 10.11 是 $V_O=5V,I_O=100mA$ 时,图 10.5 的Ⓐ点与输出端的频谱（注意纵轴的刻度不同）。

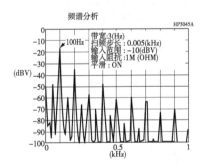

图 10.10 图 10.5Ⓐ点的频谱
（$V_O=5V,I_O=100mA$）

（Ⓐ的波形是仅经过整流,所以由照片 10.3 可知,残留有波纹,每隔 50Hz 有一频谱,特别在 100Hz 处变大）

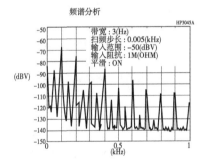

图 10.11 输出端的频谱
（$V_O=5V,I_O=100mA$）

（与Ⓐ的谐波相比,可知,各成分要低 40dB 以上,这也是直流电源的效应。称为波纹压缩率）

由于是对交流输入进行全波整流,可以见到Ⓐ点的频谱为电源频率的 2 倍（即 100Hz）及其整数倍的谐波成分（可以见到 50Hz 及其谐波）。

相反,在输出端,虽然频谱的整体形状与Ⓐ点相同,但各成分的电平要低 40dB。如照片 10.3 所示,其原因是用示波器不能观察到其波纹。

这可以认为是共发射极放大部分（Tr₃）的增益全部被反馈、仅仅其增益部分用来减低波纹各频率成分的缘故。

如果认为齐纳二极管 D_5 的交流阻抗为 0,则与 Tr_3 的发射极接地相等效,所以共发射极放大部分的放大度应该几乎等于 Tr_3 的 h_{FE},为 40dB(=100 倍)。

因此,误差放大器的放大度提得越多,输出电压的波纹成分就越能够变小。

图 10.12 是作为误差放大器,将放大电路两级(差动放大+PNP 共射极电路)进行渥尔曼连接的电路。当提高误差放大器的放大度时,则输出电压的波纹几乎完全消失(该电路过于复杂)。

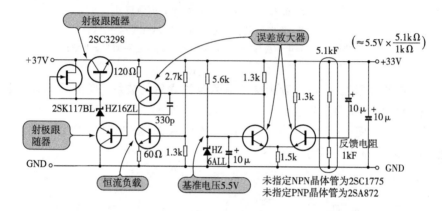

图 10.12　增大误差放大器的增益后的电源电路

(图 10.5 电路的误差放大器是一级晶体管的放大电路,这里用差动放大电路与 PNP 晶体管的共发射极放大电路来提高增益。这样一来,就能改善波纹压缩率,输出阻抗也下降。由于过于复杂,实际上只有在 IC 中使用)

下面,为了确认 C_2 的作用,将 C_2 取掉之后的输出端频谱表示在图 10.13(a)中($V_O=5V,I_O=100mA$)。条件是相同的,有 C_2 时(即图 10.5 的电路)的频谱是图(b)。

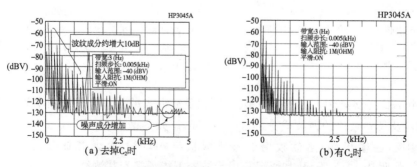

图 10.13　输出端的频谱($V_O=5V,I_O=100mA$)

(为了看一下接在 Tr_3 基极电容 C_2 的作用将电容去掉,波纹成分变大 10dB)

图(b)与图(a)相比较后可以得知,将 C_2 去掉的电路,由于没有稳定地加反馈,波纹成分整体的增大 10dB。波纹以外的噪声成分也增加。

10.3.3 在正负电源上的应用

该电路是作为正电源来考虑的,但是将图 10.5 的正输出端(Tr_1 的发射极)接到负载的 GND 上,图 10.5 的 GND 的输出端接到负载的负电源端上,就能够作为 $-3\sim-15V$ 输出的可变电源来使用。

进而,制作两个同样电路的电源,并将它们如图 10.14 那样连接的话,则为正负双电源电路。但是,如图所示,必须将各自的电源变压器线圈分离开。

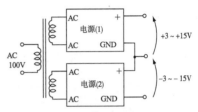

图 10.14 正负电源的组成方法
(将同样的两个电源并行排列,就能够制成正负电源。但是,此时的变压器的次级线圈,各自的电源电路用的必须要独立并绝缘)

还有,如图 10.15 所示,将使用 PNP 晶体管的负电源(仅晶体管的极性不同,晶体管的工作点和其他元件的常数等完全与图 10.5 一样)组合起来,也能够制作正负输出的直流电源。

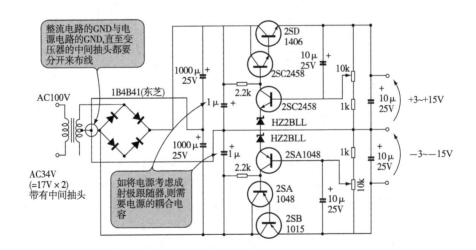

图 10.15 正负电源的组成例子
(正负对称地组成电源电路。正侧由 NPN 晶体管,负侧由 PNP 晶体管组成。如果是有中间抽头的变压器,一个整流电路就足够)

此时整流电路的二极管电桥可以在正负电源中兼用。

10.4 直流稳定电源的应用电路

10.4.1 低残留波纹电源电路

图 10.16 是提高误差放大器的增益,使得残留波纹进一步减少的电源电路。当增大误差放大器的增益时,增益变大的份量全部变成负反馈,能够将输出电压的波纹成分减少同样份量的值。

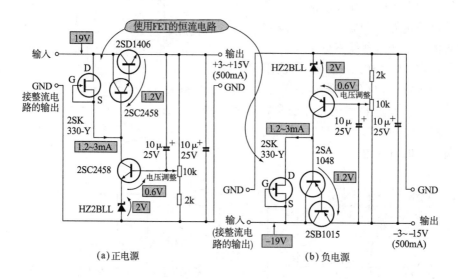

图 10.16 低残留波纹的直流电源

在图 10.5 所示的电路中,误差放大器使用的共发射极放大电路的负载上使用电阻(图 10.5 的 R_1),但在图 10.16 的电路中,共发射极电路的负载是使用 JFET (结型 FET)的稳流电路。由于稳流电路的内部电阻几乎是无限大,故该共发射极电路的增益非常大。

如图 10.17 所示,当 JFET 的栅极与源极相连接时,可以作为稳流源来使用。此时的稳流源的设定电流就是 JFET 的漏饱和电流 I_{DSS} 本身。

所谓 JFET 的 I_{DSS},就是在漏-源之间流动的最大电流(是不损坏器件为限界,在 JFET 中不能流过 I_{DSS} 以上的电流)。

通常,JFET 是根据 I_{DSS} 的大小来进行分档的(即使是同一品种,JFET 的 I_{DSS} 也有很大的分散性,所以可进行分档),选择与稳流源设定电流值相等的 I_{DSS} 的 JFET 即可。

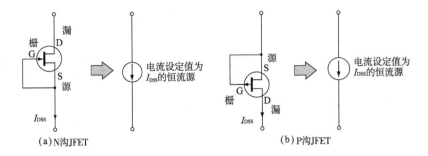

图 10.17 使用 JFET 的恒流电路

除了选择 JFET 之外,图 10.16 电路的设计方法均与图 10.5 完全相同(除了 JFET 之外,图 10.16(a)电路其余的常数均与图 10.5 相同)。

该电路使用的 JFET,如果在 I_{DSS} 档上有所希望取的值,则不管哪种都可以。在这里,选择通用 N 沟 JFET、2SK330(东芝)。2SK330 的特性表示在表 10.1 中。

表 10.1　2SK330 的特性

(a)**最大规格**($T_a = 25℃$)

项 目	符 号	规 格	单 位
栅漏间电压	V_{GDS}	−50	V
栅电流	I_G	10	mA
允许损耗	P_D	200	mW
结 温	T_i	125	℃
储存温度	T_{stg}	−55～125	℃

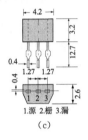

1.源 2.栅 3.漏

(c)

(b)**电特性**($T_a = 25℃$)

项 目	符 号	测 试 条 件	最 小	标 准	最 大	单 位
栅截止电流	I_{GSS}	$V_{GS} = -30V, V_{DS} = 0$	—	—	−1.0	nA
栅漏间击穿电压	$V_{(BR)GDS}$	$V_{DS} = 0, I_G = -100\mu A$	−50	—	—	V
漏电流	I_{DSS}(注)	$V_{DS} = 10V, V_{GS} = 0$	1.2	—	14	mA
栅源间截止电流	$V_{GS(OFF)}$	$V_{DS} = 10V, I_D = 0.1\mu A$	−0.7	—	−6.0	V
正向转移导纳	$|Y_{fs}|$	$V_{DS} = 10V, V_{GS} = 0, f = 1kHz$	1.5	4	—	mS
漏源间断开电阻	$R_{DS(ON)}$	$V_{DS} = 10mV, V_{GS} = 0, I_{DSS} = 5mA$	—	320	—	Ω
输入电容	C_{iss}	$V_{DS} = 10V, V_{GS} = 0, f = 1MHz,$	—	9.0	—	pF
反馈电容	C_{rss}	$V_{DG} = 10V, I_D = 0, f = 1MHz,$	—	2.5	—	pF

注:I_{DSS}分类 Y:1.2～3.0mA,GR:2.6～6.5mA,BL:6～14mA。

即使使用 P 沟的 JFET 也没有关系,但此时器件的连接方法为图 10.17(b)所示,要加以注意。

接着是 I_{DSS} 档次的选择。依照误差放大器的共射极电路上流动的集电极电流设定值来选择档次。在图 10.16 电路中,共发射极电路的集电极电流设定在 1mA 以上(设定在比输出晶体管必要的基极电流更大的值),所以 I_{DSS} 选择在 1.2~3.0mA 的 Y 档(参考表 10.1 的 I_{DSS} 分类)。

即使在同一个档中,JFET 的 I_{DSS} 也有分散性。在图 10.16 的电路中,共发射极电路的集电极电流即使是 1.2mA 或 3.2mA,对电路的工作都没有影响,是没有问题的。

但是,稳流源的电流设定值影响到电路的直流电位和工作点时,就不能使用 JFET,而应该使用晶体管的稳流源。

在该电路中,为了进一步减少输出的残留波纹,在误差放大器上使用的晶体管用 h_{FE} 大的超 β 晶体管 2SC3113 代替 2SC2458 即可。由于超 β 晶体管的 h_{FE} 大,误差放大器的裸增益变大,所以残留波纹进一步减少。

10.4.2 低噪声输出可变电源电路

图 10.18 是使用 OP 放大器制作的输出电压可变的电源电路。

由于 OP 放大器的裸增益非常大(100~140dB),如将它作为误差放大器来使用,因强大的负反馈作用使输出残留波纹完全消失。

不仅波纹全消失,而且由于负反馈的优点,输出的残留噪声也会变小。在图 10.18 电路中,输出的残留噪声可以低到 $10\mu V$。这是一个很好的数值,它要比常用的 3 端稳压 IC 低 20dB。

电源结构为图 10.3 所示,图中的误差放大器被换成 OP 放大器的形式。

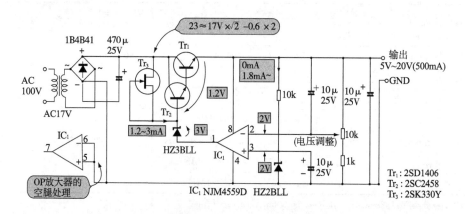

图 10.18 低噪声输出的可变电源

OP 放大器是在两个输入端间的电位差为 0 而进行工作的。在图 10.18 的电路中,基准电压是用 2V 的齐纳二极管 HZ2BLL(日立)来产生的,所以 OP 放大器的反转输入端(第二条腿)的电压也经常被控制在 2V。因此,利用调整 $10\text{k}\Omega$ 的可变电阻,就能够改变输出电压。

另外,因为从齐纳二极管产生微小的噪声,所以在图 10.18 电路中,为了低噪声,在作为基准电压使用的齐纳二极管上并联连接上 $10\mu\text{F}$ 的电容器,用来吸收它的噪声(通常,使用 $1\mu\text{F}$ 以上的电容器)。

Tr_3 是用来提供 Tr_2 基极电流的稳流源。该电流减去 Tr_2 的基极电流后的电流全部流进 OP 放大器的输出端(因基极电流非常小,所以在 Tr_3 上流动的电流几乎全部流进 OP 放大器)。

在使用一般的 OP 放大器时,其输出电流通常必须控制在±数毫安以内(由于不能取出输出电压)。为此,在该电路中,Tr_3 采用 2SK330Y,稳流电路的设定值设定在 1.2~3mA。

在 OP 放大器的输出上串联接入的齐纳二极管,是为将 OP 放大器的输出端电压向 GND 侧进行电平移位作用的。

在图 10.18 电路中,Tr_2 的基极电位要比输出电压高出两个晶体管的 V_{BE},即 1.2V。然而,OP 放大器的正电源(第 8 条腿)是直接使用电路的输出电压,所以当没有齐纳二极管时,OP 放大器的输出电压要比电源电压高。由此,OP 放大器不能很好地工作。

在图 10.18 的电路中,因为用 3V 的齐纳二极管 HZ3BLL(日立)直接接 OP 放大器的输出上,所以 OP 放大器的输出电压比电源电压(=电路的输出电压)低 1.8V(=3V−1.2V),OP 放大器能够正常地工作。

在这样电路中,不管使用哪种 OP 放大器都可以,只要电源电压的最大额定值为 20V 以上(为了从电路的输出取出 OP 放大器的电源)。在这里,使用通用 OP 放大器 NJM4559D(JRC)。

还有,对于整流二极管,使用 4 个二极管已经在内部桥接的桥式二极管 1B4B41(东芝)。使用桥式二极管,能减少元件数,连线也方便,所以很有好处。

10.4.3 提高三端稳定器输出电压的方法

在制作电源时,通常立刻想到的是三端稳定器。三端稳定器是仅在外部连接电容器,制作性能良好的固定输出电压的电源、且使用非常便利的 IC。

但是三端稳定器的输出电压在 5V~24V 之间,仅是一些常用的电压值。当希望另外一些电源电压时,就不能直接使用该稳定器。

此时,如图 10.19 所示,在稳定器上外加齐纳二极管和电容器,就可以得到所需要的输出电压。

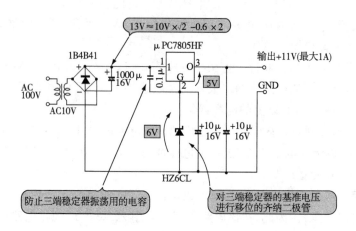

图 10.19   提高三端稳定器输出电压的电路

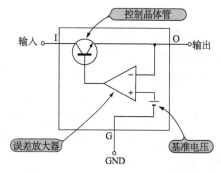

图 10.20   三端稳定器的内部结构

如图 10.20 所示,三端稳定器的内部是与本章设计的串通型电源完全相同的框图结构(参考图 10.3)。

因此,如果从外部将三端稳定器的 GND 端电位进行电平移动,则在外部,将电源的基准电压增加移动的量,输出电压就提高移动量的大小。

但是,由于外加了齐纳二极管,输出电压的温度稳定度比起单独使用稳定器来要差些。而且,齐纳二极管即使选用同一档的,也由于它产生的电压有某种程度的分散(因品种不同有 0.2~0.4V 的差别),所以在输出电压的设定精度上也变差。

在图 10.19 中,对输出电压+5V、最大输出电流 1A 的三端稳定器 μPC7805H(NEC)的 GND 端,用 6V 的齐纳二极 HZ6CL(日立)进行电平移动,得到 11V(=5V+6V)的输出电压(在三端稳定器内消耗的电流是由 GND 端流出的,所以在齐纳二极管上产生电压)。

在齐纳二极管上并联连接 10μF 电容器的作用,是为了三端稳定器稳定地工作而将 GND 接地,同时吸收从齐纳二极管上产生的噪声。电容的大小为 1~10μF 即可。

还有,在三端稳定器的输入端(1)与 GND 端(G)之间加入 0.1μF 电容器,是防止三端稳定器振荡而加入的电源去耦电容器。

由图 10.20 可知,串通型电源的控制晶体管可以认为是射极跟随器。射极跟随器是容易振荡的电路,所以必须确实地进行电源的去耦。三端稳定器也不例外,必须进行电源去耦。在图 10.19 电路中,整流电路的滤波电容器是紧挨着的,但是它们之间有距离时,就有必要在 $0.1\mu F$ 的电容器上直接接上 $10\mu F$ 的电容器(为了降低低频范围的电源阻抗)。

在输出端与 GND 之间加入的 $0.1\mu F$ 电容,是与图 10.5 的 C_3 起同样作用的,是降低高频范围输出阻抗的电容器。其电容值在 $1\sim10\mu F$。这里取为 $10\mu F$。

该电路中使用的三端稳定器,选用比较容易买到的 5V 或者 10V 电压的 IC 即可。齐纳二极管的选择是这样来定的,三端稳定器的输出电压加上齐纳二极管的电压就是所需要的输出电压。

顺便提一下,改变负电源的三端稳定器 79 系列的输出电压时,就成为图 10.21 那样的电路。该电路是将输出电压为 $-5V$、输出电流为 500mA 的三端稳定器 $\mu PC79M05HF$(NEC)与 3V 的齐纳二极管 HZ3BLL(日立)组合起来,产生 $-8V$ 的电源电压。

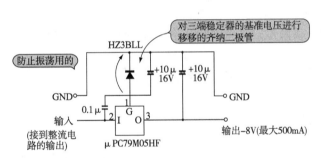

图 10.21 改变负电源用的三端稳定器的输出电压

还有,也可以利用普通二极管的正向压降来代替齐纳二极管。在图 10.22 中,表示利用二极管的 $+5.6V$ 的电源电路。

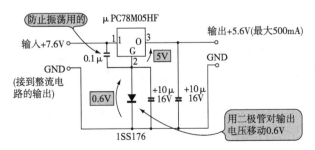

图 10.22 用二极管来改变输出电压的电路

第**11**章　差动放大电路的设计

本章对 OP 放大器的基本技术进行实验。差动放大电路(differential Amplifier)在用分立元件组装电路的时代是有名的电路,常常在电路中见到它的"姿容"。

差动放大电路的用途广泛,通常用在直流放大器和测量放大器、高频放大器、模拟乘法器等方面。

实际情况并不完全是这样的。差动放大器以 IC 的形式进行了改装,在 OP 放大器、测量用直流放大器、无线电设备的 IF 放大用 IC 以及模拟乘法器 IC 中是非常流行的。

差动放大电路像是架在晶体管电路与 IC 之间的"桥梁"。

11.1　观察差动放大电路的波形

11.1.1　观察模拟 IC 的本质

请看一下图 11.1 的 OP 放大器的等效电路。在其初级,有 99% 以上的概率可以见到差动放大器的样子。

将差动放大器归纳到 IC 中的理由,主要是由于该电路必须要特性良好、且一致的两个晶体管或 FET 的缘故。在本文中特别要加以说明。

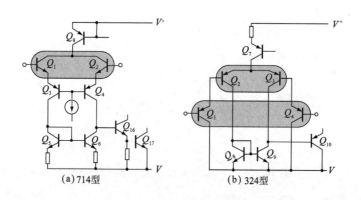

(a)714型　　　　　　(b) 324型

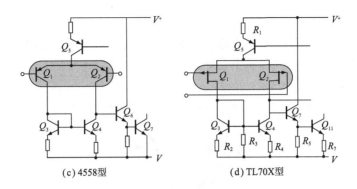

(c) 4558型   (d) TL70X型

图 11.1 典型的 OP 放大器输入级的等效电路

(现在大量使用的 OP 放大器,(a)~(c)是双极型晶体管构成的差动放大电路,(d)是由 FET 构成的差动放大电路)

虽然在 IC 内部将元件各自的特性做到完全一致是困难的,但是相对的一致,即大量制作同样的元件,则是完全可以的。因此,应当说差动放大电路是进行 IC 化的最恰当的模拟电路。

在本章,通过实验对于差动放大电路(从 IC 返回来)的工作进行一下研究。

11.1.2 输入输出端各两条

图 11.2 表示的是在这里进行实验的差动放大电路的电路图。差动放大电路是将两个晶体管 Tr_1 与 Tr_2 的发射极之间进行连接,并将恒流源 Tr_3 连接到发射极的电路上。

输入是各个晶体管的基极,输出则由接有负载电阻的 R_3 与 R_4 的集电极取出。因此,输入端有两条,输出端也有两条。

在该电路中,Tr_3 的基极为直流电位,它是由正负电源用 R_6 与 R_7 进行分压之后的电位。所以,只要电源电压不变化,它就是稳定的电压。

晶体管的基极-发射极间电压 V_{BE} 为 $0.6V(\sim 0.7V)$ 是一定的,Tr_3 的发射极与负电源之间连接的电阻 R_5 的压降也一

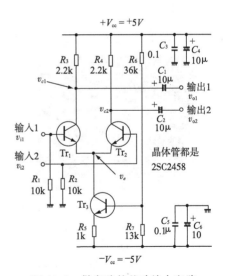

图 11.2 做实验的差动放大电路

(将两个晶体管 Tr_1 与 Tr_2 的发射极进行连接,并接上电流源 Tr_3 的电路。它就是差动放大电路。输入输出端各有两个)

定,Tr_3 的集电极-发射极之间流动的电流也是一定的。Tr_3 是吸收一定的集电极电

流的电流源,即作为恒流源来工作的。

　　照片 11.1 是图 11.2 电路在通用印制板上装配成的电路。即使说是差动放大电路,因晶体管是三只,所以也不是那么大规模的电路。

照片 11.1　在通用印制板上组装的差动放大电路
（使用 3 只晶体管,电路规模也不太大,在实际使用时,为了改善温度稳定度,常常将 Tr_1 与 Tr_2 进行热耦合,或者使用单片式双晶体管）

11.1.3　两个共发射极放大电路

　　照片 11.2 是输入 1 加上 1kHz、$50mV_{p-p}$ 的正弦波信号 v_{i1},输入 2 与 GND 短路（输入 2 的信号 $v_{i2}=0V$）时的输入与输出 1 的波形。

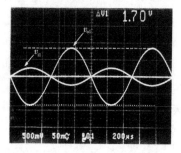

照片 11.2　$v_{i1}=50mV_{p-p}$,$v_{i2}=0V$ 时的输入输出波形（之一）（v_{i1}. v_{i2}：$50mV/div$,v_{o1}：$0.5V/div,200\mu s/div$)

（输入 $v_{i1}=50mV_{p-p}$,$v_{i2}=0V$ 的信号时,则输出 1 发生 $v_{o1}=1.7V_{p-p}$ 的信号。电压增压为 34 倍,v_{i1} 与 v_{o1} 的相位相反,这与共发射极电路相同)

　　由于输出 1 的信号 v_{o1} 为 $1.7V_{p-p}$,此时的电压增益为 34 倍（$=1.7V_{p-p}/50mV_{p-p}$）。因输出输入的相位是反相,从该输入输出上看,可以将该电路看成是增益大的普通的共发射极电路,即管放大倍数只有 34 倍。

　　照片 11.3 是输入状态与前面一样（$v_{i1}=50mV_{p-p}$,$v_{i2}=0V$）时,对输出 2 的信号 v_{o2} 进行观察的照片。Tr_2 的输入信号,尽管 $v_{i2}=0V$,没有输入信号,但从其集电极的输出 v_{o2} 中,几乎发生与 v_{o1} 相同大小的信号,那是与 v_{i1} 同相、与 v_{o1} 反相的信号。这是什么原因呢?

　　照片 11.4 是此时的输出 1 与输出 2 之间的波形（示波器 GND 接到输出 2,来观察输出 1 的波形）。由照片 11.2 与照片 11.3 可知，v_{o1} 与 v_{o2} 振幅相同，相位有 180°的差别，所以如在输出 1 与输出 2 之间进行观测，则为在各自的输出端所产生的信号振幅的 2 倍，即为 3.38V。

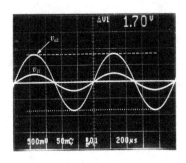

照片 11.3 $v_{i1}=50\text{mV}_{\text{p-p}}$，$v_{i2}=0\text{V}$ 时的输入输出波形（之二）

（（v_{i1}、$v_{i2}=50\text{mV/div}$，v_{o2}：0.5V/div、200μs/div）与照片 2 一样的输入状态下来观察输出 2，则发生与 v_{o1} 一样的信号，$v_{o2}=1.7\text{V}_{\text{p-p}}$。尽管在 $i_{i2}=0\text{V}$，Tr_2 没有输入信号，v_{i1} 与 v_{o2} 的相位相同）

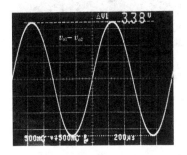

照片 11.4 v_{o1}-v_{o2} 间的输出波形（0.5V/div、200μs/div）

（在照片 11.2 的输入状态下，对输入 1 与输出 2 之间的波形进行观察。由于 v_{o1} 与 v_{o2} 的相位是反相。该波形约为 v_{o1} 或者 v_{o2} 的 2 倍大小）

照片 11.5 与照片 11.2 及照片 11.3 相反，是将输入 1 与 GND 短路（$v_{i1}=0\text{V}$），在输入 2 输入 1kHz、50mV$_{\text{p-p}}$ 的正弦波信号时的输入输出波形。波形虽然太多，难于看清，然而却知道，v_{o1} 与 v_{i2} 同相，v_{o2} 与 v_{i2} 反相。

v_{o1}，v_{o2} 的振幅与照片 11.2、照片 11.3 一样，为 1.7V$_{\text{p-p}}$。由此可知，各自的电压增益为 34 倍，与输出 1 加信号时的情况相同。

总之，该电路加输入信号侧的晶体管的输出与输入反相，其相反一侧的晶体管的输出与输入同相。

进而可知，两个输出 v_{o1} 与 v_{o2} 的相位是相反的，但振幅几乎相同。

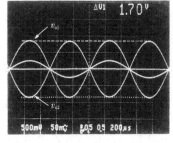

照片 11.5 $v_{i1}=0\text{V}$，$v_{i2}=50\text{mV}_{\text{p-p}}$ 时的输入输出波形（v_{i1}、v_{i2}：50mV/div，v_{o1}，v_{o2}：0.5V/div，200μs/div）

（这次令 $v_{i1}=0\text{V}$，$v_{i2}=50\text{mV}_{\text{p-p}}$。$v_{i2}$ 与 v_{o2} 为反相，v_{i2} 与 v_{o1} 是同相。即输入信号一侧的晶体管的输出与输入反相，而相反一侧的晶体管的输出则与输入同相）

11.1.4 在两个输入端上加相同信号

照片 11.6 是在输入 1 与输入 2 同时加 1kHz、1V$_{\text{p-p}}$ 的正弦波时，即 $v_{i1}=v_{i2}=1\text{V}_{\text{p-p}}$ 时的输入输出波形。输出信号 v_{o1} 与 v_{o2} 都是非常小的振幅，将示波器的量程放到最大才能看得清楚。总之可以知道，在两个输入端加同样信号时，电压增益几乎为 0。

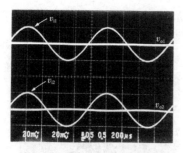

照片 11.6　$v_{i1} = v_{i2} = 1V_{p\text{-}p}$ 时的输入输出波形（v_{i1}, v_{i2}：$0.5V/div$, v_{o1}, v_{o2}：$20mV/div$, $200\mu s/div$）

（在输入 1 与输入 2 输入同样的信号 $v_{i1} = v_{i2} = 1V_{p\text{-}p}$，输出信号 v_{o1}, v_{o2} 都几乎为 0V。这是由于差动放大电路是对两个输入信号的差值进行放大工作的）

从到此为止所见到的波形来考虑，如何做才使该电路将两个输入 v_{i1} 和 v_{i2} 之差（$v_{i1} - v_{i2}$）进行放大呢？

对于照片 11.2、照片 11.3 的情况，$v_{i1} - v_{i2} = 50mV_{p\text{-}p}$；照片 11.5，$V_{i1} - v_{i2} = -50mV_{p\text{-}p}$。对这两个输入的差值进行放大后的结果各为 1.7$V_{p\text{-}p}$。

另一方面，对于照片 11.6 的情况，$v_{i1} - v_{i2} = 1V_{p\text{-}p} - 1V_{p\text{-}p} = 0V$，即使将它放大 34 倍（电路的电压增益），输出仍为 0。

由此可知，差动放大电路，就是这样将两个输入信号的差值进行放大的电路而命名的。

11.2　差动放大电路的工作原理

尽管对差动放大电路的工作大体已经知道，但对于该电路的工作原理还要进行一下研究。

11.2.1　两个发射极电流的和为一定

差动放大电路工作的秘密是接上电流源，使两个晶体管的发射极电流的和经常为一定值。

如图 11.3(a)所示，在没有加输入信号时，（$v_{i1} = v_{i2} = 0V$），设 Tr_1 与 Tr_2 的基极-发射极间电压 V_{BE} 与电流放大系数 h_{FE} 完全相同，则各自的发射极电流 I_{E1}, I_{E2} 也完全相同（V_{BE} 相同，则发射极电流值应该相同）。

进而，I_{E1} 与 I_{E2} 流进 Tr_3 的恒流源中，所以各自晶体管的发射极电流为恒流源设定值 $2I_E$ 的一半，即为 I_E。

接着，如图 11.3(b)所示，在输入 1 加电压，Tr_1 的 V_{BE} 要比 Tr_2 的 V_{BE} 大，则 Tr_1 的发射极电流由 I_E 增加 ΔI_E，为 $I_E + \Delta I_E$。这样一来，由于 I_{E1} 与 I_{E2} 的和被恒流源控制在 $2I_E$，所以 Tr_2 的发射极电流由 I_E 减去 ΔI_E，为 $I_E - \Delta I_E$（$= 2I_E - (I_E + \Delta I_E)$）。

总之，Tr_1 与 Tr_2 的发射极电流的变化量是完全相同的值。仅是增减的方向不同。

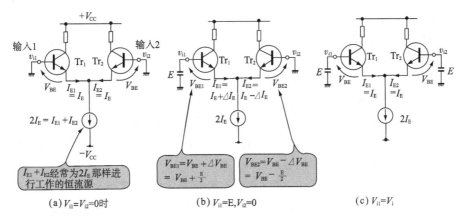

图 11.3 各部分的电压与电流

（如果 Tr_1 与 Tr_2 的 V_{BE} 与 h_{FE} 都相同,(a)的情况 $I_{E1}=I_{E2}=I_E$。(b)的情况,由于接着恒流源,I_{E1} 仅增加 ΔI_E,I_{E2} 仅减少 ΔI_E。所以 Tr_1 与 Tr_2 的输出为振幅相同,位相相反的信号,在(c)的情况下,由于 Tr_1 与 Tr_2 的 V_{BE} 是相同的,$I_{E1}=I_{E2}=I_E$,由于同(a)的情况一样,不发生输出信号)

11.2.2 对两个输入信号的差进行放大

由于该电路的输出是以集电极电流(＝发射极电流)的变化量、以集电极电阻 R_3 与 R_4 上的压降形式取出的,所以如照片 11.5 所示,该电路的输出 v_{o1} 与 v_{o2} 是振幅完全相同、相位相反的信号。

还有,发射极电流的变化量是由 Tr_1 与 Tr_2 的 V_{BE} 的电压差决定的。因此,如图 11.3 (c)所示,在它输入上加上同样大小的电压时,没有发生 V_{BE} 的差。就是说,发射极电流没有变化,输出不发生变化。

照片 11.7 是在照片 11.6 的输入状态下 ($v_{i1}=v_{i2}=1V_{p\text{-}p}$)电路各部分的波形。$Tr_1$ 与 Tr_2 的发射极电位 v_e 与输入信号波形完全相同。

输入信号 v_{i1}、v_{i2} 与 v_e 的差为各自晶体管的 V_{BE},然而,v_e 与 v_{i1},v_{i2} 的波形完全相同。所以,其电位差经常是一定的值(照片中为 0.66V)。为此,发射极电流也经常为

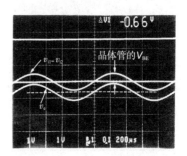

照片 11.7 $v_{i1}=v_{i2}=1V_{p\text{-}p}$ 时的各部分波形($1V/div,200\mu s/div$)

(Tr_1 与 Tr_2 的发射极电位 V_e 为完全与输入信号 v_{i1},v_{i2} 一样的交流成分。因此,由于 Tr_1 与 Tr_2 的 V_{BE} 都常为恒定值,所以发射电流不变化。其结果在 Tr_1 的集电极上不发生交流成分,所以输出也为 0)

一定值,输出信号没有产生(这一点要注意,集电极电流没有变化,Tr_1 的集电极电位 v_{c1} 为直流)。

这样工作的结果,就是说差动放大电路仅对两输入间的差进行放大。

11.2.3　对电压增益的讨论

下面对该电路的电压增益进行一下研究。

如图 11.3(b),$v_{i1}＝E,v_{i2}＝0$ 时,因发射极电流仅增加了 ΔI_E,Tr_1 的基极-发射极间电压 V_{BE1} 为 $V_{BE}＋\Delta V_{BE}$。相反,Tr_2 的基极-发射极间的电压 V_{BE2},因发射极电流减少了 ΔI_E,而为 $V_{BE}－\Delta V_{BE}$。

另一方面,虽然输入信号 v_{i1} 是加在 Tr_1 的基极与 GND 之间,但由于 $v_{i2}＝0$,这与在 Tr_1 的基极与 Tr_2 的基极间输入信号 v_{i1} 是一样的,V_{BE1} 与 V_{BE2} 的差成为输入电压 v_{i1} 那样地进行工作。

总之,设输入电压为 E,则 V_{BE1} 仅增加 $E/2$,V_{BE2} 仅减少 $E/2$(V_{BE1} 与 V_{BE2} 之差为 E)。

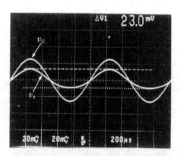

照片 11.8　($v_{i1}＝50mV_{p-p}$,

$v_{i2}＝0V$ 时的 v_e 的波形

($20mV/div,200\mu s/div$)

($v_{i1}＝50mV_{p-p}$ 时,v_e 为 23mV$_{p-p}$,几乎为 1/2 的值。这是由于 V_{BE1} 与 V_{BE2} 各变化 $v_{i1}/2$ 的缘故)

如果发射极电位 v_e 被固定,虽然输入信号全部加在输入晶体管的基极-发射极之间,但一个晶体管的 V_{BE} 一发生变化,则如同看镜子一样,另一个晶体管的 V_{BE} 也以相同的值朝反方向变化。所以 V_{BE} 间电压差刚好与输入信号为同一值。所以电路取得平衡。

照片 11.8 是在照片 11.2 的输入状态($v_{i1}＝50mV_{p-p}$,$v_{i2}＝0V$)时的输入信号 v_{i1} 与发射极电位 v_e 的工作波形(只对交流成分进行观测),V_{BE1} 与 V_{BE2} 都各变化 v_{i1} 振幅的 1/2,所以 v_e 的电位,如以 GND 为基准来看,则刚好为 v_{i1} 的一半的大小。

因此,对于一方晶体管而言,V_{BE} 的变化量为输入信号的一半。所以电压增益也为一个晶体管作为共发射极电路使用时的 1/2。

11.2.4　增益为共发射极电路的 1/2

图 11.4 的电路是为了证明将这里使用的晶体管用在共发射极电路时,电压增益为多大的电路。

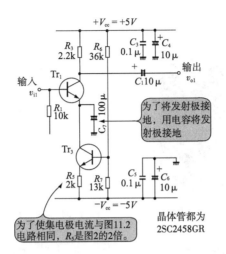

图 11.4 确证共发射极电路的增益的电路

（将图 11.2 的 Tr_2 去掉，Tr_1 的发射极用电容接地，则成为共发射极电路。该电路的
增益与差动放大电路的增益有什么关系）

将图 11.2 的 Tr_2 取去，R_5 取作 2 倍而使得 Tr_3 产生的恒流源的电流值减半
（图 11.2 的一个晶体管的量），在发射极上接上电容器来接地（因为差动放大电路
连接着相反一侧的晶体管的发射极，所以与接地相同）。

因为发射极交流接地，该电路的电压增益应该为 Tr_1 能够实现的最大增益，即
为几乎与 h_{FE} 相同的值。

照片 11.9 是在图 11.4 电路上输入 $1kHz$、$10mV_{p-p}$ 的正弦波时的输入输出波
形。由于输出为 $0.67V$，所以电压增益为 67 倍（$=0.67V/10mV_{p-p}$），几乎为 h_{FE} 的
值。该值的大小刚好为在照片 11.2、照片 11.3 测得的图 11.2 电路增益的 2 倍。

因此可知，差动放大电路的电压增益为一只晶体管的共发射极电路增益的
$1/2$。但是，即使是差动放大电路，如照片 11.4 所示，如果取出输出 1 与输出 2 之
间的信号，输出信号的振幅成为 2 倍，故电压增益与共发射极电路相同。

还有，如该电路所示，不想将增益提高得最大，而希望控制在某个值时，则如图
11.5 所示，在 Tr_1 与 Tr_2 的发射极上插入电阻。由于此时的电压增益也为共发射
极电路的 $1/2$，所以，对于一个输出的电压增益 A_v 为：

$$A_v = \frac{R_C}{2R_E} （倍）$$

显然，如果取出输出 1、输出 2 之间的电压，则 $A_v = R_C/R_E$。

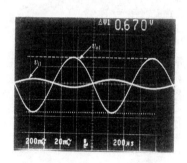

照片 11.9　图 11.4 电路的输入
输出波形(v_{i1}：20mV/div，
v_{o1}：200mV/div，200μs/div)

(仅让 Tr_1 作为共发射极电路工作，则电压增益
为 67 倍，是差动放大电路的 2 倍。就是说，差
动放大电路的增益为共发射极电路的 1/2)

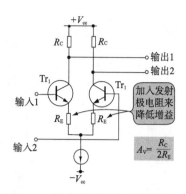

图 11.5　控制差动放大电路的增益
(在晶体管的发射极上分别加上电阻 R_E，
就能够控制增益。此时的增益也为共发
射极电路的 1/2)

11.2.5　差动放大电路的优点

晶体管的基极-发射极间电压 V_{BE} 几乎为 0.6V，而且具有－2.5mV/℃的温度系数。因此，在通常的共发射极电路中，如果想对直到直流信号都进行放大，则该 V_{BE} 的温度变化就成为大问题。

共发射极电路是以发射极电位为基准进行放大的。从发射极来看，V_{BE} 变化与输入信号的直流成分发生变化是一样的。电路的输出就发生变动，变动量为 V_{BE} 变化量乘上增益(称为温度漂移)。

然而，由于差动放大电路是对 Tr_1 与 Tr_2 的输入差进行放大，两个晶体管 V_{BE} 的温度变化相互抵消，而不会在输出中出现。因此，差动放大电路一直常被用于直流放大。在 OP 放大器的初级使用差动放大器也是这个原因。

但是，为使温度变化完全不在输出上出现，两个晶体管的温度特性必须绝对的一致。

即使温度特性一致，如 V_{BE} 值本身不同，也在输出经常产生 V_{BE} 间的电压差乘上增益之后的直流电压(称此为补偿电压)。因此，V_{BE} 值本身也要完全一致。

差动放大电路应用在这种用途上时，要使用两个晶体管特性完全一致的称为双晶体管的器件。

11.2.6　双晶体管的出现

照片 11.10 表示双晶体管的例子。这些器件称为单片式双晶体管,是在一个半导体衬底上形成的紧靠着的晶体管,所以器件间各种特性的差别非常之小(进行严格地挑选,两个晶体管特性一致的双片式双晶体管也是有的,但在本质上相匹配的还是单片式为好)。

照片 11.11 是在图 11.2 电路中,设 $v_{i1}=v_{i2}=0V$ 时的集电极电位 v_{c1}、v_{c2} 的波形。

照片 11.10　双晶体管

(它是装有两个器件、电性能完全一样的晶体管。将差动放大电路作为直流放大用时,一定受到它的帮助。但是,由于最近 OP 放大器的温度漂移变得非常小,存在使用它的机会变小,其品种也减少的趋势(2SK389,2SJ109 是 FET 的双管))

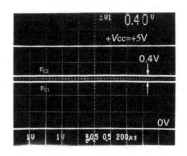

照片 11.11　$v_{i1}=v_{i2}=0V$ 时的集电极
电位($1V/div$,$200\mu s/div$)

(由于 Tr_1 与 Tr_2 的 V_{BE} 有差别,集电极电流就不平衡,在 Tr_1 与 Tr_2 的集电极电位 v_{c1},v_{c2} 产生 0.4V 的差。将它用电路的增益来除,就为 V_{BE} 的差。由于增益为 68 倍,所以 V_{BE} 的差约 5.9mV)

在这里使用的 Tr_1 与 Tr_2 的 2SC2458 是极普通的晶体管,所以 V_{BE} 不是完全相同的。因此,发射极电流没有平衡,R_3 与 R_4 的直流压降,即在 v_{c1} 与 v_{c2} 上产生 0.4V 的差。

该晶体管 V_{BE} 的差乘上增益之后的值出现在输出上,所以在该电路使用的 2SC2458 的 V_{BE} 之差为 5.9mV($\approx 0.4V/68$ 倍)。虽然 V_{BE} 的差只有数毫伏,但乘上增益之后就变成很大的值。

进而,在温度发生变动时,还要加上温度系数的差,所以 v_{c1} 与 v_{c2} 的差变得更大。

照片 11.12 是图 11.2 的 Tr_1,Tr_2 用单片式双晶体管 2SC3381(东芝)时的集电极电位的波形。该器件的 V_{BE} 间应为 $10mV_{max}$,h_{FE} 之差为 10%。

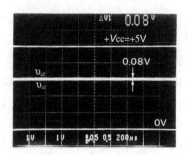

照片 11.12   使用双管时的集电极电位(1V/div,200μs/div)

(如果使用双管 2SC3381,v_{c1} 与 v_{c2} 的电位差为 0.08V。计算出 V_{BE} 的差为1.2mV,
确实地讲,双管的匹配是无可比拟的)

由于该晶体管的 V_{BE} 匹配相当好,所以 v_{c1} 与 v_{c2} 的电位差为 0.08V,是非常小的量。如果从这个照片来计算 V_{BE} 的差,无论如何有 1.2mV($\approx$0.08V/68 倍)(认为电路的增益是相同的)。

这样,用差动放大电路来处理直流信号时,必须注意晶体管的 V_{BE} 的相互匹配问题。

11.3   设计差动放大电路

现在,对图 11.2 的电路进行一下设计。下表表示的是差动放大电路的设计规格。

差动放大电路的设计规格

电压增益	尽可能的大
最大输出电压	$1V_{p-p}$
频率特性	—
输入阻抗	$10k\Omega$
输出阻抗	—

11.3.1   电源电压的决定

差动放大电路的电源电压要比最大输出电压加上作为稳流源工作的 Tr_3 的发射极电阻 R_5 上压降的值还要大。

如令 R_5 的压降为 $2V$(考虑到 Tr_3V_{BE} 的温度变化,则 R_5 的压降希望在 $1V$ 以上),最大输出电压为 $1V_{p-p}$,所以电源电压在 $5V$ 以上即可。

　　但是,在该电路中,Tr_1 与 Tr_2 的基极偏置电压希望在 0V(为了能够输入直流,想去掉输入侧的耦合电容),所以采用 $+V_{cc}=+5V$, $-V_{cc}=-5V$ 所谓正负双电源的结构。

　　顺便说一下,图 11.6 是使用单电源时的电路。由于单电源增加了 Tr_1 与 Tr_2 的基极偏置电阻 R_8 和 R_9、耦合电容 C_7 和 C_8 等,电路变得有些复杂。

　　显然,在输入上加上耦合电容,所以不能放大直流信号(图 11.2 电路在输出上也有耦合电容,所以不能取出直流输出。但在 v_{c1} 与 v_{c2} 之间,产生放大了的直流信号)。

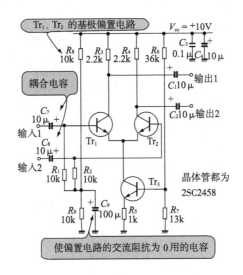

图 11.6　用单电源制作的差动放大电路

(用单电源来制作,则 Tr_1 与 Tr_2 的基极偏置电路非常麻烦。还有,由于在输入端加进耦合电容 C_7、C_8,所以不能输入直流。一般,仍如图 11.2 那样用正负双电源来进行设计)

11.3.2　Tr_1 与 Tr_2 的选择

　　对于 Tr_1 与 Tr_2 的品种,在设计规格中设有规定频率特性和噪声电平,如果集电极-基极间的最大额定值 V_{CBO} 与集电极-发射极间最大额定值 V_{CEO} 是在电源电压以上的晶体管,那么,选择任何一种晶体管都可以(这里所说的电源电压是正电源与负电源之间的电压,在该电路中即是 $10V=+5V-(-5V)$)。

　　还有,因为没有对直流进行放大,所以也没有使用双晶体管。但是,由于差动放大电路是以"Tr_1 与 Tr_2 的特性一致"为前提进行工作的,所以请使用同一品种的 Tr_1 与 Tr_2(如果没有详细说明,即使不同品种也可以工作)。

　　在此,对于 Tr_1 与 Tr_2,选用型号为 2SC2458 的晶体管。不管哪个档次的 h_{FE} 都可以,重要的是使用同一档次的 Tr_1 与 Tr_2。

还有,虽然使用了 NPN 型晶体管,但是如图 11.7 所示,即使使用 PNP 型晶体管和 FET 也能够组成差动放大电路。如果使用 FET,就能提高输入阻抗,但电路的增益不能做得太大,这是其缺点(显然,在使用 FET 时,必须注意的是 V_{GS} 的匹配,而不是 V_{BE})。

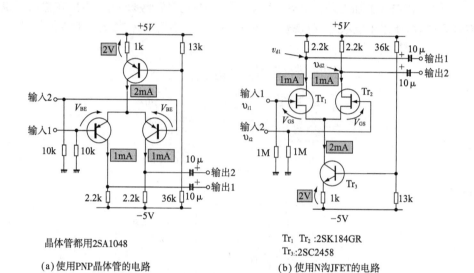

(a)使用PNP晶体管的电路　　　　(b)使用N沟JFET的电路

图 11.7　各种差动放大电路

(即使使用 PNP 晶体管和 JFET 来组装差动放大电路也可以。如果使用 FET,能够提高输入阻抗,但具有电路增益变低的缺点。必须注意,不是 V_{BE} 而是 V_{GS} 的匹配)

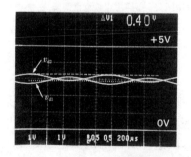

照片 11.13 图 11.7(b)电路的工作波形 ((1V/div,200μs/div) $v_{i1}=50\mathrm{mV_{p\text{-}p}}$, $v_{i2}=$ 0V 时的漏电位 V_{d1}, V_{d2} 的波形。输入条件与照片 11.7 一样,但输出振幅为 $0.4\mathrm{V_{p\text{-}p}}$,仍然是使用 JFET,则增益就变小)

照片 11.13 是在图 11.7(b)电路上输入与照片 11.2 一样的 $v_{i1}=50\mathrm{mV_{p\text{-}p}}$, $V_{i2}=0\mathrm{V}$ 信号时的漏极电位 V_{d1} 与 V_{d2} 的波形。可以知道,输出振幅为 $0.4\mathrm{V_{p\text{-}p}}$,电压增益为 8 倍 $(=0.4\mathrm{V_{p\text{-}p}}/50\mathrm{mV_{p\text{-}p}})$,并不是太大的值。

11.3.3　Tr_1 与 Tr_2 工作点的确定

下面是关于 Tr_1 与 Tr_2 集电极电流大小的问题。通常与共发射极电路一样为 0.1 至数毫安。

在这里设为 1mA。如果 Tr_1 与 Tr_2 是使

用 JFET,则必须设漏电流在饱和电流 I_{DS} 以下的值。

因为 Tr_1 与 Tr_2 的集电极电流分别为 $1mA$,如果忽略基极电流,则集电流=发射极电流,因此,恒流电路的电流必须设定在 $2mA(=1mA\times2)$。

在这里,接在 Tr_2 发射极的 R_5 上的压降取为 $2V$,电流流过 $2mA$,所以

$$R_5 = \frac{2V}{2mA} = 1k\Omega$$

11.3.4 恒流电路的设计

对于恒流电路中使用的 Tr_3,如果 V_{CBO} 与 V_{CEO} 是在电源电压以上的 PNP 晶体管,则选用任何品种的晶体管都可以。在这里,决定使用与 Tr_1、Tr_2 一样的 2SC2458(任意档次的 h_{FE} 都行)。

为了使 R_5 的压降为 $2V$,设 Tr_3 的 V_{BE} 为 $0.6V$,则在负电源与 Tr_3 的基极间必须加上 $2.6V(=2V+0.6V)$ 的电压。即只要 R_7 的压降为 $2.6V$ 就可以。由于 R_6 与 R_7 是加在正电源与负电源之间的,所以 R_6 压降为 $7.4V(=10V-2.6V)$。

为了使 Tr_3 上的基极电流可以忽略,在 R_6 与 R_7 上流过的电流有必要比基极电流大 10 倍以上。如果设 h_{FE} 为 100,则 Tr_3 的基极电流为 $0.02mA(=2mA/100)$,所以在 R_6 与 R_7 上流过 $0.2mA$(10 倍)。因此,

$$R_6 = \frac{7.4V}{0.2mA} \approx 36k\Omega$$

$$R_7 = \frac{2.6V}{0.2mA} = 13k\Omega$$

在该电路中,拉出发射极电流而使用恒流源。但如图 11.8 所示,也能用一只电阻来代替恒流源。

这样一来,当输入信号振幅变大时,Tr_1 与 Tr_2 的发射极电位 v_e 发生变动,使 R_E 的压降发生变化,因此不能看作是恒流源(具体讲,是增益下降)。

进而,在两个输入上加上同样的信号时,由于 v_e 的变动,R_E 上流过的电流也发生变化,因此存在输出上产生信号的缺点(相对在 GND 见到的情况)。

11.3.5 决定 R_3 与 R_4

R_3 与 R_4 是集电极负载电阻,是为

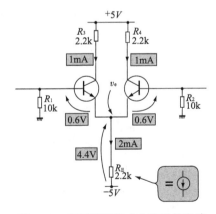

图 11.8 将恒流源换成电阻后的电路

(如果输入信号电平小,V_e 不太变动,就可以将 Tr_3 的恒流源换成一只电阻。虽然是减少元件数的有效方法,但差动放大电路的性能却下降)

了以电压降形式将集电极电流的变动取出来用的。由于该电阻值对电路的增益几乎没有影响(如认为是共射极电路,则由于发射极的交流阻抗为 0,增益与集电极电阻无关),所以设定 R_3 与 R_4 的值,以能获得最大输出电压即可。

对于没有输入信号时,Tr_1 与 Tr_2 的发射极电位 v_e,由于基极电位被 R_1 与 R_2 偏置在 0V,因此,如设 $V_{BE}=0.6V$,则 $V_e=-0.6V$。

如将 R_3 与 R_4 的压降设定在该 V_e 与正电源(+5V)的中点附近,就能够获得最大的输出振幅。为此,在这里取 R_3 与 R_4 的压降为 2.2V。由于集电极电流为 1mA,所以

$$R_3 = R_4 = \frac{2.2V}{1mA} = 2.2k\Omega$$

虽然差动放大电路能够取出两条输出,如果只使用其中任一条输出,则如图 11.9 所示,就能够将另一条输出的集电极负载电阻去掉。只要这两个晶体管的 V_{BE} 值是相同的,发射极电流刚好取得平衡,该电路也能正常工作。

照片 11.14 是在图 11.9 电路中,设 $v_i=50mV_{p-p}$,$v_{i2}=0V$ 时,集电极电位 v_{c1} 与 v_{c2} 的波形。由于没有 R_4。v_{c2} 为 +5V=正电源的电压,但 v_{c1} 则与照片 11.2 一样产生 $1.7V_{p-p}$ 的交流成分。由此可知,作为差动放大电路进行工作是没有问题的。

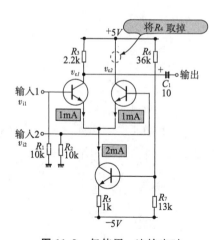

图 11.9　仅使用一边输出时
(虽然差动放大电路有两个输出,如果只使用一边输出,那么没有输出一侧的集电极电阻就显得没有必要了)

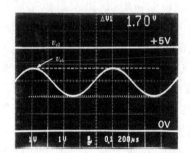

照片 11.14　将一个集电极电阻去掉之后的工作波形($1V/d1v,200\mu s/div$)

(图 11.9 的电路中,令 $v_{i1}=50mV_{p-p}$ · $v_{i2}=0V$ 时的集电极电位 v_{c1}、v_{c2} 的波形。即使去掉一个集电极电阻,作为差动放大电路能够完全正常地进行工作)

11.3.6 决定 R_1 与 R_2

下面确定 R_1 与 R_2。该电阻是决定输入阻抗的,同时也兼有将 Tr_1 与 Tr_2 的基极电位偏置在 0V 的偏置电路的作用。

由设计规格可知,输入阻抗必须为 $10k\Omega$,所以在这里什么也不用考虑就可以设 $R_1=R_2=10k\Omega$(忽略因基极电流流动而引起的输入阻抗的下降)。

然而,差动放大电路的输入端与输出端一样有两个。如果仅使用一个输入时,如图 11.10 所示,好像可以去掉不用的输入电阻而将晶体管的基极直接接地(如果这样,就减少一个电阻),但这样做是不行的。

为什么呢? 输入阻抗不平衡,会导致在其电阻上由于基极电流的流动而产生的电压不同,输出的补偿电压就会变大(在电阻值相同时,是相互抵消,不会在输出端出现)。

照片 11.15 是在图 11.2 的电路中,如图 11.10 所示将输入 2 与 GND 短路后所观测到的集电极电位 v_{c1} 与 v_{c2} 的波形。在 $R_1=R_2=10k\Omega$ 时,如照片 11.11 所示,v_{c1} 与 v_{c2} 之差为 0.4V,然而当一方输入与 GND 短路,输入阻抗不平衡,则 v_{c1} 与 v_{c2} 之差扩大到 1.8V。

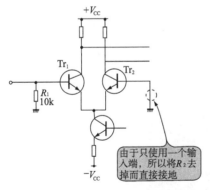

图 11.10 将一个输入端直接接地
(虽然差动放大电路有两个输入端,如只使用一个输入端,将没有使用的输入端直接接地也应该没有关系)

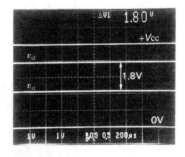

照片 11.15 将输入 2 与 GND 短路时的集电极电位($1V/div, 200\mu s/div$)
(如将输入 2 与 GND 短路,集电极电位 v_{c1}、v_{c2} 的差为 1.8V。这是由于输入端的阻抗不平衡的缘故)

晶体管的基极电流是非常小的值。由基极电流引起的 R_1 的压降也不会是那么大的值。然而,将它乘以增益的缘故,就在输出端出现大小不能忽略的补偿电压。

因此,从差动放大电路两个晶体管的基极看到的阻抗,即输入阻抗 R_1 与 R_2 有必要取为同样的值。

但是,在使用 FET 的差动放大电路中,由于没有栅极电流流动,即使输入阻抗做得不平衡,也不发生由此而产生的输出补偿电压。

这也与使用 OP 放大器时一样,双极型晶体管输入的 OP 放大器,从两个输入端看到的阻抗如果不一致,则输出的补偿电压就变大。

11.3.7　决定 $C_1 \sim C_6$

C_1 与 C_2 是切去集电极直流电位,仅将交流成分取出来的耦合电容。在这里取 $C_1 = C_2 = 10\mu\text{F}$。

$C_3 \sim C_6$ 是为了减少电源阻抗用的去耦电容。在图 11.2 的电路中,由于使用正负电源,所以有必要将各自电源分别地接 GND。在这里取 $C_3 = C_5 = 0.1\mu\text{F}$,$C_4 = C_6 = 10\mu\text{F}$。

11.4　差动放大电路的性能

11.4.1　输入输出阻抗

照片 11.16 是用图 2.14 所示的方法,设信号源电压 $v_s = 100\text{mV}_{\text{p-p}}$(频率为 1kHz),串联电阻 $R_s = 10\text{k}\Omega$ 时,v_s 与电路的输入信号 v_{i1}(在输入 1 输入的信号)的波形。

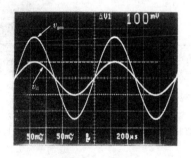

照片 11.16　输入阻抗的测量($20\text{mV/div}, 200\mu\text{s/div}$)
(加入串联电阻 $R_s = 10\text{k}\Omega$,从信号源的输出 v_s 与电路的输入 v_{i1} 来求输入阻抗。由于 $v_{i1} = 1/2 v_s$,所以 $Z_i = R_s = 10\text{k}\Omega$。它就是 R_1 本身的值)

由 $v_{i1} = 50\text{mV}_{\text{p-p}}$ 为 v_s 的 1/2 可知,电路的输入阻抗 Z_i 为与 R_s 相同的 10kΩ。

该值就是输入偏置电路的电阻 R_1 的值。对于输入 2 也是一样的，$Z_i = 10\text{k}\Omega$。

照片 11.17 是在输出 1 上接上负载电阻 $R_L = 2.2\text{k}\Omega$，设 $v_{i1} = 50\text{mV}_{\text{p-p}}$，$v_{i2} = 0\text{V}$ 时的输入输出波形。在同样输入条件下，与无负载时的输出相比较（照片 11.2），由于振幅下降 1/2，可知该电路的输出阻抗 Z_o 与 R_L 一样为 $2.2\text{k}\Omega$。

该值就是集电极电阻 R_3 的本身值。对于输出 2 也是一样，$Z_o = 2.2\text{k}\Omega$。

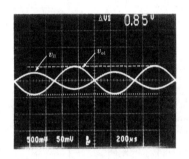

照片 11.17　输出阻抗的测量

（v_{i1}：50mV/div，v_{o1}：500mV/div，200μs/div）（在输出 1 上接上负载电阻 $R_L =$ 2.2kΩ，来测量输出的振幅为无负载时（照片 11.2）的 1/2，所以，$Z_o = R_L = 2.2\text{k}\Omega$ 为 R_3 的本身值）

因此，可以认为差动放大电路的输入输出阻抗与共射极放大电路一样。

11.4.2　电压放大度与低频时的频率特性

图 11.11 表示在低频范围（1Hz～10kHz）电压增益的频率特性。由于差动放大电路各有两个输入输出端，如果各选择一个输入输出端，则可以认为有四种组合。

但无论哪种组合，电压增益都为 30.7～30.8dB（34.3 倍～34.7 倍），几乎是相同的。还有，由于在输入上没有加耦合电容，所以直至 1Hz 非常低的频率，响应还是平坦的。

这个测量是在无负载时进行的。但在输出端接有负载时，由于输出侧的耦合电容 C_1，C_2 与负载形成高通滤波器，在低频范围的增益应该下降。

图 11.12 是在输入 1 输入信号、由输出 1 与输出 2 间取出信号时的频率特性。此时的电压增益约为 36.8dB，比起图 11.11 从一个输出端取出信号时的电压增益高 6dB，即两倍。这是由于输出 1 与输出 2 的信号大小相同、而相位相反的缘故。

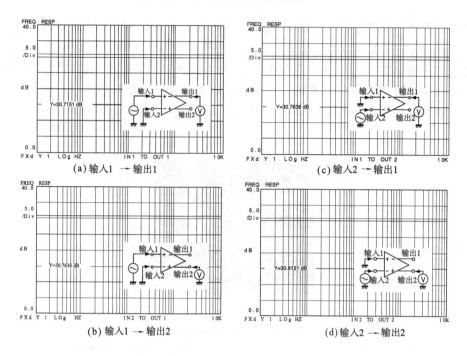

图 11.11　低频范围的频率特性

(由于差动放大电路有两个输入,两个输出。如各选一个输入输出,则有四种类型的
组合。无论那种组合,增益都几乎因为 30.7～30.8dB。另外,由于没有输入部分的
耦合电容,低频范围直到 1Hz 都是平坦的)

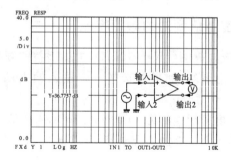

图 11.12　输入 1→输出 1-输出 2 间的频率特性

(将信号从输出 1 与输出 2 间取出看一下。电压增益比图 11.11 提高 6dB,即 2 倍,
这是由于输出 1 与输出 2 的信号大小相同、相位相反的缘故)

　　图 11.13 是在输入 1 与输入 2 间输入信号,从输出 1 与输出 2 间取出信号时
的频率特性。此时的电压增益约为 36.8dB,与图 11.12 的情况完全相同。这是由
于差动放大电路是对两输入间的差进行放大的缘故(由放大器来看,图 11.12、图
11.13 的输入方法都是相同的)。

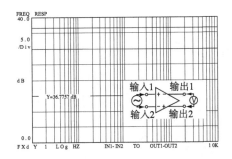

图 11.13 输入 1-输入 2→输出 1-输出 2

(在输入 1 与输入 2 间加入信号,从输出 1 与输出 2 间取出信号看一下。电压增益为
图 11.12 相同的值。差动放大电路是仅对两输入差进行放大的电路)

11.4.3 高频特性

图 11.14 表示在高频范围(100kHz~100MHz)的电压增益与相位的频率特
性。这是在输入 1 输入信号,分别由输出端取出信号来进行测量的。高频截止频
率 f_{ch} 约为 7.1MHz 与 7.4MHz,几乎是相同的值。但是,在输出 1 与输出 2 的相
位却有 180° 的差别。

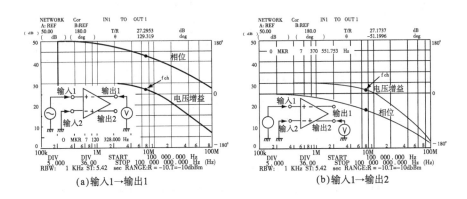

| (a)输入1→输出1 | (b)输入1→输出2 |

图 11.14 高频范围的频率特性

(在输入 1 加入信号进行测定的各个输出端的频率特性。高频截止频率 f_{ch} 都为
7MHz 强的同样特性。但是,输出 1 与输出 2 的相位有 180° 的差别)

在输入 1 与输入 2 输入同样的信号,在输出 1 能够取出多大的信号呢?
图 11.15 是对此进行测量后的曲线图。它称为共模抑制比(CMRR:Common
Mode Rejection Ritio),表示的是加在两个输入端的同一信号成分有多大程度能够
受到抑制的特性。对于差动放大电路来说,这是非常重要的特性。

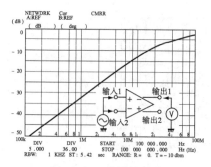

图 11.15　共模抑制比

（共模抑制比（CMRR）对于差动放大电路是重要的特性。CMRR 随频率的上升而变坏）

　　差动放大电路应该仅对输入端间的电压差进行放大。若输入同样的信号时，应该没有输出。然而，当输入信号频率变高时，差动放大电路的工作变得迟钝，如图 11.15 所示，在高频范围，CMRR 变差。该电路的 CMRR 在 100kHz 下为 -50dB 以下，这是比较好的值。

11.4.4　噪声特性

　　图 11.16 是将输入 1 与输入 2 同 GND 短路进行测量时的噪声频谱。输出 1 与输出 2 几乎都是同样的特性（在频率低处噪声大，是由于电源的噪声洩漏到输出端的缘故）。

　　噪声的大小几乎与普通共发射极电路是一样的数值（在 10kHz 处为 -110dBm左右），由此可知，即使是差动放大电路的噪声电平也没有变化。

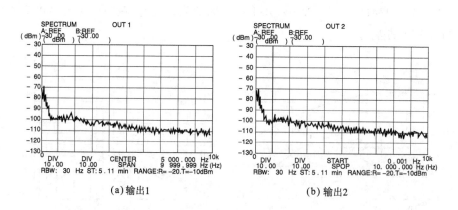

(a) 输出1　　　　　　　　　　　　　(b) 输出2

图 11.16　噪声特性

（输出 1、输出 2 几乎都是相同的特性。噪声的大小与共发射极电路几乎是同一程度）

　　如果能够掌握差动放大电路、则离设计 OP 放大器还有最后一步。

11.5　差动放大电路的应用电路

11.5.1　渥尔曼化

　　图 11.17 表示的是渥尔曼化了的差动放大电路。

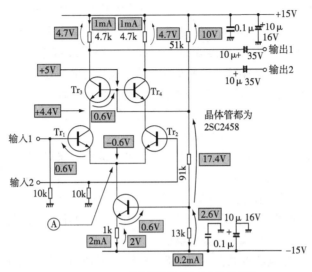

（a）NPN晶体管的差动放大电路的情况

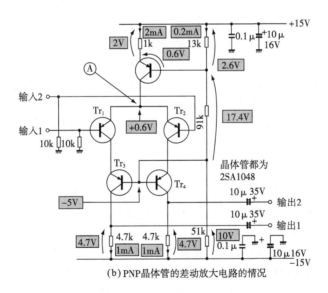

（b）PNP晶体管的差动放大电路的情况

图 11.17 渥尔曼化后的差动放大电路

由于差动放大电路可以认为是共发射极电路的一种，该电路与共基极电路组合就能够进行渥尔曼化。将差动放大电路进行渥尔曼化，就能够扩展高频范围的频率特性。

在图 11.17(a)的电路中,在进行差动放大的 NPN 晶体管 Tr_1、Tr_2 上,组合共基极工作的 NPN 晶体管 Tr_3、Tr_4。Tr_3 与 Tr_4 的基极偏置电压是由电源电压用电阻进行分压而产生的。该电阻分压电路也兼作恒流电路的基极偏置电路。

图 11.17(b)是将 PNP 晶体管的差动放大电路已经渥尔曼化了的电路,在共基极电路部分用 PNP 晶体管。电路的常数与图(a)完全一样。

关于渥尔曼电路的设计本身,与在第 8 章已经掌握的一般渥尔曼电路是一样的。但是,由于差动放大电路是将两个共发射极电路组合成的电路,所以必须将共基极电路分别地与共发射极电路相组合。

观察图 11.17(a)电路的电压分配,由于共基极部分的基极电位设定在 $+5V$,所以 Tr_1 与 Tr_2 的集电极电位为 $+4.4V(=5V-0.6V)$。另一方面,Tr_1 与 Tr_2 的基极电位是被 $10k\Omega$ 的电阻偏置在 $0V$,所以发射极电位为 $-0.6V$。为此,Tr_1 与 Tr_2 的集电极-发射极间电压为 $5V(=4.4V-(-0.6V))$(实际上,使集电极-发射极间电压为 $5V$ 来设定 Tr_3 与 Tr_4 的基极电压)。

通常,在渥尔曼电路的共发射极电路部分,为了使最大输出电压变小,集电极-发射极间电压设定在 $1\sim2V$(如果在此值以下,高频性能就变坏),但是在图 11.17 的电路中,则设定在稍大的 $5V$ 上。这是由于想增大加在电路上同相信号振幅的缘故。

在差动放大电路的两个输入端输入同样信号(同相信号)时,如照片 11.7 所示,两个晶体管的发射极电位与输入信号一样进行变化(为此,不发生输出信号)。然而,当进行渥尔曼化时,因 Tr_3 与 Tr_4 的发射极、Tr_1 与 Tr_2 的集电极电位被固定,限制了 Tr_1 与 Tr_2 的发射极电位的变动范围。

这就是说,在图(a)中,Tr_1 与 Tr_2 的集电极被固定在 $4.4V$,所以 A 点的电位为 $+4.4V$ 以上,Tr_3 与 Tr_4 为截止(因为基极-发射极间电位为 $0.6V$ 以下),电路不工作。同样,在图(b)中,A 点的电位为 $-4.4V$ 以下,电路也不工作。

可见,随着渥尔曼化,电路能输入同相信号的振幅被限制了。

因此,当没有预先提高 Tr_1 与 Tr_2 的集电极间电压时,能够输入到电路的同相信号的振幅就要变小。

在图 11.17 电路中,Tr_1 与 Tr_4 的集电极-发射极电压设定在 $5V$,所以能够输入直到 $\pm5V$ 的同相信号(实际上,同相输入信号的振幅是被限制的。在图 11.17(a)电路仅是信号的"$+$"侧,而在图 11.17(b)电路侧仅是信号的"$-$"侧)。

另外,在该电路中,所有的晶体管都使用通用的 2SC2458。在渥尔曼电路的共基极电路的晶体管 Tr_3、Tr_4 中,如果使用 f_T 更高的晶体管,如 2SC2668 等,则能够进一步扩展高频范围的频率特征。

11.5.2 渥尔曼-自举化

图 11.18 表示的是进行了渥尔曼-自举化的差动放大电路。图 11.18(a)和图 11.18(b)是分别将 NPN、PNP 晶体管的差动电路进行渥尔曼-自举化的电路。这样,能够将渥尔曼化之后的差动放大电路作进一步的自举化。

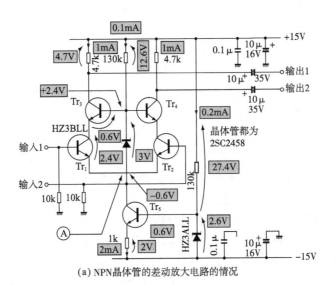

(a) NPN晶体管的差动放大电路的情况

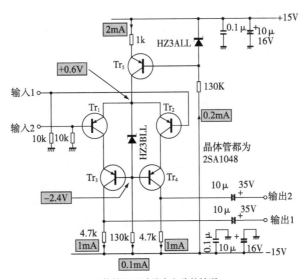

(b) PNP晶体管的差动放大电路的情况

图 11.18　渥尔曼-自举化后的差动放大电路

　　该电路共基极电路部分晶体管(Tr_3,Tr_4)的基极偏置电压是以共发射极部分的晶体管(Tr_1,Tr_2)的发射极为基准而制作的(具体的是在 Tr_3、Tr_4 的基极与 Tr_1、Tr_2 的发射极间加入齐纳二极管)。即使输入信号电平发生变化而引起 Tr_1 与 Tr_2 的发射极电位发生变化,而 Tr_1 与 Tr_2 的集电极-发射极间电压也经常保持一定而进行工作。

　　这样一来,在输入信号变大时,频率特性和输入输出间的线性变好,直到高频范围,电路都稳定地进行工作。

　　对渥尔曼化后的差动放大电路进行自举化,则在图 11.17 电路发生的"电路能输入的同相信号的振幅被限制"的问题就没有了。

　　这是由于 Tr_1 与 Tr_2 的集电极电位不是被固定在电源或 GND,而是随输入信号发生变化,所以即使同相输入信号电平变大,也没有受到电位限制的缘故。

　　渥尔曼-自举部分的设计仅是选择齐纳二极管,即决定在齐纳二极管上流动的电流。

　　Tr_1 与 Tr_2 的集电极-发射极间电压为齐纳二极管所产生的齐纳电压减去 Tr_3 或 Tr_4 的 V_{BE}(=0.6V)之后的值。

　　在渥尔曼电路中,共发射极电路侧的集电极-发射极间电压希望设定在 2V 以上(为了不增大 C_{ob}),所以在图 11.18 电路中,使用 3V 的齐纳二极管 HZ3BLL(日立)。为此,Tr_1 与 Tr_2 的集电极-发射极间电压为 2.4V(=3V−0.6V)。

　　由于齐纳二极管上流动的电流是仅仅供给 Tr_3 与 Tr_4 的基极电流,所以没有必要做得那么大,考虑到晶体管的 h_{FE},它为 Tr_3 与 Tr_4 的发射极电流的 1/10 即可。

　　还有,齐纳二极管上流动的电流是直接流到恒流源的,若设定在太大的值,则 Tr_1 与 Tr_2 的发射极电流就减少。从这个意义上讲,齐纳二极管的电流也设定在对 Tr_1 与 Tr_2 的发射极电流可以忽略的程度上,即设定在1/10左右即可。

　　在图 11.18(a)的电路中,齐纳二极管上流动的电流设定为 0.1mA(Tr_1,Tr_2 的发射极电流的 1/10)。A 点的电位为 −0.6V(因为 Tr_1 与 Tr_2 的基极被偏置在 0V),所以正电源与齐纳二极管之间加入的电流限制电阻上加上12.6V(=15.6V−3V)的电压。为此,在该电路,电流限制电阻设为 130kΩ(≈12.6V/0.1mA)。

　　图 11.18(b)电路是仅将晶体管换成 PNP,电路常数等均与图 11.18(a)一样。还有,虽然与渥尔曼-自举电路无关,在图 11.18 电路中,恒流源的晶体管 Tr_5 的偏置电压是用齐纳二极管产生的。这样一来,即使电源电压变动,Tr_5 的发射极电阻上所加的电压也不发生变化,所以这是抗电源电压变动、抗电源噪声强的电路。

11.5.3　差动放大电路＋电流镜像电路

　　图 11.19 表示将负载做成电流镜像电路的差动放大电路。所谓电流镜像电路

是一种恒流电路。将它作为放大电路的负载使用,就能够提高电路的增益。为此,经常用在 OP 放大器 IC 的初级上。

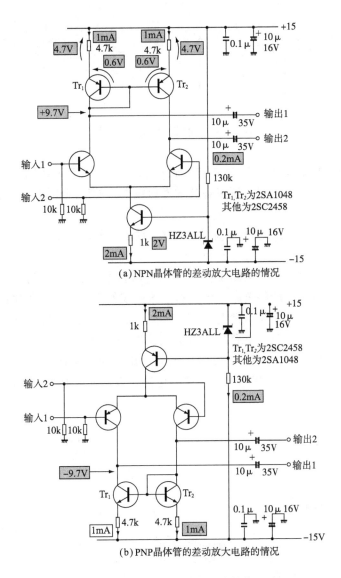

(a)NPN晶体管的差动放大电路的情况

(b)PNP晶体管的差动放大电路的情况

图 11.19　差动放大电路＋电流镜像电路

由图 11.19 可知,电流镜像电路在 NPN 晶体管的差动放大电路中使用 PNP 晶体管,在 PNP 晶体管的差动放大电路中使用 NPN 晶体管。

图 11.20 是将图 11.19(a)的电流镜像部分抽出来的电路。

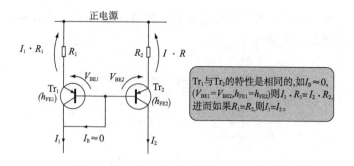

图 11.20　电流镜像电路的作用

在该电路中,假设 Tr_1 与 Tr_2 的电特性(V_{BE} 和 h_{FE} 等)完全相同,由于基极之间是相连接的(基极电位相同),所以各自的发射极电阻的压降相同,为

$$I_1 \cdot R_1 = I_2 \cdot R_2$$

(假设 Tr_1 与 Tr_2 的基极电流 $I_B \approx 0$)。进而,设 $R_1 = R_2$,则由上述关系得到 $I_1 = I_2$。

就是说,该电路在两个电路上流动的电流以相同的值进行工作。"电流镜像"的名称来源一种比喻,即将电路上流动的电流做成如镜子里见到的那样相同的值。

然而,在差动放大电路的情况下,两个共发射极电路的发射极紧挨着,并在此连接上恒流源。因此,两个电路的发射极电流之和为恒定值。在差动放大电路的负载上连接上电流镜像电路,会使两个电路上流动着相等的电流那样进行工作。所以,如图 11.21 所示,可以认为电流镜像电路是设定值具有恒流源设定值 1/2 的一种恒流电路。

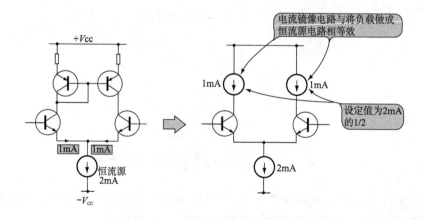

图 11.21　电流镜像电路是恒流电流

恒流电路的交流阻抗在理论上是无限大,所以电流镜像电路加到差动放大电路的集电极上,就如同与接上阻抗为无限大的负载电阻一样,电路的增益变得非常大(所用的晶体管能实现的最大增益)。

关于电流镜像差动放大电路的设计方法,除了电流镜像电路之外,其他部分完全与通常的差动放大电路一样。由于电流镜像部分也仅仅是增加两个晶体管,所以设计本身是选择晶体管的简单问题。

还有,在镜像电路中,两个晶体管的特性要一致,所以经常使用单片式双晶体管。但是在通常的电路中,在电流镜像中使用的两个晶体管的 V_{BE} 的误差不如发射极电阻压降的误差大,所以没有必要太拘泥于两个晶体管的匹配问题(但是,在制作精密的电流镜像电路时,晶体管的匹配还是重要的)。

还有,如在 Tr_1,Tr_2 上的电压,在基极-集电极间只有 0V,集电极-发射极间只有 0.6V,所以,无论使用哪种晶体管都不产生损坏问题。

在图 11.19 所示的(a)电路中,对于 Tr_1 与 Tr_2,使用通用的 PNP 晶体管 2SA1048,在电路(b)中使用 2SC2458。关于 h_{FE},无论多大都可以。但是 Tr_1 与 Tr_2 的 h_{FE} 档次要一致。

在该电路的下级直接连接其他电路时(不通过电容直接连接),必须注意 Tr_1 与 Tr_2 的集电极电位。与通常的差动放大电路相比较,集电极电位仅偏离了电流镜像电路的晶体管 V_{BE} 的量(=0.6V)。在图 11.19(a)中,Tr_1 的集电极电位为 +9.7V(=+15V−4.7V−0.6V),在图(b)中为 −9.7V(=−15V+4.7V+0.6V)。

还有,在图 11.19(a)中,虽然 Tr_1 与 Tr_2 的基极之间相连接的地方是接在 Tr_1 的集电极上,在图(b)中是接在 Tr_2 的集电极上,实际上,不管接在哪个地方都可以。接在哪个地方,电路的工作都是相同的(假定基极电流为 0)。

11.5.4 渥尔曼-自举电路＋电流镜像电路

图 11.22 是在进行渥尔曼-自举化后的差动放大电路上再组合上电流镜像的电路。

该电路虽然稍有些复杂,但具有高频特性好,工作稳定,而且电路增益也变大的优点(利用渥尔曼-自举电路与电流镜像电路的特点)。可以说,该电路是"最终的差动放大电路"。

但是,这样精致的差动放大电路通常不是单独使用的(差动放大电路本身也没有单独使用的)。这样高性能的差动放大电路,经常用在高频特性好的 OP 放大器 IC 的初级上。

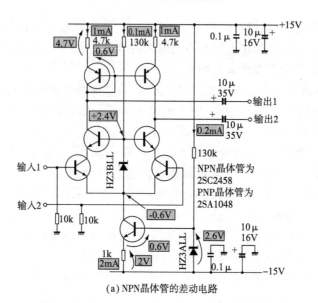

(a) NPN晶体管的差动电路

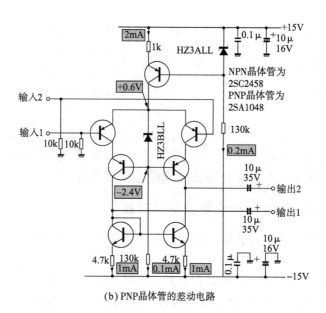

(b) PNP晶体管的差动电路

图 11.22　渥尔曼自举电路＋电流镜像电路

关于其设计方法,仅仅是在图 11.18 所示的渥尔曼-自举化后的差动放大电路的集电极上加入图 11.19 所示的电流镜像电路的问题。

第 **12** 章　OP 放大器电路的
设计与制作

　　本章对与 IC 相媲美的电路的实现进行实验。作为模拟电路,首先登场的 IC 必然是 OP 放大器。您见过其内部的等效电路吗? 这是相当复杂的电路。

　　对于放大电路,从共发射极电路开始,晶体管的各种接地电路,如负反馈放大电路、差动放大电路等,我们都是一边进行实验,一边来加深理解的。因此,如果看到 OP 放大器的等效电路,就能够大体知道各个部分所起的作用。

　　因此,我们敢于接受挑战,对至今已经实验过的放大电路中集大成的 OP 放大器进行设计。

12.1　何谓 OP 放大器

12.1.1　设计 OP 放大器的原因

　　在实际电路中,与 OP 放大器的详细设计相比(虽然没有这样的人),使用 IC 比较方便,且电路的可靠性也高。然而,即使使用 IC 的 OP 放大器,对于具有能够设计 IC 能力的人和仅把 IC 看成“黑盒子”的人来讲,在使用 IC 时所完成的电路自然是不同的。

　　从这种意义上来看,学习本章的内容后,就可以掌握放大电路的技术设计。我们要对制作完成的 OP 放大器测量其各种性能,并与市售的 IC OP 放大器进行比较。也就是说,毫不客气的向 IC 进行挑战。

　　IC 厂家的工程师们运用 CAD 和电路模拟技术来设计 OP 放大器,然而给各位的工具仅仅是纸与铅笔,以及至今根据实验所积累起来的知识。

12.1.2　表记方法与基本的工作

　　首先对于所谓 OP 放大器(即 Operational Amplifier,运算放大器)是怎样的器件,稍稍加以复习。

　　图 12.1 是 OP 放大器的电路符号,有两个输入端,一个输出端。加有负符号

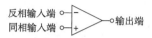

图 12.1　OP 放大器的电路符号
（在 OP 放大器中有两个输入端,一个输出端,带有（－）号的输入为反相输入端,带有（＋）号的输入为同相输入端）

的输入端称为反相输入端,加有正符号的输入端称为同相输入端。

现在如图 12.2 所示,在 OP 放大器（这里使用 NJM4558D）的反相输入端上输入信号(1kHz, $240 \mathrm{mV_{p\text{-}p}}$ 正弦波),将同相输入端接地,则输入输出波形如照片 12.1 所示为反相。

接着,如图 12.3 那样,在同相输入端输入信号,将反相输入端接地,则输入输出波形如照片 12.2 所示为同相。

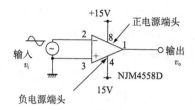

图 12.2　在反相输入端输入信号

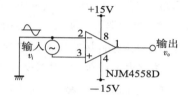

图 12.3　在同相输入端输入信号

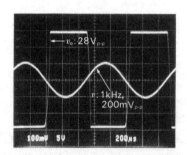

照片 12.1　图 12.2 的输入输出波形
（$v_i:0.1\mathrm{V/div}, v_0:5\mathrm{V/div}, 200\mu\mathrm{s/div}$）
（在反相输入端输入信号,将同相输入端接地,则输入输出的相位为反相。尽管是低电平的正弦波输入,输出是最大输出电压截去的矩形波。这是由于 OP 放大器增益太大的缘故）

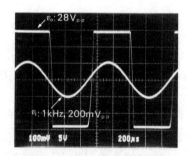

照片 12.2　图 12.3 的输入输出波形
（$v_i:0.1\mathrm{V/div}, v_o:5\mathrm{V/div}, 200\mu\mathrm{s/div}$）
（在同相输入端输入信号,将反相输入端接地,则输入输出为同相。由于 OP 放大器的增益大,输出波形成为最大振幅的矩形波）

还有,如图 12.4 所示,在反相输入端与同相输入端输入同一信号,则如照片 12.3 所示,在输出端完全没有出现交流信号（在照片中,输出为直流的最大输出电压,这是由于对输入端间微小的直流电位即输入补偿电压进

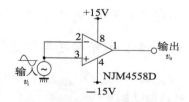

图 12.4　在两个输入端输入同一信号

行放大的缘故)。

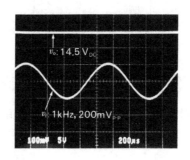

照片 12.3 图 12.4 的输入输出波形

(v_i：0.1V/div, v_o＝5V/div, 200μs/div)

(在两个输入端即使输入同一信号,在输出端也不出现交流信号。这是由于 OP 放大器是对两个输入端之间的电压差进行放大的缘故。输出信号为直流的最大输出电压,是因为对输入端间微小的直流电位进行放大的缘故)

　　由这些工作情况来考虑,则 OP 放大器可以认为是对两个输入端间的电位差进行放大的放大器。该性质与第 11 章实验过的差动放大电路是一样的。

　　事实上,在 OP 放大器的初级使用差动放大器,它直接地成为 OP 放大器的性质。

12.1.3 作为放大电路工作时

　　观察照片 12.1 和照片 12.2 可知,输入小振幅的正弦波,则输出信号变为被电源电压限制的、最大输出电平被截去的矩形波。这是电压增益出乎意料大的放大器。

　　也就是说,可以认为所谓 OP 放大器是具有反相和同相两个输入端、电压增益非常大的放大器(从直流范围开始就有增益)。

　　在实际电路中,OP 放大器是加上负反馈来使用的。根据加负反馈的方法与反馈元件的选择,产生 OP 放大器的各种使用方法。

　　图 12.5(a)是将 OP 放大器作为反相放大器使用的电路。如认为 OP 放大器的开环增益,即没有加反馈时的增益非常大,则该电路的电压增益 A_v 为:

$$A_v = \frac{R_f}{R_s}(倍) \tag{12.1}$$

成为用两只电阻就决定增益的极其简单的情况。由于输入信号加到 OP 放大器的反相输入端,所以输入输出的相位是反相的。

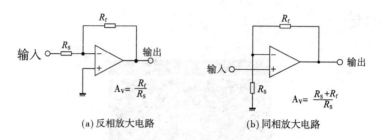

(a) 反相放大电路　　　　　　　　(b) 同相放大电路

图 12.5　使用 OP 放大器的放大电路

（由于 OP 放大器用两只电阻来加负反馈,所以能够作为正确确定增益的放大器来使用）

12.1.4　作为同相放大电路工作时

图 12.5(b)是将 OP 放大器作为同相放大器使用的电路。同样认为开环增益非常大,则该电路的电压增益 A_v 为:

$$A_v = \frac{R_s + R_f}{R_s} = 1 + \frac{R_f}{R_s} (倍) \tag{12.2}$$

仍然是由两只电阻就能决定增益的简单式子。由于信号是加在同相输入端,所以输入输出的相位是同相的。

顺便提一下,考虑到 OP 放大器的开环增益 A,正确的电压增益 A_v 可以使用第 9 章负反馈放大电路的式(9.9),即负反馈放大电路的最基本的式子

$$A_v = \frac{A}{1 + \beta A}$$

求得。就是说,在图 12.5(a)的反相放大电路的情况下,为

$$A_v = \frac{A}{1 + (R_s / R_f) \cdot A} (倍)$$

在图 12.5(b)的同相放大电路的情况下为

$$A_v = \frac{A}{1 + [R_s / (R_s + R_f)] \cdot A} (倍)$$

实际的 OP 放大器,由于在低频范围具有 100dB 以上的开环增益,所以用式(12.1)或式(12.2)来计算增益都没有问题。

12.2　基于晶体管的 OP 放大器的电路结构

虽然想起 OP 放大器的工作原理就可以立即进入设计,但是在此之前,有必要对 IC OP 放大器的内部电路进行必要地分析,再确定我们的电路结构。

为了决一胜负,一定不能放松对于对手的研究。

12.2.1 通用的 μPC 4570

IC OP 放大器有几百种,并且由各种用途所决定(例如,用于高精度直流放大,宽频带放大、单电源工作以及低动耗电路等),内部的电路也与用途相对应而有各种形式。

在本章作为目标的 OP 放大器,是从可以用于多种用途的理由来考虑的,最终决定以通用(都可以使用的)的作为目标。

表 12.1 是笔者所喜欢的装有双电路的 OP 放大器 μP4570(NEC)的数据。该放大器 IC 与其说是通用,不如说是声频用的。各种数据值都是很好的,作为通用 OP 放大器,是完全可以使用在低频电路中的。

虽然对手是不易对付的,但是在这里决定仍以 μPC4570 为目标。

表 12.1 μPC4570 的数据

虽然适用于声频放大,但作为通用 OP 放大器它是具有足够好特性的 IC。

(a)**绝对最大规格**(T_a=25℃)

项 目	符 号	规 格	单位
电源电压	$V^+ - V^-$	36	V
总损耗 P_T	μPC4570C, HA	350**	mW
	μPC4570G	440***	
差动输入电压	V_{ID}	±30	V
同相输入电压	V_{ICM}*	±15	V
输出短路时间		10	s
工作温度	T_{opt}	−20～+80	℃
储存温度	T_{stg}	-55～+125	℃

* 可以允许直到电源电压值上述为 V=±15V 时的值。

** 环境温度在 55℃ 以上时,以 −5mW/℃ 减低定额使用。

*** 环境温度在 25℃ 以上时,以 −4.4mW/℃ 减低定额使用。

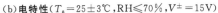

(c)端子接线(Top View)

(b)**电特性**(T_a=25±3℃,RH≤70%,$V^±$=15V)

项 目	符 号	条 件	min	typ	max	单 位
输入补偿电压	V_{IO}	R_S≤50Ω		0.3	5	mV
输入补偿电流	I_{IO}			10	100	nA
输入偏置电流	I_B			100	400	nA
大振幅电压增益	A_V	R_L≥2kΩ,V_O=±10V	30	300		V/mV
电路电流	I_{CC}	双路		5	8	mA
共模抑制比	CMR		80	100		dB

续表

项　　目	符　号	条　　件	min	typ	max	单　位
电源变动抑制比	SVR		80	100		dB
最大输出电压	V_{om}	$R_L \geqslant 10\text{k}\Omega$	±12	±13.4		V
最大输出电压	V_{om}	$R_L \geqslant 2\text{k}\Omega$	±10	±12.8		V
同相电压输入范围	V_{ICM}		±12	±14		V
通过速率	SR	$R_L \geqslant 2\text{k}\Omega$	5	7		V/μS
增益带宽乘积	GBW	$f_o = 100\text{kHz}$	10	15		MHz
过零频率	funity	open loop		7		MHz
相位容裕度	φunity	open loop		50		度
总谐波失真率	THD	$V_O = 3\text{V}_{rms}, f = 20\text{Hz} \sim 20\text{kHz}$		0.002		%
输入换算噪声电压	V_n	RIAA		1.2		μV_{rms}
输入换算噪声电压	V_n	FLAT+JISA, $R_s = 100\Omega$		0.53	0.65	μV_{rms}
输入换算电压性噪声	e_n	$f_0 = 10\text{Hz}, R_s = 100\Omega$		5.5		$\text{nV}/\sqrt{\text{Hz}}$
输入换算电压性噪声	e_n	$f_0 = 1\text{kHz}, R_s = 100\Omega$		4.5		$\text{nV}/\sqrt{\text{Hz}}$
输入换算电流性噪声	i_n	$f_0 = 1\text{kHz}$		0.7		$\text{pA}/\sqrt{\text{Hz}}$
通道分离		$f = 20\text{Hz} \sim 20\text{kHz}$		120		dB

12.2.2　OP 放大器 μPC 4570 的电路结构

图 12.6 是 μPC4570 的内部等效电路,稍有点复杂。该图作为 OP 放大器的等效电路是有代表性的。

图 12.7 是将图 12.6 的等效电路进一步简化改画之后的等效电路。

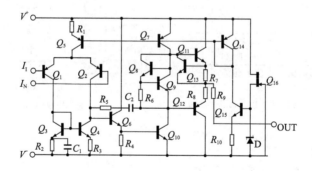

图 12.6　μPC4570 的等效电路

(作为 OP 放大器的等效电路是有代表性的。如直接用这个等效电路,则不知道它是干什么用的。电路稍稍有些复杂)

该 OP 放大器的输入级是使用 PNP 晶体管 Q_1、Q_2 的差动放大电路。在 Q_1、Q_2 的集电极上所加的晶体管 Q_3、Q_4 是称为电流镜像(Current Mirror)的电路,在 Q_1、Q_2 上流动的电流像在镜子里见到的那样、为同一值而进行工作,这是一种恒流电路。

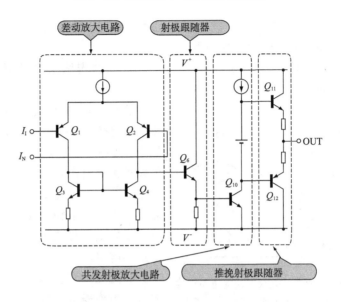

图 12.7　μPC4570 等效电路的等效电路

（该 OP 放大器输入部分是差动放大电路、射极跟随器、共发射极放大电路和推挽射
极跟随器的结构）

差动放大电路的负载采用恒流源（电流镜像），所以由晶体管的集电极看到的
负载电阻阻抗很大，可提高这一级的电压增益（可以认为电流源的阻抗为无限大）。

Q_6 是射极跟随器，由于输出阻抗的下降，差动放大电路的输出阻抗与下一级
的输入电容没有形成低通滤波器，它是一个缓冲放大器（Buffer Amplifier）（如形成
低通滤波器，则在高频范围电压增益就下降）。它也有从差动放大级不取出太多电
流的作用（由于射极跟随器的输入阻抗高）。

Q_{10} 是将发射极完全接地后的共发射极放大电路。在 Q_{10} 的集电极上加入恒流
源，它是为了增大集电极的阻抗，使这一级的电压增益提高到最大值。

输出级是推挽射极跟随器，它提高了驱动负载的能力（在一只晶体管的射极跟
随器中，驱动负载的电流受到发射极电阻的限制）。

12.2.3　要设计的 OP 放大器的电路结构

对 μPC4570 电路进行分析就明白，它是一个很好的电路。在这里进行设计的
OP 放大器也将采用该电路的结构。

但是，照图 12.7 的原样，晶体管的数目太多，所以去掉附在初级差动放大电路
上的电流镜像电路。进而，将差动放大电路与共发射极放大电路之间的射极跟随
器 Q_6 也去掉。这样，就能省去三只晶体管。

　　还有，μPC4570 的初级差动放大电路是用 PNP 构成的，这是由于在 IC 情况下，用 PNP 晶体管能制作噪声少的 IC 的缘故。

　　在这里进行设计的电路，没有必要进行 IC 化，故决定用 NPN 晶体管来作初级的差动放大电路。

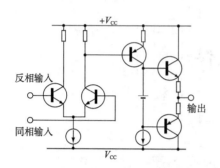

图 12.8　进行设计的 OP 放大器的电路结构
（参改 μPC4570 进行考虑后的电路。为了简化电路，将差动放大电路的电流镜像电路与在共发射极放大电路前面所加的射极跟随器去掉。进而，将初级改为 NPN，共发射极电路改为 PNP）

　　这样一来，次级的共发射极放大电路就容易进行偏置（差动放大电路集电极电阻的压降直接用于共发射极电路的基极偏置电压）。故决定用 PNP 晶体管来组装电路。还有，如将共发射极电路晶体管的发射极直接接到正电源，则难于设定集电极电流。所以，在发射极上加入电阻。

　　在这里，将进行设计的 OP 放大器的电路结构表示于图 12.8 中。

　　在进行电路设计时，预先很好地确定基本电路结构是非常重要的事情。为什么呢？因为将自己的设想以具体形式来表示是最有创造性的工作。在该阶段，可以不过分地说，已经决定了电路的性质和基本性能。

　　决定晶体管的工作点或者求电阻和电容的数值，仅仅是进行计算的单纯的作业。

　　因此，在决定基本的电路结构时，有必要化费足够的时间，好好地与对手比赛。

12.2.4　要设计的 OP 放大器的名称——4549

　　现在准备进行 OP 放大器的设计。在求各部分的具体常数之前，先对该放大器的名称进行一下考虑。如给予一个好名称，就会增加喜爱的程度。

　　成为 μPC4570 基础的 OP 放大器是雷声公司的 RC4558，它是非常有名的 IC（如果追寻更早的来源，则是非常有名的仙童公司的 μA741）。

　　μPC4570 是在对该 RC4558 进行改进的意义上（改善后，性能变得非常好），取了前面 45 的名称。因此，在这里进行设计的 OP 放大器也决定采用 45。接着的两位号码是 CQ 出版社* 的谐音 49（CQ）。由此就决定 OP 放大器的名称为 4549。

---

　　*CQ 出版社为本书原著出版社的名称。——译者注

12.3　求解晶体管 OP 放大器 4549 的电路常数

图 12.9 表示的是在这里要设计的 OP 放大器的电路图。该电路是直接将图 12.8 电路结构进行具体化后的电路。差动放大电路与共发射极放大电路的恒流源都用 Tr_3 与 Tr_5 来制作,推挽射极跟随器的偏置是直接使用 LED 的正向压降。

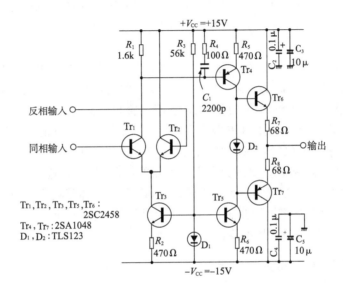

图 12.9　设计的 OP 放大器

(电路非常简单,与电路工作没有关系的元件都去掉了。这种程度规模的电路设计变得十分简单)

照片 12.4　在通用印制板上组装后的 OP 放大器 4549

(电路虽然简单,但由于用了 7 只晶体管,元件数显得有点多。LED 是作为稳压器件代替齐纳二极管来使用的。电路一工作就发光,使用非常便利)

差动放大电路侧的集电极电阻,由于不取出信号而将它去掉。电源电压与 IC OP 放大器一样取为 ±15V 的双电源结构。

照片 12.4 是图 12.9 电路在通用印制板上组装的照片。元件数可能多一些(不管怎样,是 OP 放大器),让我们努力去做做看。

12.3.1　晶体管的选择

由于电源电压是 ±15V,故在该电路中使用的所有晶体管只要选定集电极-发射极间的最大额定值 V_{CEO} 与集电极-基极间的最大额定值 V_{CBO} 在 30V 以上的器件即可。

如果从性能方面来考虑,对于初级的 $\mathrm{Tr_1}$ 与 $\mathrm{Tr_2}$,只要使用噪声小的晶体管,则整个电路的噪声就能够减少。进而,对于第二级的共发射极放大电路的 $\mathrm{Tr_4}$,只要使用集电极输出电容 C_{ob} 小的晶体管,就能改善频率特性。

但是,在进行 IC 化后的 OP 放大器内部,不大使用性能好的晶体管,这是由于制作 IC 的工艺问题(显然,在制作工艺上花费高的 IC 是例外)。

因此为了消除在 IC OP 放大器方面存在的不利因素,在这里所有的晶体管都使用通用型的,NPN 型晶体管使用 2SC2458,PNP 型晶体管使用 2SA1048。

电流放大系数的档次与过去一样,不管选用哪个档次都可以,只要求差动放大电路的 $\mathrm{Tr_1}$ 与 $\mathrm{Tr_2}$ 的 h_{FE} 档次要使用相同的。

12.3.2　差动放大部分的设计

图 12.10 表示所设计的电路各部分的直流电位关系。

首先,对于差动放大电路的 $\mathrm{Tr_1}$ 与 $\mathrm{Tr_2}$ 的集电极电流分别取为 1mA。这样一来,恒流源晶体管的集电极电流必须设定在 2mA(=1mA×2)。

R_2 的压降确定为 1V,则

$$R_2 = \frac{1\mathrm{V}}{2\,\mathrm{mA}} \approx 470\,\Omega$$

略去 $\mathrm{Tr_2}$ 的基极电流,认为集电极电流 = 发射极电流。

为了使 R_2 的压降为 1V,负电源与 $\mathrm{Tr_3}$ 的基极之间所加的电压必须为 1V + V_{BE}(=0.6V),即 1.6V。

通常用电阻将正电源与负电源进行分压,来产生 $\mathrm{Tr_3}$ 的基极偏置电压。但是这样做,随着电源电压的变动,偏置电压也发生变化,$\mathrm{Tr_1}$ 与 $\mathrm{Tr_2}$ 的集电极电流也发生变化。为此,在这里使用有恒压特性(即使流动的电流发生变化,而所产生的电压也几乎维持恒定)的器件。

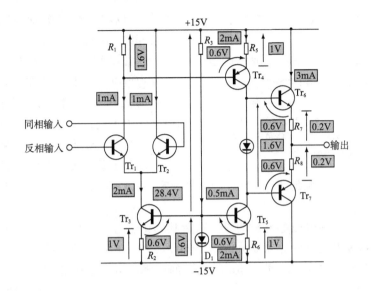

图 12.10　4549 各部分的直流电位

（基本上仅用 $V_{BE}=0.6V$ 与欧姆定律就能进行设计。在该电路中，重要的是 Tr_4 与 Tr_5 的集电极电流的设定值必须是相同值）

12.3.3　用 LED 产生恒压

恒压特性的器件有二极管和齐纳二极管。在该电路中，由于方便购买，决定使用 LED（Light Emmitting Diode，发光二极管）。

当 LED 流过正向电流时（发光时），不管电流值多大，在两端头之间产生的电压几乎为恒定的。

LED 产生的电压中所含有的噪声要比齐纳二极管的少。还有一点，由于 LED 在工作时发光，使用它时就可以很方便地知道其工作的状态。

在这里，D_1 使用 LED TLS123（东芝）。这是一般作为显示用的发红色光的 LED。TLS123 的正向压降为 1.6V，用在该电路中刚好（实际上，因 TLS123 的压降为 1.6V，R_2 的压降取为 1V）。

LED 的正向压降随 LED 的制作方法而不同（加入铝或镓、磷等），为 1～2V 的值。但是，如果是同一品种，则每一个之间没有分散性。如果使用其他品种的 LED，则在电路完成之后，先确定一下正向电压为数伏为好。但是，即使是 1.6V，2V，电流值仅稍有些差别，电路确实能够进行工作，所以请放心使用。

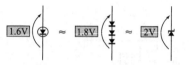

图 12.11　将 LED 用二极管或齐纳二极管来代替

（作为稳压器件，用二极管或齐纳二极管来代替 LED 都可以。那时，正向压降稍有差别，但电路的工作没有大的问题。）

如果无法得到 LED，则如图 12.11 所示，可以将三个二极管串联连接，或者用齐纳二极管来代替。

通常使 LED 点亮时，D_1 上流过的电流为数毫安至数十毫安，然而在该电路中，其目的是产生正向压降，所以即使电流更小些也可以。

从 D_1 取出 Tr_3 的基极偏置电压，同时也取出共射极电路的恒流负载 Tr_5 的基极偏置电压。因此，D_1 上流过的电流设定在 Tr_3 与 Tr_5 的基极电流可以忽略的程度即可。

由于 Tr_5 的集电极电流设为 2mA（后述），Tr_3 与 Tr_5 的 h_{FE} 设为 100，则 Tr_3 与 Tr_5 的基极电流合计为 0.04mA（＝2mA/100＋2mA/100）。因此，D_1 流动的电流取为 0.04mA 的 10 倍，即 0.5mA。R_3 的压降为电源电压的 30V 减去 D_1 的压降 1.6V 之差，即

$$R_3 = \frac{30V - 1.6V}{0.5mA} \approx 56k\Omega$$

12.3.4　求 Tr_1 的负载电阻 R_1

下面确定 Tr_1 的负载电阻 R_1 的值。R_1 的值与差动放大电路的增益关系不大（本来是有关系的，但…），R_1 上的压降想定成数伏为基准来进行计算都没有关系。

R_1 的压降直接成为 Tr_4 的基极偏压（Tr_4 的基极与正电源间的电压），所以，该值确定为数伏，R_1 的值就随之确定。

Tr_4 的基极偏置电压定为 1.6V，这是由于 Tr_4 的恒流负载 Tr_5 的基极偏置电压（Tr_5 的基极与负电源之间的电压）为 1.6V 的原因（利用 D_1 的压降的缘故）。

这样，共发射极放大级前后的晶体管的基极偏置电压取为同样的值，则该 OP 放大器的输出电压的正负削波电平为一样的（如果没有负载，仅比正负电源电压小 1.6V）。

因此，由在 R_1 上流过 1mA 的电流，得到

$$R_1 = \frac{1.6V}{1mA} = 1.6k\Omega$$

12.3.5　共发射极放大部分的设计

Tr_4 的集电极电流取得稍大些的 2mA。这是为了能够充分供给下级的射极跟随器的基极电流。

由于 Tr_4 的基极与正电源之间的电压为 1.6V（＝R_1 的压降），如设 V_{BE}＝

0.6V, 则 R_5 的压降为 1V。因此, 为了使 Tr_4 的集电极电流＝发射极电流为 2mA, 则 R_5 为:

$$R_5 = \frac{1V}{2mA} \approx 470\Omega$$

恒流负载 Tr_5 的集电极电流设为与 Tr_4 的集电极电流一样的值。如果不一样, 则破坏该级的电流平衡。如果, Tr_4 与 Tr_5 的集电极电流不同, 多余的电流或不足的电流就没有去处。因为 Tr_5 的基极偏压为 1.6V(＝D_1 的压降), 如设 $V_{BE}=$ 0.6V, 则 R_6 的压降为 1V。因此, 为了使 Tr_5 的集电极电流＝发射极电流为 2mA, R_6 为:

$$R_6 = \frac{1V}{2mA} \approx 470\Omega$$

还有, 在 Tr_4 与 Tr_5 的集电极之间加上 D_2, 它是为了产生下一级射极跟随器的基极偏压用的恒压器件 LED。关于 LED 的品种, 使用与 D_1 相同的 TLS123(在实际电路中, 在 D_2 上流动的电流较多, 所以 D_2 发出较明亮的光)。

12.3.6　射极跟随器部分的设计

为了提高驱动负载的能力, Tr_6 与 Tr_7 的无信号时的集电极电流稍稍取大一些的 3mA。

另一方面, 由于 Tr_6 与 Tr_7 的基极-基极之间的偏压是 D_2 的正向压降本身, 所以为 1.6V。如设 $V_{BE}=0.6V$, 则 Tr_6 与 Tr_7 的发射极-发射极间即 R_7 与 R_8 的压降之和为 0.4V(＝1.6V－0.6V－0.6V)。

如设 $R_7 = R_8$, 每一个电阻上的压降为 0.2V, 则

$$R_7 = R_8 = \frac{0.2V}{3mA} \approx 68\Omega$$

这样的推挽射极跟随器的输出阻抗为 R_7 与 R_8 并联连接的值, 即 $R_7 /\!/ R_8$。因此, 在该电路, 输出阻抗为稍大些的 34Ω。然而, OP 放大器是加负反馈使用的, 实际的输出阻抗是 34Ω 用反馈量来除之后的值, 是非常小的。

12.3.7　决定相位补偿电路 C_1 与 R_4

放大电路的输出信号相对于输入信号而言, 频率越高就越滞后。所以, 如负反馈那样, 也将相位差 180° 的信号返回到输入端, 在高频范围, 反馈的信号相位渐渐接近输入信号的相位, 最后成为同相, 即正反馈。

这样一来, 就不是放大电路而成为振荡电路了。该现象称为放大器的"振荡"。但像 OP 放大器那样的开环增益非常大的放大器中, 这是特别成问题的现象。

在这里进行设计的 OP 放大器 4549 也不例外, 如这样直接地加反馈来使用就

会产生振荡。

因此,加入相位补偿电路的 C_1 与 R_4,使在高频范围的电压增益下降,从而防止振荡。

C_1 与 R_4 的作用是这样的,在高频范围,共发射极电路的输入阻抗降低,使这部分的增益降得非常之低(差动放大电路的输入阻抗就是 R_1 本身,所以 R_1 与 R_4 成为衰减电路,以降低共发射极电路的输入电平)。

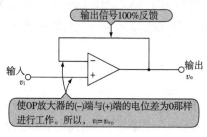

图 12.12　电压输出器

(在同相输入端加上输入信号,将输出直接返回到反相输入端,则成电压输出器,即增益为 1 的同相放大器。开环增益 100% 回到负反馈,所以对于振荡来说是最为有效的使用方法)

如果有网络分析仪,则能够简单地求得 C_1 与 R_4 的值。然而,试着不断更换电阻与电容,也能找到合适的值。

由于 4549 是把通用作为目标的。所以如图 12.12 所示,即使使用电压输出器(Voltage follower)——即增益为 1 的同相放大器,也不产生振荡(对付振荡,电压输出器是最为有效的)。

将 4549 如图 12.12 那样进行连接,根据试验,以不发生振荡为前提来确定常数,即 $C_1 = 2200\text{pF}$,$R_4 = 100\Omega$。

12.3.8　决定 $C_2 \sim C_5$

$C_2 \sim C_5$ 是电源的去耦电容,即使在使用 IC OP 放大器时,也必须在外部进行连接。虽然与 OP 放大器的设计没有关系,顺便预先确定其数值。

在这里取 $C_2 = C_4 = 0.1\mu\text{F}$,$C_3 = C_5 = 10\mu\text{F}$。在正负电源上分别接上两个电容。

12.4　晶体管 OP 放大器 4549 的工作波形

那么,使设计成的 OP 放大器 4549 进行工作,让我们观察一下各部分的波形。

4549 虽然是 OP 放大器,但却是分立电路,所以在放大电路的任何部分都能用示波器的探头进行探测。你曾经见过 OP 放大器内部的工作波形吗?

12.4.1　作为反相放大电路工作时

图 12.13 是将 4549 作为增益为 10 倍(=20dB)的反相放大器来使用的电路。

照片 12.5 是在该电路输入 1kHz、$1\text{V}_{\text{p-p}}$ 正弦波时的输入输出波形。输出电压为 $10\text{V}_{\text{p-p}}$,所以知道增益刚好为 10 倍,相位也偏离 180°。

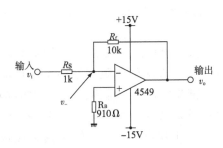

图 12.13 4549 作为反相放大器来使用

（由于 $R_s = 1kΩ, R_f = 10kΩ$，所以作为电压增益为 10 倍的反相放大器进行工作。R_B 是为了使从输入端看到的阻抗一致而加的电阻（$R_B = R_S // R_f$）与增益没有关系）

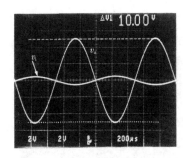

照片 12.5 图 12.13 电路的输入输出波形（2V/div, 200μs/div）

（$v_i = 1V_{p-p}, v_o = 10V_{p-p}$，所以增益刚好为 10 倍。输入输出的相位是反相。）

　　照片 12.6 是输入信号 v_i 与 4549 反相输入端的电位 v_- 的波形。OP 放大器作为反相放大器使用时，在反相输入端完全不发生这样的信号波形（但是，由于差动放大电路基极电流的流动，产生 $-14mV$ 的直流电压）。

　　此时的反相输入端，尽管没有接地，实际上却与接地状态一样（由于没有出现交流信号），所以称为假想接地（lmaginary Ground）。

　　照片 12.7 是 Tr_4 的基极电位 v_{4b} 与 Tr_4 的集电极位 v_{4c} 的波形（都只观察到交流成分）。由于 $v_{4b} = 8mV_{p-p}, v_{4c} = 10V_{p-p}$，如单纯地进行计算，则为 1250 倍的增益。但是 v_{4b} 的电平太小，可能在示波器上不能正确的测定。然而，在这一级至少产生千倍以上的增益。

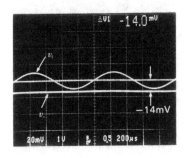

照片 12.6 反相输入端的电位 v_-

（v_i：1V/div, v_-：20mV/div, 200μs/div）

（在反相输入端没有发现交流信号。就是说与接地一样。这就是假想接地。$-14mV$ 的直流电位是由晶体管的基极电流产生的压降）

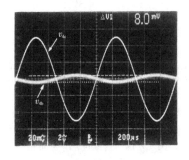

照片 12.7 Tr_4 的基极电位 v_{4b} 与集电极电位 v_{4c} 的波形（v_{4b}：20mV/div, v_{4c}：2V/div, 200μs/div）

（共发射极大电路部分的增益变得非常大。这是负载使用恒流源的缘故）

由此可知,之所以能提高共发射极放大电路的增益,是由于加在集电极上的负载做成恒流源的缘故。

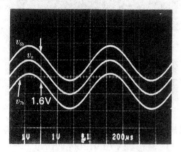

照片 12.8　Tr₆、Tr₇ 的基极电位

v_{6b}、v_{7b} 与输出信号的波形

(1V/div,200μs/div)

(Tr₆ 与 Tr₇ 的基极-基极间用 D₁ 加上偏量,所以,v_{6b} 与 v_{7b} 经常保持 1.6V 的电位差而进行工作。v_o 的电位由于令 $R_7 = R_8$,所以刚好在 v_{6b} 与 v_{7b} 的中间。)

两种方法可提高共发射极电路的增益。即减少在发射极侧的电阻与增加集电极的侧电阻。减少发射极侧电阻是有限度的(即使直接将发射极接地,在晶体管内仍残留数欧的发射极工作电阻)。这样,提高集电极侧电阻的方法有实际的效果(由式(12.15)可知,将发射极直接接地时的增益 A_v 为 $A_v = h_{FE} \cdot Rc/h_{IE}$)。

照片 12.8 是 Tr₆ 与 Tr₇ 的基极电位 v_{6b}、v_{7b} 与输出信号 v_o 的波形。在 Tr₆ 的基极与 Tr₇ 的基极之间,由 D₂ 加了 1.6V 的偏压,所以知道 v_{6b} 与 v_{7b} 的电位差经常保持 1.6V,与输出波形经常保持 0.8V 的电位差。

12.4.2　作为同相放大电路工作时

图 12.14 是将 4549 作为增益为 10 倍(＝20dB)的同相放大器使用的电路。

照片 12.9 是在该电路输入 1kHz、1V$_{p-p}$ 的正弦波时的输入输出波形。输出电压为 10V$_{p-p}$,可知电压增益为 10 倍,输入输出信号的相位也为同相。

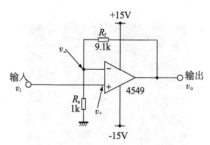

图 12.14　将 4549 作为同相

放大器使用

(如果 $R_s = 1$kΩ、$R_f = 9.1$kΩ,则作为电压增益约 10 倍(≈1+9.1)的同相放大器进行工作)

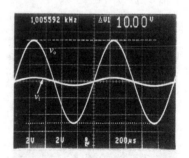

照片 12.9　图 12.14 电路的输入

输出波形(2V/div,200μs/div)

($v_i = 1$V$_{p-p}$、$v_o = 10$V$_{p-p}$,增益为 10 倍,输入输出的相位为同相。)

照片 12.10 是 4549 的同相输入端的电位 v_+ 与反相输入端电位 v_- 的波形。v_+ 为输入信号 v_i,v_- 为 $1V_{p-p}$,因此两个波形完全相同。

OP 放大器在加上负反馈作为放大器工作时,两个输入端间的电位差为 0。

这也与反相放大器时的情况一样,将反相输入端的电位做成与接地的同相输入端相同的电位(即 0V),来进行工作(该方法在解决使用 OP 放大器的电路时非常有用,掌握这个方法是很有益处的)。

但是,从比较微观地来看,v_+ 与 v_- 仅以微小的电平差别,可以认为将它乘以电路的开环增益以后的值就是 $10V_{p-p}$ 的输出信号。

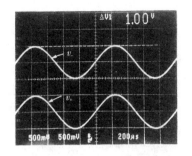

照片 12.10 输入端的电压
(0.5V/div,200μs/div)

(反相输入端的电位 v_- 与同相输入端电位 v_+ 完全相同的波形。这是由于 OP 放大器使两个输入的电位差为 0 那样进行工作的)

反相放大电路的情况也相同,在反相输入端没有发生交流信号。实际上,如果再进一步进行放大,则有微小的交流信号,可以认为将它乘以开环增益后的值就是输出信号

这些奇怪的状况与在第 9 章进行实验的负反馈电路是一样的。在 OP 放大器的情况下,由于开环增益太大,在示波器中,不能确认那样微小的电平波形。

作为同相放大电路使用时的电路各部分的工作波形来讲,只要作为放大器来使用,同相也好,反相也好,其内部工作原理都是相同的。所以照片 12.7、照片 12.8 的波形完全相同。

12.5 晶体管 OP 放大器 4549 的性能

刚刚确认 4549 作为 OP 放大器能正常地工作后,就让我们立即进行性能的测定,并且试一下与 IC OP 放大器 μPC4570 作一比较,决一胜负。

12.5.1 输入补偿电压

所谓输入补偿电压,就是在 OP 放大器的两个输入端之间、等效地产生的直流电位差。

图 12.15 是测量 4549 输入补偿电压用的电路。电路的增益为 100 倍,任何一个输入端都通过电阻接地。测量此时的输出电压,并将它缩小 1/100 后的电压,就认为是等效地在输入端间产生的电位,即 V_{IO}。

在测量 V_{IO} 时必须注意的是,由各自的输入端看到的阻抗要一致。如果不是这

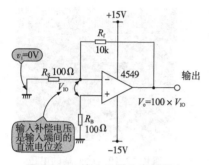

图 12.15　输入补偿电压的测定

（将电压增益为 100 倍的反相放大器的输入电压设为 0V 的电路。此时将在输出端产生的电压 v_O 取为 1/100 后的电压等效认为是在两个输入端发生的。这是输入补偿电压。注意，设 $R_B \approx R_s /\!/ R_f$）

样，则由于晶体管基极电流所产生的压降在输入端之间产生除了 V_{IO} 之外的电位差的缘故（这已在第 11 章的差动放大电路处进行过实验）。

在图 12.15 中，$R_B \approx R_s /\!/ R_f$ 与阻抗一致。在实际电路中，使用 OP 放大器时，利用两个输入端的阻抗相一致的特点，就能够将输出端的直流补偿电位做得最小。

此时的输出信号 V_o 的电位如照片 12.11 所示，为 0.94V（不考虑符号）。因此 $V_{IO} = 9.4\mathrm{mV_{DC}}$。

观察表 1 可知，μPC4570 的 V_{IO} 最大为 5mV（5mV 为最大值，实际的 IC 为更好的值）。4549 比起它来是相当大的值。

这是 4549 首先的一个"失败"！

其原因是由于在初级差动放大电路中使用的晶体管 Tr_1 与 Tr_2 没有使用单片式双管的缘故（Tr_1 与 Tr_2 的 V_{BE} 之差为 9.4mV）。而 IC 的元件间的特性是极其一致的。

顺便地提一下，照片 12.12 是 Tr_1 与 Tr_2 使用单片双管 2SC3381（东芝）后的输出信号 V_o。$V_o = 42\mathrm{mV}$，$V_{IO} = 0.42\mathrm{mV}$。

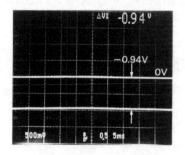

照片 12.11　图 12.15 电路的输出电位 v_o（0.5V/div，5ms/div）

（由于 $v_o = -9.4\mathrm{V}$，所以输入补偿电压 V_{IO} 为 $-9.4\mathrm{mV}$，与 IC OP 放大器相比，是较大的值）

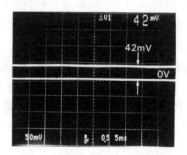

照片 12.12　使用 2SC3381 时的 v_o（50mV/div，5ms/div）

（由于 $v_o = 42\mathrm{mV}$，$V_{IO} = 0.42\mathrm{mV}$，果真是单片式双晶体管好）

可以知道，即使在用分立器件制作的 OP 放大器中，如果使用这种晶体管，输入补偿电压也就变得很小。如果从最初开始就使用这个单片双管就好了。

在想减少输出补偿电压时（直流放大电路等），请试用单片双管。使用单片双管时，也能够减少 V_{IO} 的温度漂移。

12.5.2 观察速度即通过速率

所谓通过速率，就是将 OP 放大器的输出信号以多大速率上升（或下降）用输出波形的斜率来表示的特性。为此，如何处理矩形波那样的上升、下降很快的信号，就成为问题的关键。

在测定通过速率时，使用电压输出器输入矩形波来对 OP 放大器进行测量（对于通过速率，电压输出器是最为不利的）。

照片 12.13 是将 4549 做成电压输出器（参考图 12.12），输入 $100\mathrm{kHz}$、$10\mathrm{V_{p-p}}$ 的矩形波形时的输出波形。能见到相当大的过冲，但是很直的响应波形。

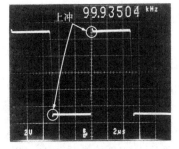

照片 12.13 4549 对矩形波的响应
$(2\mathrm{V/div}, 2\mu\mathrm{s/div})$

（为了测量通过速率，用电压输出器输入 $10\mathrm{V_{p-p}}$ 的矩形波。在输出波形中可以见到有点上冲，但响应是直直的）

照片 12.14 是为了进一步测量通过速率，将上升部分放大后的波形。从振幅的 10%（$1\mathrm{V}$）上升到 90%（$9\mathrm{V}$），花费时间 $240\mathrm{ns}$，所以该波形的斜率，即通过速率 SR 为：

$$SR = \frac{9\mathrm{V} - 1\mathrm{V}}{240\mathrm{ns}} = 33 \ \mathrm{V}/\mu\mathrm{s}$$

照片 12.15 是以同样的条件进行测量的 $\mu\mathrm{PC4570}$ 的输出波形。一见可知，通过速率不是太好。

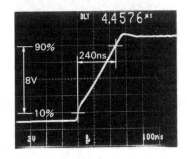

照片 12.14 将照片 12.13 的上升部分
扩大后（$2\mathrm{V/div}, 100\mathrm{ns/div}$）

（尽管有 $8\mathrm{V}$ 由振幅的 10% 到 90%）的上升，仅花了 $240\mathrm{ns}$。通过速率为 $33\mathrm{V}/\mu\mathrm{s}$，这是非常好的数值）

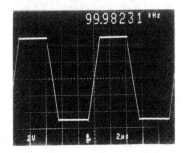

照片 12.15 $\mu\mathrm{PC4570}$ 的矩形波响应
$(2\mathrm{V/div}, 2\mu\mathrm{s/div})$

（$\mu\mathrm{PC4570}$ 的矩形波响应要比 4549 的差。通过速率也是不好的）

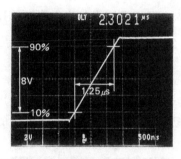

照片 12.16 将照片 12.15 的上升部分
扩大后(2V/div,500ns/div)

(尽管只有 8V 的上升,却花了 1.25μs。通
过速率为 6.4V/μs,要比 4549 慢得多)

照片 12.16 是将上升部分放大后的波
形。从振幅 10%到 90%,花费时间 1.25μs。
所以 SR 为:

$$SR = \frac{9\text{V} - 1\text{V}}{1.25\mu\text{s}} = 6.4\text{V}/\mu\text{s}$$

通过速率是 4549 的"胜利",到此为止
是一"胜"一"败"。

4549 的通过速率 $SR = 33\text{V}/\mu\text{s}$,是相当
好的值,胜过外国产的高通过速率的 OP 放
大器。

在这里,出现对 μPC4570 有帮助
的产品。

照片 12.17 是 JFET 输入的高通过速率的 OP 放大器 μPC814C(NEC)的矩形
波响应。这是非常之好的产品。

照片 12.18 是将照片 12.17 的上升部分放大后的波形。从 10%上升到 90%
花费 340ns,所以

$$SR = \frac{9\text{V} - 1\text{V}}{340\text{ns}} \approx 24\text{V}/\mu\text{s}$$

由此可知,还是 4549"胜利"。

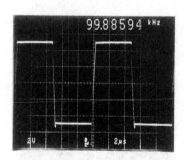

照片 12.17 μPC814C 的矩形波响应
(2V/div,2μs/div)

(μPC814C 的矩形响应是相当好的。只是有些
担心波形的上下不对称)

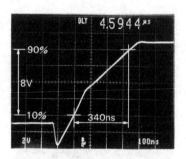

照片 12.18 将照片 12.17 的上升部分
扩大后(2V/div,100ns/div)

(尽管只有 8V 的上升,却花了 340ns,通过速率
为 24V/μs,是相当好的值,但是还是 4549 的通
过速率快)

12.5.3 频率特性

图 12.16 是将 4549 作为同相放大器使用,电压增益 A_v 分别为 0dB、20dB 和

40db 变化时的电压增益的频率特性。三根曲线都在高频范围稍有一峰,但是 $A_v =$
20dB 时的截止频率 f_{ch} 约为 8.1MHz。

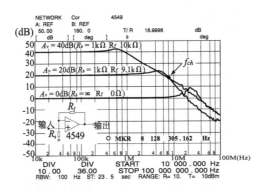

图 12.16   4549 的电压增益的频率特性

(在高频范围恰好有一峰。但频率特性有很好扩展。$A_v = 20$dB 时,$f_{ch} = 8.1$MHz)

图 12.17 同样是 μPC4570 的电压增益的频率特性。

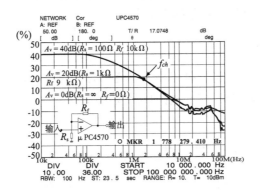

图 12.17 μPC4570 的电压增益的频率特性

(虽然是没有峰的稳定特性,但在 $A_v = 20$dB 时,f_{ch} 约为小 1.8MHz,比起 4549 来是
相当低的值)

虽然是没有峰的漂亮的特性,但是 $A_v = 20$dB 时的 f_{ch} 约 1.8MHz,比起 4549
来要低得多。

频率特性也是 4549 的又一"胜利"。因此是二"胜"一"败"。

顺便地,将通过速率好的 μPC814C 的频率特性表示在图 12.18 中。看一下该
特性,$A_v = 20$dB 时的 $f_{ch} \approx 740$kHz,所以比起 μPC4570 来,无论如何 μPC814C 是

差的。那么,那个通过速率究竟到什么地方去了呢?

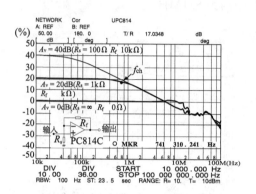

图 12.18　μPC841C 的电压增益的频率特性

($A_v = 20$dB 时,$f_{ch} \approx 740$kHz,比起 μPC4570 还要低的值。这是由于 μPC814C 是利用前馈来提高通过速率的 OP 放大器)

这是由于 μPC814C 不是用改善频率特性来提高通过速率的,而是用前馈——即将对矩形的工作缓慢的放大级进行旁路的方法来提高通过速率的缘故(为此,如照片 12.18 所示,上升波形不是那么很直的)。

12.5.4　噪声特性

图 12.19 是将 4549 作为同相放大器使用时,分别在 $A_v = 20$dB 和 40dB 变化时,输入端与 GND 短路来进行测量的输出端频谱。

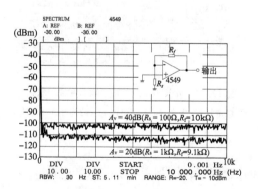

图 12.19　4549 的噪声特性

($A_v = 40$dB 时为 -100dBm 是相当好的低噪声)

图 12.20 同样是使用 μCP4570 时的频谱。

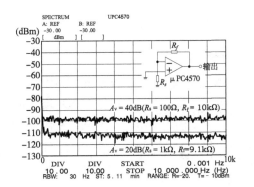

图 12.20 μPC4570 的噪声特性

（$A_v=40$dB 时为比－100dBm 大的值。很明显，4549 是低噪声的）

可以知道，在 $A_v=20$dB 时，几乎是相同的。但在 $A_v=40$dB 时，很明显 4549 的噪声要小（增益变大，可以认为噪声也放大，所以 $A_v=40$dB 时，就有差别）。

这是由于在电路中使用的晶体管的数目减少了，且使用了比 IC 内部的晶体管噪声低的晶体管的原因（分立器件，即使是到处都有的通用晶体管，其噪声也要比 IC 内部使用的晶体管噪声低）。

无论如何是 4549 的胜利！因此是三"胜"一"败"。

在这里又出现对 μPC4570 有帮助的产品，图 12.21 是声频用的低噪声 OP 放大器 NJM2068DD（JRC）的频谱（测试条件相同）。

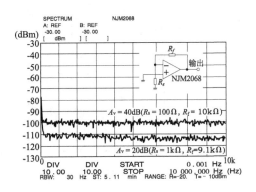

图 12.21 NJM2068 的噪声特性

（NJM2068 是声频用的低噪声 OP 放大器。但是 $A_v=40$dB 时，没有降到－100dBm 以下。比起这个 IC 来，4549 仍然是较低噪声的）

虽然该 OP 放大器比起 μPC4570 是低噪声放大器，但仍然是 4549 的噪声较小。真是"复仇不成,反而被害"。

12.5.5　总谐波失真率

图 12.22 是在同相放大器中将增益设定在 20dB 时,4549 的总谐波失真率

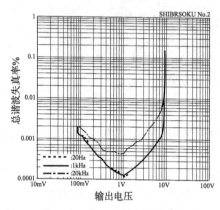

图 12.22　4549 的总谐波失真率
（在 1V 附近,低于 0.001%,在声频电路中使用,是无可争辩的好性能）

THD 与输出电压的关系曲线。信号频率分别为 20Hz、1kHz 和 20kHz 时,都打破了 0.001% 的限度（在 1V 附近）。所以,作为声频电路应用,是很好的特性。

图 12.23 同样是 μPC4570 的 THD 与输出电压的关系曲线（注意:纵轴的刻度与图 12.22 不同）。这是非常漂亮的特性,不管怎么说,20Hz 与 1Hz 时都在 0.0001% 以下。

理由是 μPC4570 的开环增益非常大（相差 20dB）。开环增益大,则负反馈量大,所以失真率的改善也应该

大。在 THD 方面,4549 彻底失败,因此是三"胜"二"败"。

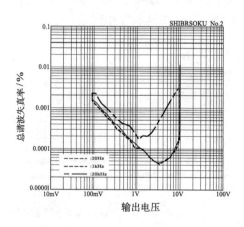

图 12.23　μPC4570 的总谐波失真率
（在 20Hz 与 1kHz 都低于 0.0001%,要比 4549 小一个数量级,这是由于开环增益大的缘故）

12.5.6　4549 与 μPC 4570 的"胜败"结果

到此为止是三"胜"二"败"。刚要定 4549 胜利时,由于还有其他方面的特性有

待测试,故暂时还分不出"胜""负"!

　　关于频率特性,所谓的 OP 放大器在什么地方。由谁、使用什么样的电路来进行测试等问题上很难搞清楚,与其胡乱地扩展频率特性,还不如在提高电路的稳定度方向上下功夫。当考虑稳定度时,由于 4549 如图 12.16 那样在频率特性上出现峰,或许不能说是十分稳定的(通常,在频率特性有峰,则就不稳定)。

　　为了进一步使 4549 稳定,如图 12.24 所示那样,除了 C_1 与 R_4,再加入相位补偿电路即可。但是要注意,相位补偿越严重,则频率特性变得越坏。

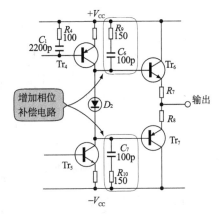

图 12.24　改善 4549 的稳定度

(在射极跟随器的输入级也接上相位补偿电路,使电路进一步稳定,但是,电路越稳定,频率特性变的越差)

12.6　晶体管 OP 放大器电路的应用电路

12.6.1　JFET 输入的 OP 放大器电路

　　图 12.25 是将 N 沟 JFET 用在输入部分的差动放大电路上的 OP 放大器电路。

　　由于 FET 的流入栅极的电流是非常小的,所以用在 OP 放大器的输入电路中,则能够提高 OP 放大器本身的输入阻抗。这种 OP 放大器可以用在取样保持电路和将输入阻抗非常高的传感器信号进行放大的电路上。

　　图 12.25 电路仅仅是将图 12.9 所示的电路的 Tr_1 与 Tr_2 用 N 沟 JFET 代替后的电路。然而,JFET 与晶体管相比较,则器件本身的增益低,所以相位补偿电路的常数稍有不同(在图 12.25 中,$R_4 = 470\Omega$)。

　　要注意选择 JFET 漏饱和电流的档次。JFET 的 I_{DSS} 是漏源之间流动的最大电流(不破坏器件的限界,在 JFET 中不能流过 I_{DSS} 以上的电流),所以必须选择比差动放大电路各自电流的设定值要大的 I_{DSS} 的器件(或者必须将差动放大电路中流动的电流设定在比所选择器件的 I_{DSS} 要小的值)。

　　在图 12.25 中,由于差动放大电路各自的电流设定在 1mA,所以 Tr_1 与 Tr_2 的 I_{DSS} 必须在 1mA 以上。

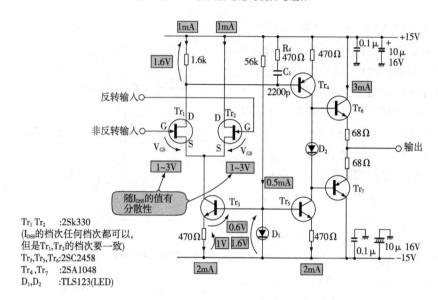

图 12.25　JFET 输入的 OP 放大器电路

在这里,选择通用 N 沟 JFET 2SK330(东芝)(关于 2SK330 的特性请参考第 10 章的表 10.1)。

由于 2SK330 的 I_{DSS} 最低是 1.2mA,所以在该电路中,无论使用哪个档次都没有关系。但是,Tr_1 与 Tr_2 必须作为差动放大的对管进行工作。为了器件特性尽可能的一致,要使用同一档次 I_{DSS} 的器件。

还有,JFET 的栅-源间电压 V_{GS}(相当于双极晶体管的 V_{BE})随 I_{DSS} 有相当大的分散性。这里使用的 2SK330,I_{DSS} 有 1.2m~14mA 的分散性,因此 V_{GS} 的 1~3V。

这样,FET 是器件之间分散性大的器件,所以,如果连 I_{DSS} 的档次都不一致,则差动放大电路肯定不工作。

进而,将 JFET 使用在 OP 放大器电路的初级上,则由于器件之间的分散性所产生的影响也变大,故而有输入补偿电压变大的缺点。

在该电路中,想将输入补偿电压变小时,在 Tr_1、Tr_2 上使用单片式双管 FET〔例如 2SK389(东芝)〕就可以。单片式双管 FET,由于是在一个半导体衬底上紧挨着形成 FET,所以器件之间的各种特性差别是非常之小的。

12.6.2　将初级进行渥尔曼-自举化的 OP 放大器

图 12.26 是将初级的差动放大电路进行渥尔曼-自举化之后的 OP 放大器电路。进行渥尔曼-自举化之后的差动放大电路的特性变好,直至高频范围,电路都稳定地进行工作。即使在该电路,由于初级的频率特性扩展的原因,作为 OP 放大

器,加上负反馈来使用时的稳定度就变好。

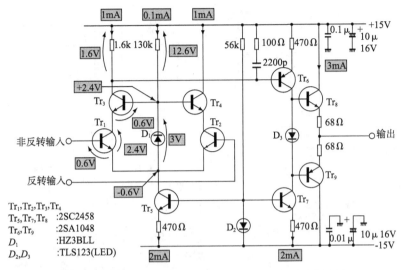

图 12.26　将初级进行渥尔曼-自举化后的 OP 放大器电路

在渥尔曼电路的共发射极放大电路侧的晶体管 Tr_1,Tr_2 上,使用3V的齐纳二极管 HZ3BLL 来加上2.4V的集电极-发射极电压。

还有,即使对差动放大电路进行渥尔曼化,如果只在一边使用输出(如该电路所示),则可将另一边不使用的集电极负载去掉。

除了渥尔曼-自举电路之外,其他部分设计方法与图 12.9 所示的方法完全相同。

12.6.3　在初级采用电流镜像电路的 OP 放大器电路

图 12.27 是在初级差动放大电路部分采用电流镜像电路的 OP 放大器电路。

这样一来,差动放大电路部分的增益变大,所以 OP 放大器整体的裸增益也变大。当 OP 放大器的裸增益变大,加上负反馈使用时,产生增益的设定精度高、噪声低和失真率变好等优点。

为此,几乎在所有的 OP 放大器 IC 的初级差动放大电路中,都加进这种电流镜像电路。

但是,使用电流镜像电路,则由于 OP 放大器的裸增益增大,加上负反馈使用时,不产生振荡的相位补偿就难于进行。

即使在图 12.27 的电路中,除了在 Tr_6 的基极与电源间连接的 R_1 和 C_1 之外,还在 Tr_8 与 Tr_9 的基极间外加了相位补偿电路(R_2+C_2,R_3+C_3)。如果不这样,电路就不能稳定地工作。该补偿电路的常数也与 R_1、C_1 一样,试着计算一下即可。

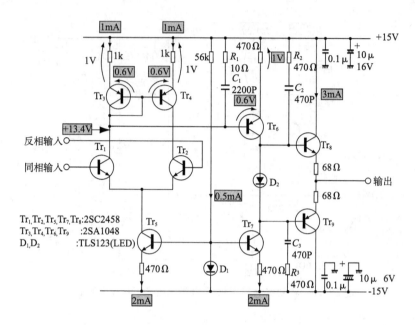

图 12.27　在初级用电流镜像电路的 OP 放大器电路

在使用电流镜像电路时,必须注意的是 Tr_3 的集电极电位。这里的电位是从正电源偏向负电源的电位,它为 Tr_3 发射极电阻的压降与 Tr_3 的 V_{BE} 之和的量。在图 12.27 的电路中,Tr_3 的集电极电位为 $+13.4V(=+15V-1V-0.6V)$,由这个电位计算出 Tr_6 发射极电阻的值即可。

然而,在图 12.27 的电路中,除了初级的差动放大电路之外,为了取得与图 12.9完全相同的电路常数,采用调节电流镜像电路的发射极电阻(调到 $1k\Omega$)的方法。使 Tr_6 的基极电位与图 12.9 的值一样来设定发射电阻。

12.6.4　将第二级进行渥尔曼-自举化后的 OP 放大器电路

图 12.28 是将第二级的共发射极电路进行渥尔曼-自举化后的 OP 放大器电路。

渥尔曼电路是消除密勒效应的影响,扩展了电路频率特性的电路。因此,越在密勒效应影响大的地方使用,其效果就越显著。通常,如图 12.9 所示的放大电路,在二级构成的 OP 放大器电路中,比起初级的差动放大电路来,第二级的共射极电路增益要大。

由这样的理由可知,如图 12.26 所示对初级进行渥尔曼化不如像图 12.28 那样,对第二级进行渥尔曼化更能扩展 OP 放大器的整体频率特性。

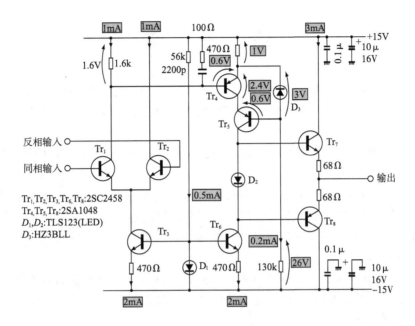

图 12.28   将第 2 级进行渥尔曼-自举化后的 OP 放大器电路

    为此,图 12.28 的电路比起图 12.9 的电路来,频率特性变好。如果是在 6dB 增益处使用,处理图像信号都足够的。

    渥尔曼-自举化后共射极部分的设计方法与第 8 章的图 12.21 完全相同(但是,第 8 章图 8.21 是 NPN 晶体管,这里所表示的是 PNP 晶体管,有这点区别)。

    在图 12.28 的电路中,Tr_4 的集电极-发射极间电压设定为 2.4V。齐纳二极管上流动的电流设定为 Tr_4、Tr_5 的发射极电流的 1/10,即 0.2mA。

    如果想进一步扩展频率特性时,Tr_5 用 f_T 高的晶体管代替即可。还有,虽然电路变得复杂些,也有对初级的差动放大电路进行渥尔曼-自举化的方法。

结 束 语

本书与模拟电路和数字电路没有关系,是专为有一定电路理论基础的读者所编写的。他们对晶体管的工作不太了解,虽然在理论上懂得一些,但想进行设计时却不知从何处入手。

最初听到有关该书的计划时,就认为这是分立电路、也是使用晶体管电路设计方面的书。

回想起当年自己初学电子学时的情景,那时读过的书大部分都是使用等效电路、负载线以及对理论公式进行说明用的。自己想进行设计时,苦于对电子学本质上不懂,不能进行任何方面的设计。只能是跟随着数学式子,仅用头脑来学,而没有真正地掌握。

因此,借鉴本人的经验编写本书,一边通过实验(虽然是实验的模拟体验),一边在头脑中留下印象,并获得理论上的验证。也就是说,使用双手和头脑两方面来掌握晶体管电路。

为此,在本书中,尽可能地给出有关电路的工作波形及其各种特性。

在读完本书之后,如果在各位的头脑中能够形成晶体管工作的图像形像,笔者的目的就已经达到80％了。在最后,如果你对模拟 IC 代名词的 OP 放大器能够进行设计,那么你的技术能力已经提高到相当的水平了。

《晶体管技术 ORIGINAL》的读者可能知道,本书是从晶体管技术 ORIGINAL 的 NO.1 与 NO.5 中抽出主要部分并扩展篇幅,订正总结而成的。只是由于笔者用心仔细地加以说明的缘故(当然这是好事),文章量就变大了。将晶体管技术 ORIGINAL 的两册归纳到一册的单行本是不可能的了。

为此,在本书没能说明的领域,如 FET 的工作原理与 FET 电路的设计方法、振荡电路、开关电路及其模拟开关等想在本书的下册中加以叙述。

如果本书对读者各位的电子线路技术能起到技术提高的作用,则幸甚!

参考文献

[1] 羽山和寛；オーディオ・パワーアンプの放熱・冷却対策，エレクトロニクス1989年8月号，オーム社

[2]*トラ技 ORIGINAL 1989 No.1，CQ 出版社

[3]*トラ技 ORIGINAL 1990 No.5，CQ 出版社

[4]*鈴木雅臣；新・低周波/高周波回路設計マニュアル，CQ 出版社

[5] 川上正光；電子回路 I，共立出版社

[6] 川上正光；電子回路II，共立出版社

[7] 川上正光；電子回路III，共立出版社

[8]*'87 Film Capacitors，ニッセイ電機

[9]*日立アルミニューム電解コンデンサ，日立コンデンサ

[10]*'90 小信号トランジスタ・データブック，東芝

[11]*'90 パワートランジスタ・データブック，東芝

[12] '89 小信号ダイオード，東芝

[13] '89 整流素子・サイリスタ大型編，東芝

[14] '90 シリコン小信号トランジスタ・ダイオード・データブック，NEC

[15] '87/88 三洋半導体データブック・個別半導体素子トランジスタ編，CQ 出版社

[16]*'90 産業用リニア IC・データブック，NEC

[17] バイポーラ IC データブック '91，新日本無線

[18] '82 LINEAR DATABOOK，NATIONAL SEMICONDUCTOR CORP.

[19] HOROWITZ AND HILL；THE ART OF ELECTRONICS，CAMBRIDGE UNIVERSITY PRESS

[20] '90 中型半導体用ヒートシンク，㈱リョーサン